本书为

国家社科基金一般项目"意识的第一人称方法论研究"（14BZX024）

教育部哲学社会科学研究重大课题攻关项目"认知哲学研究"（13JD004）

受 浙江大学文科高水平学术著作出版基金
中央高校基本科研业务费专项基金 资助

神经科学与社会丛书

丛书主编：唐孝威　罗卫东

执行主编：李恒威

意识

形而上学、第一人称方法和当代理论

李恒威◎著

CONSCIOUSNESS

ZHEJIANG UNIVERSITY PRESS

浙江大学出版社

图书在版编目（CIP）数据

意识：形而上学、第一人称方法和当代理论 / 李恒
威著. —杭州：浙江大学出版社，2019.12
（"神经科学与社会"丛书）
ISBN 978-7-308-19864-6

Ⅰ.①意… Ⅱ.①李… Ⅲ.①意识—研究 Ⅳ.
①B842.7

中国版本图书馆 CIP 数据核字（2019）第 278479 号

意识：形而上学、第一人称方法和当代理论

李恒威　著

责任编辑	陈佩钰	
责任校对	张培洁	
封面设计	卓义云天	
出版发行	浙江大学出版社	
	（杭州市天目山路 148 号　邮政编码 310007）	
	（网址：http://www.zjupress.com）	
排　　版	杭州中大图文设计有限公司	
印　　刷	浙江印刷集团有限公司	
开　　本	710mm×1000mm　1/16	
印　　张	16.25	
字　　数	260 千	
版 印 次	2019 年 12 月第 1 版　2019 年 12 月第 1 次印刷	
书　　号	ISBN 978-7-308-19864-6	
定　　价	78.00 元	

总　序

　　每门科学在开始时都曾是一粒隐微的种子,很多时代里它是在社会公众甚至当时主流的学术主题的视野之外缓慢地孕育和成长的;但有一天,当它变得枝繁叶茂、显赫于世时,无论是知识界还是社会公众,都因其强劲的学科辐射力、观念影响力和社会渗透力而兴奋不已,他们会对这股巨大力量产生深入的思考,甚至会有疑虑和隐忧。现在,这门科学就是神经科学。神经科学正在加速进入现实和未来;有人说,"神经科学正在把我们推向一个新世界";也有人说,"神经科学是第四次科技革命"。对这个新世界的革命,在思想和情感上,我们需要高度关注和未雨绸缪!

　　脑损伤造成的巨大病痛,以及它引起的令人瞩目或离奇的身心变化是神经科学发展的起源。但这个起源一开始也将神经科学与对人性的理解紧紧地联系在一起。早期人类将灵魂视为神圣,但在古希腊著名医师希波克拉底(Hippocrates)超越时代的见解中,这个神圣性是因为脑在其中行使了至高无上的权力:"人类应该知道,因为有了脑,我们才有了乐趣、欢笑和运动,才有了悲痛、哀伤、绝望和无尽的忧思。因为有了脑,我们才以一种独特的方式拥有了智慧、获得了知识;我们才看得见、听得到;我们才懂得美与丑、善与恶;我们才感受到甜美与无味……同样,因为有了脑,我们才会发狂和神志昏迷,才会被畏惧和恐怖所侵扰……我们之所以会经受这些折磨,是因为脑有了病恙……"即使在今天,希波克拉底的见解也是惊人的。这个惊人见解开启了两千年来关于灵与肉、心与身以及心与脑无尽的哲学思辨。历史留下了一连串的哲学理论:交互作用论、平行论、物质主义、观念主义、中立一元论、行为主义、同一性理论、功能主义、副现象论、涌现论、属性二元论、泛心论……对于后来者,它们会不会变成一处处曾经辉煌、供人凭吊的思想废墟呢?

现在心智研究走到了科学的前台,走到了舞台的中央,它试图通过理解心智在所有层次——从分子,到神经元,到神经回路,到神经系统,到有机体,到社会秩序,到道德体系,到宗教情感——的机制来解析人类心智的形式和内容。

20 世纪末,心智科学界目睹了"脑的十年"(the decade of the brain),随后又有学者倡议"心智的十年"(the decade of the mind)。现在一些主要发达经济体已相继推出了第二轮的"脑计划"。科学界以及国家科技发展战略和政策的制定者非常清楚地认识到,脑与心智科学(认知科学、脑科学或神经科学)将在医学、健康、教育、伦理、法律、科技竞争、新业态、国家安全、社会文化和社会福祉方面产生革命性的影响。例如,在医学和健康方面,随着老龄化社会的迫近,脑的衰老及疾病(像阿尔茨海默病、帕金森综合征、亨廷顿病以及植物状态等)已成为影响人类健康、生活质量和社会发展的巨大负担。人类迫切需要理解这些复杂的神经疾病的机理,为社会福祉铺平道路。从人类自我理解的角度看,破解心智的生物演化之谜所产生的革命性影响,有可能使人类有能力介入自身的演化,并塑造自身演化的方向;基于神经技术和人工智能技术的人造智能与自然生物智能集成后会在人类生活中产生一些我们现在还无法清楚预知的巨大改变,这种改变很可能会将我们的星球带入一个充满想象的"后人类"社会。

作为理解心智的生物性科学,神经科学对传统的人文社会科学的辐射和"侵入"已经是实实在在的了:它衍生出一系列"神经 X 学",诸如神经哲学、神经现象学、神经教育学或教育神经科学、神经创新学、神经伦理学、神经经济学、神经管理学、神经法学、神经政治学、神经美学、神经宗教学等。这些衍生的交叉学科有其建立的必然性和必要性,因为神经科学的研究发现所蕴含的意义已远远超出这个学科本身,它极大地深化了人类对自身多元存在层面——哲学、教育、法律、伦理、经济、政治、美、宗教和文化等——的神经生物基础的理解。没有对这个神经生物基础的理解,人类对自身的认识就不可能完整。以教育神经科学为例,有了对脑的发育和发展阶段及运作机理的恰当认识,教育者就能"因地制宜"地建立更佳的教育实践和制定更适宜的教育政策,从而使各种学习方式——感知运动学习与抽象运算学习、正式学习与非正式学习、传授式学习与自然式学习——既能各得其所,又能自然地相互衔接和相得益彰。

"神经 X 学"对人文社会科学的"侵入"和挑战既有观念和方法的一面,也有情感的一面。这个情感的方面包括乐观的展望,但同时也是一种忧虑,即如果人被单纯地理解为复杂神经生物系统的过程、行为和模式,那么与生命相关的种种意义和价值——自由、公正、仁爱、慈悲、憧憬、欣悦、悲慨、痛楚、绝望——似乎就被科学完全蚕食掉了,人文文化似乎被此新一波神经科学文化的大潮淹没,结果人似乎成了一种生物机器,一具哲学僵尸(zombie)。但事实上,这个忧虑不可能成为现实,因为生物性从来只是人性的一个层面。相反,正像神经科学家斯蒂文·罗斯(Steven Rose)告诫的那样,神经科学需要自我警惕,它需要与人性中意义性的层面"和平共处",因为"在'我'(别管这个'我'是什么意思)体验到痛时,即使我认识到参与这种体验的内分泌和神经过程,但这并不会使我体验到的痛或者愤怒变得不'真实'。一位陷入抑郁的精神病医生,即使他在日常实践中相信情感障碍缘于5-羟色胺代谢紊乱,但他仍然会超出'单纯的化学层面'而感受到存在的绝望。一个神经生理学家,即使能够无比精细地描绘出神经冲动从运动皮层到肌肉的传导通路,但当他'选择'把胳膊举过头顶时,仍然会感觉到他在行使'自由意志'"。在神经科学中,"两种文化"必须协调!

从社会的角度看,神经科学和技术在为人类的健康和福祉铺平道路的同时,还带来另一方面的问题,即它可能带来广泛而深刻的人类伦理问题。事实上,某些问题现在已经初露端倪。例如,我们该如何有限制地使用基因增强技术和神经增强技术?读心术和思维控制必须完全禁止吗?基因和神经决定论能作为刑事犯罪者免除法律责任的理据吗?纵观历史,人类发明的所有技术都可能被滥用,神经技术可以幸免吗?人类在多大程度上可承受神经技术滥用所带来的后果?技术可以应用到人类希望它能进入的任何可能的领域,对于神经技术,我们能先验地设定它进入的规则吗?至少目前,这些问题都还是开放的。

2013年年初,浙江大学社会科学研究院与浙江大学出版社联合设立了浙江大学文科高水平学术著作出版基金,以提升人文社会科学学术研究品质,鼓励学者潜心研究、勇于创新,通过策划出版一批国内一流、国际上有学术影响的精品力作,促进人文社会科学事业的进一步繁荣发展。

经过前期多次调研和讨论,基金管理委员会决定将神经科学与人文社会科学的互动研究列入首批资助方向。为此,浙江大学语言与认知研究中心、浙江大学物理系交叉学科实验室、浙江大学神经管理学实验室、浙江大学跨学科社会科学研究中心等机构积极合作,并广泛联合国内其他相关研究机构,推出"神经科学与社会"丛书。我们希望通过这套丛书的出版,能更好地在神经科学与人文社会科学之间架起一座相互学习、相互理解、相互镜鉴、相互交融的桥梁,从而在一个更完整的视野中理解人的本性和人类的前景。

唐孝威　罗卫东

2016 年 6 月 7 日

目　录

第二部分　意识的第一人称方法

第三部分　意识的当代理论

1　导　论

1.1　迈向意识科学①

意识被认为是人类自我理解中的最后一项困惑,是科学的最后前沿之一。也许这种看法是在不理解意识本性之前做出的一个不恰当的论断(换言之,意识并没有令人费解的神秘可言),抑或是一个夸张之辞。但不论怎样,意识被接纳为科学的一个合理主题的时间并不长——它确实是以其为条件的理性尚未完全解释清楚的一个现象。

意识,就是在你进入无梦深睡或处于深度麻醉和昏迷时失去,而在你从这些状态中恢复过来时又会重新拥有的"东西"。失去与拥有——这是你每天都会经历的转换,它好似一把锋利的剃刀,将你一天的生活划分为两个世界:一个是有意识的世界,这是一个充满影像、声音、气味、味道、感触、思想、情绪的世界,在这个世界中你有一种隐默但明确的主体性(subjectivity)和自我感(sense of self),它彰显了你作为一个确定的"我"的存在,彰显了你的自主感(sense of agency)和拥有感(sense of ownership);而另一个是无意识的世界,在这一个世界中,即使你没有死亡,你的主体感也泯没了。显然,意识的功能是明确的,它的失去与拥有对你我的生活意义而言是生死攸关的。尽管意识在现象学上如此简明,但它之于科学的理智似乎比宇宙之谜更深一层,因为宇宙之谜必须有待一个有意识的主体,通过他来有意识地探问、

---

① 本节内容最初发表在《中华读书报》,2017年1月11日29版。有改动。

1

想象和解决;而在一个没有意识在场的世界,所有在理智上不可解的谜或神秘之物是无从言喻的。对此,埃文·汤普森(Evan Thompson)是这样表达的:"意识具有物质主义(materialism)看不到的认知首要性(cognitive primacy)。走到意识之外并用其他东西来测量意识是不可能的。科学总是在意识所揭示的领域中活动,科学可以拓展这个领域并开辟新的景观,但科学永远无法超出意识所设定的视域。第二,既然意识具有这种认知上的首要性,那么试图以本质上非体验的事物——如基本的物理现象——来还原性地解释意识是毫无意义的。事实上,要理解意识何以是自然现象,这需要我们重新思考有关自然和物理存在的科学概念。"①

科学充满豪情且无畏,不过面对意识现象,科学界也曾畏葸不前。意识科学家克里斯托弗·科赫(Christopher Koch)在《意识与脑:一个还原论者的浪漫自白》(*Consciousness:Confessions of A Romantic Reductionist*)中就谈到过这种状况。他写道,20 世纪 80 年代后期当 DNA 双螺旋结构的发现者之一弗朗西斯·克里克(Francis Crick)和他一起开始从事意识研究时,这被认为是一个人在其学术生涯中出现了认知衰退的迹象;在学术界,研究意识不过是神秘主义者、哲学家、已退休的诺贝尔奖获得者或已取得终身教职的科学家因其兴趣而做的一项装点门面的工作而已,一个严肃的、从事实证研究的自然科学家是不会去做的。对一个年轻教授而言,如果他对意识的兴趣超出了一个业余爱好者的程度,就会被认为是不明智的,尤其是对那些尚未取得终身教职的人。② 也许根本的原因在于,意识被认为是主观的,而科学从来是以客观性为标准的。不过,这个状况在 20 世纪 90 年代发生了急剧转变。这种转变是诸多因素因缘和合的结果——一些敏锐和充满热忱的开拓者、一些随历史沉淀而逐渐成熟的哲学观念、一些会聚起来的实证成果、一些日益聚焦的学术事件和学术活动。其中,一个标志性的事件或许可归于 1994 年 4 月在美国亚利桑那州图森市由亚利桑那大学意识研究中心

---

① Thompson,E. 2015. *Waking,Dreaming,Being:Self and Consciousness in Neuroscience,Meditation,and Philosophy*. Columbia University Press,xxxiv.

② 克里斯托弗·科赫:《意识与脑:一个还原论者的浪漫自白》,李恒威、安晖译,机械工业出版社,2015 年,第 6 页。

举办的名为"迈向意识科学"(Toward a Science of Consciousness)的第一届图森会议(Tucson I)。在这次会议上,当时一位年轻的新锐哲学家大卫·查默斯(David Chalmers)提出了意识研究上的"易问题"(easy problem)与"难问题"(hard problem)的划分。所谓"易问题",就是依靠常规的认知科学方法可给出解释的一类问题,诸如知觉、学习、记忆、情绪等的神经机制、计算建模和人工实现;而所谓"难问题"则是指,意识体验的主观品质很难从脑神经系统的客观物理过程那里得到完满解释,换言之,这两者——意识体验的主观品质与脑神经系统的客观物理过程——之间似乎存在一个不可逾越的"解释鸿沟"(explanatory gap)。这个划分既突出了意识现象的独特性,更强烈地触及传统上"关于自然和物理存在的科学概念"在意识解释上的可能的不足。

甫一开始,"难问题"就好像为刚兴起的意识科学设定了一条禁令,然而也恰是这个强有力的挑战激起了科学"紧把绳头做一场"的斗志。20世纪90年代,这股生机勃勃的探索热情将来自哲学、心理学、生物学、神经科学、物理学、东方心学、神秘主义等诸多领域的研究者聚集在一起,形成了一个广泛而驳杂的共同体。他们举行会议,展开讨论和激辩,不断有新观点、实验范式、假设、模型或理论被提出来。这个时期,在"迈向意识科学"的旗帜之下,涌现了一批意识研究的杰出的开拓者和奠基者。

苏珊·布莱克摩尔(Susan Blackmore)(一位对通灵学和意识具有广泛兴趣的学者,一位禅宗的修行者)2005年出版了一本展示这个时代意识研究风采的著作——《对话意识:学界翘楚对脑、自由意志以及人性的思考》(Conversations on Consciousness)①。这本著作是她在参加最初几届图森会议和由意识科学研究协会(ASSC)主办的年会期间和之后对20位活跃在意识研究领域的哲学家和认知科学家所做的访谈。这些受访者既有科学家,也有哲学家;既有像克里克这样的科学耆宿,也有像查默斯这样的哲学新

---

① 中译本为《对话意识:学界翘楚对脑、自由意志以及人性的思考》,李恒威、徐怡译,浙江大学出版社,2016年。苏珊·布莱克摩尔与意识研究相关的专著还有《意识导论》(Consciousness:An Introduction)、《意识简论》(A Very Short Introduction to Consciousness)、《禅与意识的艺术》(Zen and the Art of Consciousness)等。

锐。在访谈中,布莱克摩尔向不同的对话者询问一些几乎完全相同的基本问题。归纳一下,这些问题大致有:(1)意识问题的实质是什么,究竟是什么使意识成为科学中一个如此备受争议的领域;(2)意识的"难问题",或意识与脑的形而上学关系是什么;(3)造成有意识心智与无意识心智差别的神经机理是什么;(4)意识的神经相关物;(5)自我问题;(6)自由意志问题;(7)意识的第一人称方法;(8)功能主义、僵尸(zombie)、计算与机器意识;(9)意识的生物功能;(10)意识的起源和演化;(11)他心问题;(12)意识的东方传统;(13)从事意识研究会改变研究者的生活吗。《对话意识》展现了意识科学建立之初的那些开拓者和奠基者极为宏阔和多样性的视野;在这些对话中,我们可以深切地感受到这门新科学所饱含的活力、创造性和进取精神。

近年来,一些主要经济体相继推出了第二轮的"脑计划",探究脑的工作原理成为各国科学界的必争之地,也是各国科技政策的优先关注点。某种意义上,脑科学是涉及人类灵魂(soul)的科学,而意识则是脑科学要触及的最高级现象。对于一个可预见的智能化的未来社会而言,"迈向意识科学"应该也会有助于解除人类对人造智能物的一些忧虑,因为如果人工智能的机器原则上不可能成为有意识的行动者,那么它就不可能自主地生发出奴役或毁灭人类的意愿,它就仍然缺乏真正意义上的适应新颖状况的灵活性。也许,意识是人类尊严的一道坚固屏障。①

在当代,我们可以看到,不同背景的学者在上述所有层面上开展着如火如荼的研究——其间夹杂着激烈的对话、争锋和谨慎的整合。这里有悲观主义者——意识之谜是不可解的;有独断论者——意识就是颅内那一团布满皱褶的物质,意识、自我还有自由意志都是错觉;也有谨慎乐观的未来主义者——理智自己提出的一切合乎理性的问题都可以在理智的未来进步和科学的未来发展中得到解决或判定。

---

① 李恒威、王昊晟:《人工智能威胁与心智考古学》,《西南民族大学学报(人文社科版)》2017年第12期,第76-83页。

这是一个意识研究的大合唱时代,也是百舸争流的时代,科学勇往直前,而哲学会不时表现出一丝反思的忧虑。然而,不论是什么态度或心情,如果人类还想最终获得一个合乎逻辑的一致且全面的意识理论,那么无论是有此理论抱负的研究者还是一般公众,都有必要博采兼容意识研究的多元的进路、思想和观点。

1.2　意识的内涵和外延^①

2005 年,《科学》(*Science*)在其发布的一期周年纪念专刊中列出了科学迄今还无法回答的 125 个问题,其中的第二个问题是"意识的生物基础是什么"。不过,我认为要回答第二个问题之前,我们需要回答一个更基础的问题——"意识是什么"。也就是说,在探寻意识的生物基础之前,我们首先要理解意识现象本身是什么,我们要以什么概念来刻画它。

"意识是什么",这是一个内涵问题;"什么是意识",这是一个外延问题。内涵是关于定义的;而外延是关于指称的。事实上,我们对"意识"这个概念既需要知其内涵也需要明了其外延。对于"意识"的内涵,人们常常有这样的看法:"意识"就如同"美"或"真理"这样的概念,我们每个人都可以恰当地使用它,但要定义它却出奇地困难。如果说直接下定义是困难的(甚至是不可能的),那么举例(即外延列举)就是理解意识的一个最好起点。

约翰·塞尔(John Searle)认为,要理解"意识"的含义,最好用例子来说明。他写道:"当从无梦的睡眠中醒来,我进入意识状态,这一状态会在我醒着的时候一直持续。当我睡着,被麻醉或死亡时,意识就终止了。如果我睡觉时在做梦,我也是有意识的,虽然梦比起日常清醒时的意识状态在强度和生动性上要低。"与无梦睡眠、全身麻醉、昏厥和死亡状态相比,正常人的日常清醒状态就是有意识的。类似地,意识的"信息整合理论"的提出者朱里奥·托诺尼(Giulio Tononi)在《PHI:从脑到灵魂的旅行》(*PHI:A Voyage*

---

① 这节内容最初发表在《洛阳师范学院学报》2017 年第 7 期,第 3-4 页。有改动。

from the Brain to the Soul)①中写道:"每天晚上,当我们沉入无梦的睡眠,意识会消隐。与此同时,每个人的私人世界——人与物、颜色与声音、快乐与痛苦、思想与感受,甚至是自我——都消失了,直到我们醒来或开始做梦,意识才会恢复。"G. 埃德尔曼(G. Edelman)最初也是通过举例对比的方式来理解意识的:"对于意识是什么我们多少都知道一点。当你进入无梦的深睡,或深度麻醉和昏迷时,你就会失去它。当你从这些状态中恢复过来时又会重新得到它。"

通过举例对比,我们可以直观地判定什么状态是意识状态,但作为科学研究,我们仍然希望有一个严格的意识定义,从而使我们能超越直观的理解。尽管至今在意识科学中还没有一个被普遍认可的定义,但追寻意识定义的努力一直存在。概括起来,我们认为有如下几类意识定义。

结构定义 意识在结构上是一阶的还是二阶的?像丹尼尔·丹尼特(Daniel Dennett)一类学者认为,除非一个心智过程是可内省或可反思的,它才是有意识的。这是一种二阶的观点,也就是说,只有当心智过程对它自身的痕迹存在一个二阶表征时,这个心智过程才是有意识的。与之相对,一些现象学传统中的哲学家,像埃德蒙德·胡塞尔(Edmund Husserl)、让-保罗·萨特(Jean-Paul Sartre)、莫里斯·梅洛-庞蒂(Maurice Merleau-Ponty)、丹·扎哈维(Dan Zahavi)等人,则主张意识是前反思的自我觉知(pre-reflective self-awareness)。这是一种一阶的观点,它强调意识是自我呈现的(self-presenting),自我呈现是意识的内在结构。例如萨特认为,并非反思向自身揭示出被反思的意识,而完全相反,是非反思的意识使反思成为可能;前反思意识是自我意识(self-consciousness),这个自我意识不应该被视为一个新的意识,而应该被视为意识的内在反身性结构。②

感受定义 意识是一种感受或感觉(feeling or sensation)。例如,尼古拉斯·汉弗莱(Nicholas Humphrey)认为:"要有意识,那么本质上要有感觉,即要有对此地此刻发生在我身上事情的负载情感的心智表征。"本质上,

---

① 中译本为《PHI:从脑到灵魂的旅行》,林旭文译,机械工业出版社,2015 年。
② 李恒威:《意识、觉知与反思》,《哲学研究》2011 年第 4 期,第 95-102 页。

这种理解与"感受质"(qualia)和"成为……所是的感觉"(what it's like to be...)这两个措辞所要传递的想法是一致的。当我们依据感受来理解意识时,我们也是在依据自我感来理解意识,因为感受必然指向一个主体,并从而突显出一个主体。安东尼奥·达马西奥(Antonio Damasio)也持类似的主张:"有意识的心智状态包含一个必需的(obligate)感受方面——对我们而言它们感觉像某种东西。"意识的感受定义也是一种一阶定义,因为感受是前反思的。

表征定义　表征定义也是内容定义,因为通常人们的意识状态总要表征特定的内容,不论是表征外部世界的状况还是表征主体自身的状况。本质上,表征定义表达了一种关于意识的意向性(intentionality)理解,即意识总是关乎某物的意识。埃德尔曼就是从这个角度来理解意识的,他称意识为"记忆的当下"(the remembered present),即对当下瞬间的整体场景的体验。这个整体场景就是心智意象(mental image)或心智表征(mental representation),即心智内容。

觉知定义　的确,对通常的意识体验,一方面有一个所体验到的对象(即体验内容),但另一方面则是使这个体验对象得到显示的意识本身;事实上所意识到的对象与意识本身是可分离的,尽管它们之间总是存在紧密的关联。就可分离的意义而言,意识本身是另外一个"东西",而不是它所关于的对象。在当代对意识的理解中,这个关键分离却常常被忽略。威廉·詹姆斯(William James)认为意识本身是一种"能知"的功能,即觉知(awareness)或知道(knowing)。他曾经这样说:"我的意思仅仅是否认意识这一词代表一个实体,不过我却极端强调它确实代表一个功能。……那个功能就是知道。为了解释事物不仅存在而且被报道和被知道这个事实,为此'意识'假定为必要的。谁要是把意识这一概念从他的基本原理表中抹掉,他就仍然必须以某种方式让那个功能得以行使。"在东方传统中,意识体验中可以与体验内容分离的意识本身——这个"能知"(即觉知或知道)的功能——也被称为"纯粹意识"(pure consciousness)。因此,可以说,意识的本性就是纯粹意识。

尽管我们最初对意识的理解来自举例对比,但若要更深入理解意识的特性,那么深化意识的内涵理解就是必不可少的。但意识的吊诡之处在于,它本身就是那个"知道"功能,而任何定义都由这个"知道"来实现,因此不可能用作为"知道"活动产物的另一个概念来界定知道这个概念的"知道"。就此意义而言,意识是不可定义的。换言之,它必须是自明的。人们可以从自身所处的意识状态来体会和领会意识,但却无法真正地定义意识。正因为如此,盖伦·斯特劳森(Galen Strawson)表达了这样的看法:我们确实知道意识是什么。当我们在看、尝、触、闻、听时,我们知道了意识;当我们处于饥饿、发烧、恶心、欢乐、厌倦时,我们知道了意识;当我们在洗澡、分娩、走路时,我们知道了意识。可如果有人要否定这一点,或者要求给意识下个定义,那么只需做出这样两个回应。第一个是 L. 阿姆斯特朗(L. Armstrong)的回应,当有人问他爵士乐是什么时,他的答复是:"如果你要问,那么你永远不可能知道。"第二个回应要温和一些:"你是从自己的情形中知道意识是什么的。"你大致知道意识是什么,这只是因为你正处于意识状态。

1.3 意识研究的维度[①]

"我思,故我在。"笛卡尔(René Descartes)用他的怀疑程序强有力地"证明":有意识的思维或感受是一个自明的、强硬的、不可置疑的事实。然而,从理智的——无论是哲学的还是科学的——角度看,意识这个确定的事实仍然是一个让人捉摸不定的谜!意识之谜的吊诡之处在于:它因意识本身而被提出,而如果它能被理解和解决,也必须凭依有意识的理智本身。也许我们应该在意识之谜面前驻足片刻,去体会一下它的这种自回归的(autoregressive)独特韵味:有意识的体验好比是宇宙漫长演化中的一道曙光,尽管它还闪烁不定,但它第一次将曾经漫无边际的无意识的黑暗世界的一隅照亮,然后慢慢扩大,并最终明白自己就诞生在那个被它照亮的宇宙中。那么,到底是意识在宇宙中,还是宇宙在意识中? ——这是一个"庄生

---

① 本节内容最初作为机械工业出版社"意识与脑:当代意识神经科学经典译丛"的推荐序二。有改动。

晓梦迷蝴蝶"般的谜题。让我们暂时搁置这个玄思,返回当代理智的意识研究。

英国理论心理学家和哲学家马克斯·威尔曼斯(Max Velmans)在《理解意识》(*Understanding Consciousness*)①这本名著中提出意识的哲学—科学研究必须关注五组问题:

问题1.意识是什么,它位于何处?

问题2.如何理解意识与物质之间的因果关系,尤其是意识与脑之间的因果关系?

问题3.意识有什么功能? 例如,它与人的信息加工过程的关系是怎样的?

问题4.与意识相关联的物质形式是什么——尤其是大脑中意识的神经基质(substrates)是什么?

问题5.检测意识——发现其本性——的最恰当方式是什么? 哪些特征能够以第一人称方法进行检测,哪些需要用第三人称方法,以及第一人称与第三人称方法的发现如何彼此相关?

换一个角度,我们认为意识的哲学—科学研究存在四个维度或层次:

维度1.广义现象学:意识是一个唯有第一人称才可通达的现象,因此,作为一个现象,"意识是什么"的问题必须首先由第一人称的体验来揭示,它包括日常的体验、内省和反思、现象学的体验和反思、东方传统中的止观等。

维度2.形而上学:心与身相关,但心与身处于何种相关关系呢? 这是一个根本的形而上学问题,它关乎人究竟以何种方式存在,就这个意义而言,它是意识研究中真正的"难问题"。在这个问题上,存在多种版本的一元论或二元论的解释。如果这个问题不能得到恰当解释,意识之谜就无望真正

---

①　马克斯·威尔曼斯:《理解意识(第2版)》,王淼、徐怡译,李恒威校,浙江大学出版社,2013年,第4页。

被揭示。①

维度 3. 自然科学:意识与身—脑紧密相关,这是意识科学研究的基础。苏珊·格林菲尔德(Susan Greenfield)说:"人脑是个难以捉摸的器官。由我们未知的原因它产生了情绪、语言、记忆和意识。它给予我们推理、创造和直觉力。它是唯一能自我观察的器官,而且沉思它的内在工作。"与意识的自然科学研究相关的一些核心问题是:与意识体验相关的神经基质是什么?或者说意识的神经机制或神经相关物(NCC)是什么?无意识心智活动与有意识心智活动之间神经表征的差别是什么?为什么分布式的、时序上有先后的神经网络的活动会最终显现为一个统一的意识体验?

维度 4. 方法论:从第一人称角度看,我们拥有体验;从第三人称角度看,我们拥有的是关于特定体验或体验类型的脑运行的知识。也许一个恰当的方法论态度是将第一人称方法和第三人称方法看成是互补的。

1.4 当代意识理论②

理论的形成是对某一现象的研究走向成熟的重要标志。意识是人类最亲熟的现象,是人类生活和文明的基础,因此,意识研究和意识理论的建立无疑会对哲学和基础科学的发展产生巨大的推动作用。过去二三十年间是发展意识理论的一个非常活跃的时期。我们可以看到,在这个时期已经出现了一些较为综合的意识理论,诸如 B. J. 巴尔斯(B. J. Baars)、吉恩·皮埃尔·尚热(Jean Pierre Changeux)和斯坦尼斯拉斯·迪昂(Stanislas Dehaene)的全局工作空间理论、克里克和科赫的神经生物学理论、埃德尔曼

---

① 有人会认为,像意识和自我这类问题是经验实证的问题,无需哲学研究的介入,例如拉马钱德兰在《脑中魅影》中就持有这个观点:"我并不想装出一副已经解决了这些秘密的样子,不过我确实认为有研究意识问题的新途径,这就是不要把意识问题当作一个哲学问题、逻辑问题或者概念问题来进行研究,而是把它当作一个经验问题。"(参见 V. S. 拉马钱德兰,S. 布莱克斯利:《脑中魅影》,顾凡及译,湖南科学技术出版社,2018 年,第 332 页。)不过,我不这样认为,因为人类的理智始终需要一个恰当的形而上学来安置物质(身体、神经、脑)与心智(灵魂、精神、心灵)这两类范畴的关系。

② 本节内容最初发表在《科学中国人》,2015 年 5 月。有改动。

的动态核心学说、本杰明·里贝特(Benjamin Libet)的时控理论、托诺尼的信息整合理论、达马西奥的意识的生命理论、汉弗莱的意识的感觉演化理论等。此外,还有一些偏向于哲学的理论,诸如丹尼特的多重草本理论、塞尔的生物自然主义、查默斯的自然主义二元论、罗森塔尔(Rosenthal)等人的高阶理论(HOT)、弗朗西斯科·瓦雷拉(Francisco Varela)等人的神经现象学(neurophenomenology)、威尔曼斯的反身一元论(reflexive monism)等。

就一个好的意识理论而言,我们当然希望它能为复杂而多维的意识现象提供一个统一的说明,就如同演化论和遗传学统一了生物学,相对论和量子力学统一了物理学那样。然而,目前的情况是,上述诸理论仍然处在最终的统一意识理论出现之前的竞争和整合的阶段:不同的理论因为研究者各自有限的学术背景而呈现出不同的偏好和侧重点,它们在论战中既相互批判也相互借鉴和融合。在这里,我们无法就当前的各种意识理论做全面深入的阐述、分析和比较。不过,克里克和科赫、埃德尔曼以及达马西奥大致在相同的时期都就意识理论的框架阐明了各自的假说、理据和构想。

克里克和科赫2003年在《意识的框架》("A Framework for Consciousness")①一文中把他们的理论思路总结成10条工作假设,而在解释意识的神经机制的这些工作假设之前,他们有一个基本的哲学背景假设。对此,科赫在《意识探秘:意识的神经生物学研究》(*The Quest for Consciousness:A Neurobiological Approach*)中写道:"我们可以有把握地假设,任何现象状态(例如,看见一条狗,感到疼痛,等等)都依赖于脑状态。意识的神经相关物(NCC)是指足够产生特定有意识的现象状态所需的神经活动的最小集合(在满足合适前提条件的背景下)。每个感受都会伴随特定的NCC。心身问题的核心是感受质,它是意识的基本元素。弗朗西斯和我力图解释感受质是如何从神经系统的活动中产生出来的。"②

同是2003年,埃德尔曼在《自然化意识:一个理论框架》("Naturalizing

---

① Crick, F. C. & Koch, C. A. 2003. A Framework for Consciousness. *Nature Neuroscience*, pp. 119-126.

② Koch, C. 2004. *The Quest for Consciousness:A Neurobiological Approach*. Roberts & Company.

Consciousness:A Theoretical Framework")①一文中也概括了其意识理论的基本思路。在提出更具体的理论观点[例如,再入的动态核心(reentrant dynamic core)、初级意识和高级意识的模型]之前,埃德尔曼采取了三条工作假设作为整个理论的方法论平台,这三条假设是物理假设、演化假设和感受质假设。物理假设是说:如果传统的物理过程就能令人满意地解释意识,那么二元论就是不必要的;因此,他假定意识是由某个脑的结构—动力学所产生的一类特殊物理过程。演化假设是说:意识是生物自然选择的演化结果。感受质假设是说:意识的主观品质是私人的、第一人称的。这一假设意味着即便我们能够描述产生某人意识体验的充分必要条件,我们也并不能因此成为他的意识体验。埃德尔曼认为,描述(即关于意识体验产生的知识)不能取代存在(即意识体验本身)。

几乎在同一个时期,著名的认知神经科学家达马西奥在其一系列充满浓郁哲学意蕴的著作中发展了一个独具特色的意识理论。达马西奥认为,从神经生物机制的角度看,意识问题由两个紧密相关的问题构成。第一个问题是脑如何产生客体的心智意象,第二个问题就是,在产生一个客体的心智意象的同时,脑如何在知觉客体的同时产生了自我感。在关于意识问题是什么的方面,达马西奥与心智哲学和理论心理学家汉弗莱的观点惊人的一致。汉弗莱提出,在一个人的意识体验中,通常存在两个成分,一个命题成分(即达马西奥所说的客体意象)和一个现象成分(即达马西奥所说的自我感)。达马西奥认为,成功的意识理论是基于对四个视角的结合:(1)主体性的视角,它是内省的、第一人称的;(2)行为视角,它是观察的、第三人称的;(3)脑视角,它要求我们揭示与特定意识体验相应的脑活动;(4)生物演化的视角,它要求我们首先考虑早期生命的心智水平,接着渐渐地跨越演化的历史朝向目前生命的心智水平。

不难看出,尽管当代意识科学在形而上学立场上还没有达成一致的观点——既有功能主义、还原论的物理主义、非还原论的物理主义、涌现论的

---

① Edelman, G. M. 2003. Naturalizing Consciousness:A Theoretical Framework. *Proceedings of the National Academy of Sciences*,pp. 5520-5524.

物理主义、涌现论的交互作用论,也有两面论和不同版本的泛心论,但一个较为基本的认同还是存在的,即:尽管意识是主观性实在,但意识仍然是一个演化的自然现象,对意识的解释最终必须是自然的,而不是超自然的,因此实体二元论是不可接受的。在上述对克里克、埃德尔曼和达马西奥的简单介绍中,我们可以清楚地看到他们基本的一致之处。

哲学家科林·麦金(Colin McGinn)曾经质问:"演化如何使生物组织之水酿出意识之酒?"我们希望未来的意识理论能够在哲学和科学这两个层面上最终回应这个挑战——解开"世界之结"(the knot of world)。

1.5　本书的主题和思路

"如果脑简单到易于我们理解,那么我们的心智就会简单到不能理解脑。"已故生物学家莱尔·沃森(Lyall Watson)说过这样一句关于心脑(mind-brain)[①]的悖论。事实上,对心脑的研究总是充满这种"纠结"或"纠缠"。要对意识做出完整且一致的理解和解释,那么就我们上面归类的意识研究的四个维度而言,没有哪个孤立的维度是充分的,它们是彼此内在关联的;并且总的来说,形而上学的问题是基础,因为如果我们不能对心脑的本性给出一个恰当的形而上学说明,那么无论是现象学方法还是科学方法都不可能在意识研究中获得合法性。

经典的科学观认为科学观察是完全独立于观察者的,是绝对客观的,但这种科学观的核心即便是在以这种科学观为范式的物理学中也已经被 20世纪最新的物理学所撼动[②]。现在,这种科学观又在意识领域中触及它的一个极为局限的方面,即如果排除有意识的主体对自身意识体验的第一人称揭示,那么要理解心智无异于缘木求鱼。正因为如此,当我们试图以专题形式探讨意识的现象学方法或意识的第一人称方法时,我们就尤其需要在当

---

① Lyall Watson. 1979. *Consciousness is the Primary Reality*, Nobel physicist tells N. Y. symposium, Start Page 3, Quote Page 3, Interface Press, Los Angeles, California.

② 史蒂芬·霍金、列纳德·蒙洛迪诺:《大设计》,吴忠超译,湖南科学技术出版社,2011 年。

代意识科学剑锋正锐的时候给意识研究的第一人称方法一个明确的形而上学说明。当然,这个说明是纯粹的科学物质主义(或物理主义)无法胜任的。我们在书中试图阐明一种自然主义的泛心论(natural psychism),我们将其称为"两视一元论"(dual-perspective monism),其思想的核心无异于将心智视为自然固有方面的任何泛心论主张,并且这种主张与将物质视为自然的固有方面的科学物质主义的主张并不冲突,正因为如此,任何可能与意识科学相容并为意识科学提供一个合理的形而上学基础的泛心论也应该是自然主义的,它与极端的观念论(idealism)必须区分开来。

本书分为三个部分。第一部分,我们论述了为什么自然主义泛心论——或我们提出的"两视一元论"——是一个在解决心—身关系问题时能克服二元论、物质主义或观念论的不完全性或不一致性的合理的替代方案。由此,我们也为第一人称方法为什么是意识科学中不可或缺的方法奠定了一个形而上学的基础。第二部分,我们讨论了构建意识科学的第一人称方法论的几个方面,如第一人称方法的种类、客观性、效度,以及詹姆斯与意识科学、第一人称方法中的东方传统。第三部分,我们论述了当代意识科学中几个相对综合的意识理论,从这些意识理论家的工作中,我们可以看到他们就意识研究的四个维度上的问题表明了怎样的态度,以及提出了怎样的思想和主张。

第一部分

意识的形而上学

2 两视一元论:一个意识的形而上学方案①

2.1 引 言

阿姆斯特丹大学神经生物学教授、荷兰皇家科学与艺术学院脑研究所所长迪克·斯瓦伯(Dick Swaab)在《我即我脑——在子宫中孕育,于阿茨海默氏病中消亡》中提出了一个鲜明主张——"我即我脑":"我们的思考、作为和不作为都要通过脑来实施。这个构造奇妙的器官决定了我们的潜能、我们的极限和我们的性格特征。"②显然,"我即我脑"这个命题表达了一种有关心—身问题的观点。就这个命题突出地表明意识的具身性(embodiment)而言,它是恰当的;但它却遮蔽了意识的体验实在,就此而言,这个命题是"偏狭的",而且会引来不必要的误解。

为了避免"我即我脑"这一命题的偏狭,我们在重新分析了物质主义(或物理主义)和二元论在解释心—身问题上的困境及其造成困境的根源之后,在两面一元论(dual-aspect monism)、泛心论和泛体验论(panexperientialism)的基础上提出了"两视一元论"的形而上学构想。

---

① 本章内容最初发表在《浙江大学学报(人文社会科学版)》2012 年第 4 期,第 18-28 页。有改动。

② 迪克·斯瓦伯:《我即我脑——在子宫中孕育,于阿茨海默氏病中消亡》,王奕瑶、陈琰璟、包爱民译,中国人民大学出版社,2011 年,第 2 页。

2.2 物质主义和二元论的困境

德日进(Teilhard de Chardin)说:"人,就其对我们的经验而言最特别、最能显示其特点的方面,即他的所谓'精神'特性,仍被排斥在我们对世界的总体构想之外。由此而来的是这样一个自相矛盾的事实:有一个不涉及人类的宇宙科学,还有一个对脱离宇宙的人类的认识但却还没有包括人类本身的宇宙科学。目前的物理学(这里取此词希腊语广义,意为'对整个大自然的系统理解')中思维还毫无立足之地。这就是说,物理学仍旧完全建立在大自然呈现给我们的最为引人瞩目的现象之外。"[①]

如何将"人的现象",特别是将人类身上如此显著的"意识现象"[②]纳入到一个融贯而一致的观念体系或自然观中——这构成了意识的形而上学研究要解决的根本问题。

历史上关于心—身问题有过许多解决方案[③],但自近现代以来,其中最有影响的方案是科学物质主义和二元论,时至今日这两大立场在各自的发展和相互竞争中始终面临它们各自难以克服的困难。简单地说,使科学物质主义和二元论陷入困境的根本原因在于,它们各自的观念假定与意识现象的如下三个基本事实不相容。这三个基本事实是:

物理实在 一方面,意识出现在物质的有机体之中。意识的科学研究表明,意识是一个演化—发展的自然生物现象,因此,意识本质上也是物理现象。我们将意识出现在物质的有机体中的事实称为意识的物理实在(physical reality)或物理方面(physical aspect)。而由物理实在所确定的研究角度和方法构成了当代意识科学研究的基础。离开物理实在,人类对意识的研究必然是片面的、前科学的。

体验实在 另一方面,除了物理方面外,意识现象还有一个由觉知、自

---

① 德日进:《德日进集》,上海远东出版社,2004 年,第 63 页。

② 麦金认为意识是"心—身问题的硬核"。参见 McGinn, C. 1993. *The Problem of Consciousness:Essays Towards a Resolution.* Wiley-blackwell. p. 1.

③ Revonsuo, A. 2010. *Consciousness:The Science of Subjectivity.* Psychology Press.

我感、感受质、现象意识（phenomenal consciousness）等概念所指称的方面。这个方面必须要由这类不可还原为物理实在的概念（如神经同步）来描述。我们将这个方面称为意识现象的体验实在（experiential reality）或体验方面（experiential aspect）。与意识的物理实在有来自科学实证研究的广泛确证一样，意识的体验实在也有来自直觉的强有力的自明力量，它是人类生活中最直接的事实。

统一性实在 意识总是一个生命体尤其是人这类高等生命体的意识（正如"思"总是"我思"），离开一个具体的生命有机体或生命系统，就没有意识现象，因此意识的物理方面和体验方面是统一的，它们统一于生命有机体。① 我们把这称为意识现象的统一性实在。此外，脑科学和神经病理学的研究表明，在这个统一性中，意识的物理方面与体验方面还表现出一种相应性（correspondence）：没有脑神经系统和活动的完整性就没有相应的意识体验的完整性；反之，意识体验的异常和缺损必然相应于脑神经系统和活动的异常和缺损。

科学物质主义认为：仅存在物质、物质属性和物质之间的作用关系所构成的物理世界；这个世界在物理的因果作用上是封闭的，不存在超物理的其他因果作用方式；物理学和其他自然科学及其方法对描述这个世界而言是充分的。显然，尽管物质主义在解释意识现象的物理方面是有效的，但它却有一个先验的（a priori）困难，因为它的核心的观念假定否认体验的实在性；它排斥了体验实在这个事实以至于意识的统一性在它那里变成了一个"难问题"。面对意识现象的三个基本事实，甚至一些重要且鲜明的物理主义者也坦承他们所持立场的困境。例如，盖伦·斯特劳逊（Galen Strawson）说："严肃的物质主义者也必须是关于体验的实在论者（realists），所以他们必须坚持体验现象是物理现象，尽管当前的物理学还不能解释它们。作为一个坚定的物质主义者，我赞同这一点，并且认为体验现象是在脑中实现的……

---

① "让我们问一个关于我们自己亲历的身—心关系的强有力的信念。首先，存在一个统一性的要求。人类个体是一个事实，身体和心智。这个统一性的要求是根本的事实，它始终被预设，但很少被清晰地表述。我正在体验，而我的身体是我的。"（参见 Whitehead, A. N. 1956. *Modes of Thought*. Cambridge University Press. p. 218.）

[但是]当我 们以当前物理学和神经生理学的方式来看待脑时,我们不得不承认我们并不知道体验——体验所像是的东西(experiential what-it's-likeness)——是如何在脑中实现的或者如何甚至能够在脑中实现。"①金在权(Jaegwon Kim)——他提出的"随附"(supervenience)理论是一个非常精微的涌现的物理主义(emergent physicalism)——断定:试图以物理主义来最终说明意识现象似乎"面临一个死胡同"②。因此,物理主义如果坚持其基本立场,那么它不但无法解释意识现象的体验实在性和统一性,而且最终会发展成为拒斥体验实在性的还原论的物理主义或取消的物质主义的形态。

当笛卡尔提出本体二元论时,他一定是"慑服"于意识现象的体验实在性的直觉和自明的力量③。对于这种直觉和自明的体验实在,笛卡尔为其赋予一个独立的本体(substance)地位——一个与物质本体异质的心智本体。当本体二元论在哲学中最终完成时,尽管它有认可体验实在的优势的一面,但它却面临无法解释意识现象的统一性实在的困境。因为在它的观念假定中,生命有机体被看成是纯粹物质的,这样生命有机体就成了一种单纯的物理机器,而意识则成了生命"机器中的幽灵"——物质的机器和心的幽灵是分离的。简言之,二元论的困境在于:统一于生命有机体中物理方面和体验方面被分割到了两个异质的、不相容的本体领域,以至于统一性实在无法被解释。

2.3 两面一元论:从泛心论到泛体验论

物理主义能够恰当地解释意识现象的物理方面,但以牺牲体验方面为代价——它或者认为体验方面可以还原为物理方面,或者认为体验方面不过是一种错觉(illusion)——时,它不得不面临一个"难问题":与物理实在异

---

① Strawson, G. 1994. *Mental Reality*. MIT Press. p. 45.

② Kim, J. 1993. *Supervenience and Mind : Selected Philosophical Essays*. Cambridge University Press. p. 367.

③ 正因为意识现象的体验实在性的直觉和自明的力量,日常生活中人们往往是不自觉的二元论者。

质的体验如何还原为物理实在性的脑神经活动？或者,物理实在性的脑神经活动如何产生或引起一种与之异质的体验实在呢？另一方面,二元论承认意识的两个方面的实在性,但是当它以牺牲人的统一性为代价时,它不得不面临一个极为荒谬的结局:生命机体成了一架纯粹的机械论的机器,而体验则成了一个不知为何却又必须寄居其中的幽灵。

意识的形而上学显然无法容忍这两种困境。看来意识的形而上学必须寻找新的方向。困境同时也预示着理论的契机。例如,大卫·格里芬(David Griffin)认为:"二元论者和物质主义者都愈发认识到他们各自立场的不足,而这[恰恰]为心—身问题的真正进展创造了机会,因为它揭示了有必要进行更为彻底的概念重建。"①与格里芬一样,托马斯·内格尔(Thomas Nagel)、塞尔、斯特劳逊、威廉·西格尔(William Seager)等哲学家也纷纷提出对新方向的期望和构想。内格尔认为:"心智现象与脑关联的方式以及人的同一性与有机体的生物持续性关联的方式,是一些目前还未能解决的问题,但[解决的]可能性却是哲学思辨的恰当主题。我认为已经清楚的一点是,心—身关系的任何正确的理论都会彻底转变我们关于世界的整个观念,并且它要求对现在被认为是物理的现象有一个新的理解。"②

两面一元论 如上面分析,如果意识形而上学的新方向要避免物理主义和二元论的困境,那么它就必须有能力同时容纳意识现象的物理实在、体验实在和统一性实在。意识的形而上学框架的建构是为了全面一致地容纳它要解释的意识现象的事实,而不是反过来让事实适应某个特定的形而上学的观念假定。因此,意识现象的三个基本事实将为新方向的可能性范围设定内在的限制。我们知道,一方面,二元论的困境在于它割裂了意识现象的两个方面在生命机体上的统一性,因此,新方向在本体上不应重蹈二元论的覆辙,它必须是一元的;另一方面,物理主义的困境在于它所假定一元的本体只有物理的实在性而不承认体验的实在性,为了克服这个困难,我们必

---

① Griffin, D. 1998. *Unsnarling the World-Knot : Consciousness, Freedom, and the Mind-Body Problem*. University of California Press. p. 6.

② Nagel, T. 1986. *The View from Nowhere*, Oxford University. p. 8.

须考虑一个融摄了这两种实在的一元本体的可能性。就这两个事实的限制而言,意识形而上学的新方向应该是一种两面一元论:世界由一种本体构成,而每个本体的实例[即现实实体(actual entity)①]都包含两个不能互相归约的方面,即物理方面和体验方面。②

泛心论 不难看出如上简洁界定的、作为新方向的两面一元论并不是什么全新的形而上学构想,它本质上是泛心论的一种表达。在心—身关系的观念史中,无论是在古代还是近现代,泛心论一直是一个基本而重要的形而上学方案,而在当代意识的形而上学中,泛心论因物理主义和二元论的不足重新成为心—身问题解决方案中的一个合理的候选者而得以强劲地复兴。③ 对心—身问题而言,泛心论的优势在于:相对于将心还原为物从而否认体验实在的物理主义,它尊重了体验的实在性;相对于乔治·贝克莱(George Berkeley)式的将物还原为心或心的内容从而否认身体实在的唯心主义,它尊重了身体的实在性;相对于将心的实在和身的实在分割在两个本体领域的本体二元论,它尊重心与身在生命机体上统一的一元性。然而,因为"心灵"(psyche)这个概念往往意指高级的体验形式(如有意识的知觉、感受、想象、回忆、思考等),以至于它无法面对一个核心的质疑:在演化方向上一路回溯,我们该如何理解动物、植物、细胞、分子、原子、夸克……这样的现实实体也会有像我们人类有意识地体验到的那些心智品质? 由此看来,一般泛心论就显得过于朴素和粗略了。为了回应上述问题,泛心论在阿尔弗雷德·诺斯·怀特海(Alfred North Whitehead)、德日进、查尔斯·哈茨霍恩

---

① 怀特海在其过程哲学中将本体的实例称为现实实体。

② 我尽我所能回答了他们并且最后妥协地允许:也许一个人把这个立场称为"体验—非体验一元论"而不是"实在的物理主义"会更好些。无论如何,体验—非体验一元论是这类人持有的立场,他们(a)完全承认在实在中存在体验的"东西"这个明显的事实,并且(b)接受在实在中也存在非体验的"东西",以及(c)认可"一元论"的观念,即在某个根本的意义上,宇宙中只存在一种质料(stuff)。(参见 Strawson, G. 2006. Realistic Monism:Why Physicalism Entails Panpsychism. *Journal of Consciousness Studies*, vol. 13, no. 10-11, pp. 3-31.)

③ Nagel, T. 1979. *Mortal Questions*. Cambridge University Press. Skrbina, D. 2007. *Panpsychism in the West*, MIT Press. Strawson, G. et al. 2006. *Consciousness and its Place in Nature:Does Physicalism entail Panpsychism*? Imprint Academic. Clarke, D. S. 2003. *Panpsychism and the Religious Attitude*. Suny Press.

(Charles Hartshorne)、小约翰·科布(John Cobb Jr.)、格里芬、克里斯蒂安·德昆西(Christiam De Quincey)、肯·威尔伯(Ken Wilber)等人努力下被创造性地发展成为一个更丰满和更精致的理论形态,即泛体验论[①]。

泛体验论 "[泛体验论]学说是指,'万物都在体验'。这个术语是由过程哲学家格里芬杜撰的,它界定了一种源自怀特海和哈茨霍恩的特定版本的泛心论。怀特海将事件[在他的术语中即'际遇'(occasion)]当成根本的形而上学的实在,并且与体验概念联系在一起(这无疑受到詹姆斯的'纯粹体验'作为所有实在的基础这一理论的影响)。泛体验论是目前表达最为清晰的泛心论的形式。哈茨霍恩、格里芬、德昆西和其他过程哲学家继续开展着针对一般泛心论的争论,并且整理了大量的证据,这些既支持他们的立场又批判占支配地位的物质主义和二元论的形而上学。"[②]在解决心—身问题上,泛体验论的最主要的形而上学贡献是:(1)思辨地论证了任何现实实体既有作为知识论上的客体的方面——物理方面,也有作为存在论上的主体的方面——体验方面,它是一种主体-客体统一的存在;(2)现实实体的物理方面存在一个演化-发展的谱系,即其物质系统的复杂性会逐渐增长,同样,体验方面也存在一个演化-发展的谱系,它表现为体验的丰富程度的逐渐加深;(3)现实实体的这两个谱系之间存在一种相应(corresponding)关系。

在近现代的科学物质主义中,对自然的基本单元有两个隐含的假定(assumption):(1)自然的基本单元是某种纯粹物质性的、惰性的和死的质料(inert and dead stuff),是时空中(spatio-temporally)持存的质点,它们没有内生的活动性(activity)或自发性(spontaneity),只有受外力作用下的机械的运动;(2)这些被规定为惰性物质质料的自然的基本单元在人类的认识、行为和价值活动中永远只是客体,它们缺少自身作为主体的存在地位,没有

---

① Griffin, D. R. 1997. Panexperientialist Physicalism and the Mind-Body Problem. *Journal of Consciousness Studies 4*, no. 3:248-268. Griffin, D. R. 1998. *Unsnarling the World-Knot: Consciousness, Freedom, and the Mind-Body Problem*. University of California Press. De Quincey, C. 2010. *Radical Nature: the Soul of Matter*. Park Street Press.

② Skrbina, D. 2007. *Panpsychism in the West*, MIT Press. p. 21.

自身作为主体的方面,即没有"体验"。怀特海将这种如此被规定的自然的基本单元称为"空乏的现实"(vacuous actuality)。"空乏的现实"是近代科学物质主义的观念核心。对这种科学物质主义,怀特海评价道:"这个固定的科学宇宙论持续地存在于这整个历史时期中,它假定了一种不可还原的、粗鲁的(brute)物质的终极事实,这些物质遍及一个流变构形(a flux of configuration)的空间中。这样一种物质本身是无感觉的(senseless)、无价值的和无目的的。它仅仅根据外部关系所施加的固定的惯例(routine)做它所做的一切,而这些外部关系并不是出自其存在的本性。这就是我称之为'科学物质主义'的假定。同样这也是一个我要对之提出诘难的假定,因为它完全不适合于我们现在所达到的科学状况。如果我们恰当地来解析它,那么它没有错。如果我们将自己限制在与其环境分离的某些种类的事实上,那么这个物质主义的假定确实完美地表达了这些事实。但是当我们通过更精微地使用我们的感官或通过要求意义和要求思想的一致时,这个[科学物质主义的]图式就立刻瓦解了。"①

在怀特海看来,科学物质主义的第一个观念假定将无法说明自然界中普遍存在的演化-发展现象,而第二个观念假定则无法说明生命体中存在的"感觉、价值和目的"等体验现象。为了能一致地说明从物质到生命到心智以及到意识的整个现象谱系,怀特海、德日进、哈茨霍恩等泛体验论者认为必须修正和扩展科学物质主义的物质观。

与科学物质主义对自然的基本单元的假定不同,怀特海等人提出:自然的基本单元是(内秉活动性的)创造的、体验的事件。"事件""创造性"和"体验"这些概念表明了怀特海的过程和有机体自然观的三个主要方面。"事件"表明自然的基本单元是时间性的,每一持续的事件,如原子、分子、细胞或个体的人,都是由一系列瞬间事件构成的一个"时间社会"(temporal society)。"创造的"这个谓词表明,尽管所有事件都受其他的和先前的事件的影响,但没有一个事件完全由其他和过去事件来决定,相反,在其时间性

---

① Whitehead, A. N. 1948. *Science and the Modern World*. The Macmillan Company. p. 18.

的构成中,每个事件至少都存在自我决定或自我创造的活力,并因而对未来施加了某种创造性影响。"体验的"这个谓词表明,自然的基本单元(即事件)并不是缺乏主体性和体验的"空乏的现实性",相反,它们是具有感受和体验能力的主体。当然,在怀特海看来,事件具有体验并不表明所有事件都有有意识的感知、思想、想象、感受等心智品质,而只是表明它们都具有一个类似于人类心智品质的内在性(interiority)方面;哈茨霍恩认为,心智品质——如感知、欲望、感受、记忆、思想、目的等——乃是一种宇宙变量(cosmic variable),它们具有连续的谱系,既有远远低于人也有可能高于人的表现形式,例如记忆,可能是涉及人一生的自传体记忆,也可能是极为短暂的短时记忆;因此,说所有的事件都是体验的,并非是说它们必须是人类的体验或与之极为相似,而只是说它们并非是绝对不同。①

就本文的主题而言,我们在此更关心怀特海等人关于自然的基本单元具有体验方面的思辨论述。"现代哲学始终是从认识论开始的"②,但怀特海认为这个出发点造成了一个不同寻常的假定,即处于人类认识体验中的知识论意义上的客体在存在论意义上也是客体,以至于唯有进行认识活动的人类才有主体性和体验,而一切处于人类知觉、思想等心智活动中的客体都"蜕化"为无自身存在性、主体性和体验的纯粹客体。但是这种观念假定会衍生出一个悖谬的结果。根据大量的、有多种证据支持的现代观点,具有体验的人类是生物演化过程的结果,但是如果先于人类的那些最初事物——科学物质主义的物质观所假定的自然的基本单元——只是毫无体验品质的纯粹客体,它们又如何在演化的进程中创生出它们根本不曾具有的体验的品质呢?除非它们违背"无中生有"(*exnihilo*,creation out of nothing)原则。基于这个归谬的反推,一个可以认定的结论是:那些在人类心智体验中的客体并非在存在论上也是毫无感知能力的(insentient)客体,相反,就它们自身的存在而言,它们也是主体。以此观念为基础,怀特海提出并发展了一种有

① 格里芬:《超越解构——建设性后现代哲学的奠基者》,鲍世斌等译,中央编译出版社,2002年,第275-277页。
② 格里芬:《超越解构——建设性后现代哲学的奠基者》,鲍世斌等译,中央编译出版社,2002年,第275-277页。

关主体和主体性的摄受(prehension)理论。"怀特海用'摄受'来描述任何主体——不论它多么'原始'(primitive),也包括原子——对一个客体的接触,并因此产生的对该客体的'感受'(feeling)。"①"摄受"是一个既包含原始认知也包含原始价值的概念。

与怀特海一样,德日进认为:"我相信内外两个观点需要统一起来,而且它们不久会统一在一种现象学或一般化的物理学中,这些学问会把事物的内在方面与世界的外在方面一起加以考虑。否则,我会觉得科学必须试图建构的一致解释就不能涵盖宇宙的整体。"②为此他提出,要更好地认识自然的内在性,就必须把以下三个观察联系在一起加以思考。第一观察是,事物的内在方面即使在物质最原始的状态时也存在,与原始状态事物的外在方面的简单的复杂性相应的是它的内部的简单的"意识"。这里复杂性用于刻画事物的外在方面,而"意识"用于刻画事物的内在方面。第二观察是,事物的内在方面在自然的演化中会表现出不同的品质,事物的"意识"品质在一开始实际上是同质的(homogeneous),但也随着事物层级的演化—发展而渐渐产生和分化出不同的品质;"意识"的品质在人类心智层面上是平常的,也是显然的,但如果"顺着演化的相反方向折返来看,意识在品质上显示为一个明暗逐渐变化的谱,其最低下的部分终而消失在黑暗"。③第三观察是,每个确定结构的事物都有相应的内在方面,并且事物结构的复杂性与事物"意识"的丰富性是相应的;任何时刻只要有更丰富更完善的结构,就相应地有更为发展的"意识";最简单的原生质的复杂情形已足以令人讶异了,而这种复杂性又是依等比级数层层累增,这情形在原生动物演化到多细胞动物的过程中就可看出,而各处的生物也一直都是如此;事物内在"意识"的丰富性恰与其外在的物质结构的复杂性成正比,或说事物的物质结构越丰富、越完善,则其"意识"亦越趋丰富和完善——这两者不过是同一个事物的两个维度或面向而已。德日进将事物的两个面向在演化—发展

---

① Wilber, K. 1995. *Sex, Ecology, Spirituality*. Shambhala. p. 111.

② Teilhard de Chardin, P. 1961. *The Phenomenon of Man*. Harper Torchbooks. p. 14.

③ 德日进:《人的现象》,李弘祺译,新星出版社,2006年,第19页。译文依英文版有改动。

上的相应性(correspondence)称为"复杂性和意识律"(law of complexity and consciousness)。

在最低"意识"形式的摄受与人类的意识体验之间，我们可以辨别出一些较为明确的内在性模式(pattern)的演化—发展的谱系，而这些内在性模式都有与之相应的外在性模式，见图2.1。例如，我们可以说，原子的内在性可由摄受来刻画，细胞相应的内在性是兴奋性(irritability)，代谢有机体(例如植物)相应的内在性是初步感觉(rudimentary sensation)，原—神经元有机体(例如腔肠动物)相应的内在性是感觉(sensation)，神经元有机体(例如节肢动物)相应的内在性是知觉(perception)，神经索(例如鱼/两栖动物) 相应的内在性是知觉/冲动(perception/impulse)，脑干(例如爬行动物)相应的内在性是冲动/情绪(impulse/emotion)，边缘系统(例如古哺乳动物)

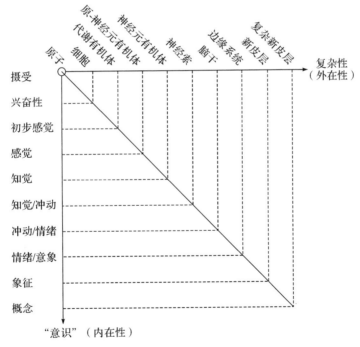

图 2.1 我们根据威尔伯的观点列出事物的外在方面与内在方面在演化—发展上的相应性，用图表示出德日进提出的"复杂性和意识律"①

————————

① Wilber, K. 1995. *Sex, Ecology, Spirituality: The Spirit of Evolution*. Shambhala Publications, Inc. p. 113.

相应的内在性是情绪/意象(emotion/image),新皮层(例如灵长目动物)相应的内在性是象征(symbols),复杂新皮层(例如人类)相应的内在性是概念(concepts)和反思(reflection)等等。[①]

至此,我们认为泛体验论在思辨上[②]基本破解了物质主义和二元论的困境。然而,对于泛体验论中的"相应性"这个核心概念以及它的理论蕴含,我们还需要做进一步的说明和澄清。正是在此进一步的澄清和说明中,我们认为有必要将泛体验论更清楚地表达为"两视一元论"。

2.4 两视一元论

关于"相应性",还有两个问题需要回答。第一个问题是,"为什么每个现实实体都有两个面向呢?"这个问题在怀特海的有关"摄受"的思想中已经得到了初步的回答,即每个在人类的认识体验中被当作客体的现实实体,同时在其自身的存在上也是主体,即任何一个现实实体本质上都是"客体—主体"或"主体—客体"。它之所以作为主体,是因为每个现实实体在存在上都是其自身经历(undergoing)(它的活动和做出的反应)的承担者,这个"承担"对它而言就是第一人称的"感受"或"体验"。另一方面,相对于另一个与之接触的、作为其存在上的主体的现实实体而言,该现实实体则成为被"知觉"的客体,因此,在其他现实实体的第一人称的"体验"中,该现实实体的原先作为存在论上的主体的第一人称的"体验"消失了,以至于它成为其他现实实体的第一人称视野中的一个如怀特海所说的"空乏的现实"——缺少自身主体性和体验的纯粹客体,同时,其他现实实体自身的第一人称对于该现实实体则成了一种知识论上的第三人称"观察"。最后,当现实实体的物质结构的复杂性发展相应地在其存在上展示出意识品质时,例如演化—发展成

---

① Wilber, K. 1995. *Sex, Ecology, Spirituality: The Spirit of Evolution*. Shambhala Publications, Inc. p. 113.

② 之所以说是"在思辨上",是因为对演化—发展谱系上各层级体验的内涵的确认还有许多经验实证的(empirical)研究需要补充。

为有反思意识①的人时,它就既作为一个自身经历的体验者也作为某个他者乃至自身某部分经历的观察者,至此,一个有反思意识的人就同时具有了存在论的第一人称和知识论的第三人称两个视角。现在,我们可以说,任何现实实体同时具有第一人称和第三人称两个"视角",而意识的两个相应性的方面(物理方面和体验方面)不过是同一现实实体在视角变换(perspective transform)下的相应呈现。同理,对意识现象之所以会出现两类范畴(即物理范畴和体验范畴)的描述,其根源也在于对同一事物存在来自两个视角的描述。对于意识现象,当我们处在第三人称视角时,我们得到的是关于一个意识主体的被观察到的脑神经结构和活动,是关于他的物理的、化学的、生理的以及行为的描述,而当我们处在第一人称视角时,我们得到的是有关我们自身体验的直接呈现。

第二个问题是,"为什么现实实体的外在谱系与内在谱系之间是相应的?"换言之,"为什么有如此成分和结构的物质系统就有相应的'意识'表现并且反之亦然呢?"我们认为这种相应性是"法尔自然的",它是"法尔自然原则"的体现。所谓的"法尔自然原则"是指:事情如此,我们不能在诘问它为什么如此。例如,熊十力认为:"如如义,极深广,盖法尔本然,非思议所及故。法尔犹言自然。自然者,无所待而然。本者,本来。然者,如此。本来如此,无可诘问所由。"②"法尔犹言自然,儒者言天,亦自然义。自然者,无所待而然,物皆有待而生,如种子待水土、空气、人工、岁时始生芽及茎等。今言万有本体,则无所待而然。然者,如此义。他自己是如此的,没有谁使之如此的,不可更诘其所由然的,故无可名称而强名之曰自然,或法尔道理。"③奥修则以另一种方式说道:"我无法向你解释怎么或为什么,它是一个事实。就像科学家说 H_2O 是水一样……两份氢,一份氧——两个氢原子,一个氧原子——它们的化合物就是水。你不能问为什么。为什么不是三份氢、一份氧呢?为什么不是四份氧、一份氢呢?为什么是 H_2O,而不是其

---

① 关于反思意识及其与觉知的区别,参见李恒威:《意识、觉知与反思》,《哲学研究》2011年第4期,第95-102页。
② 熊十力:《十力语要》,上海书店出版社,2007年,第254页。
③ 熊十力:《十力语要》,上海书店出版社,2007年,第274页。

他化学式呢?科学家会耸耸肩,他会说:我们不知道。它就是这样。"①当然,在某种意义上,这个原则类似于戈特弗里德·威廉·莱布尼茨(Gottfried Wilhelm Leibniz)的"先定和谐"(pre-established harmony),但它免于了"神"的介入。

回顾上述论证,"两视一元论"诉诸了两个原则,即"非无中生有原则"和相应性的"法尔自然原则"。依循这两个原则,我们可以从"两视一元论"的观念中得到如下理论蕴含。

第一个理论蕴含是,有意识的体验并非是一个由"空乏的现实"构成的系统中涌现出来的属性。既然意识现象的物理方面和体验方面是同一现实实体处于不同视角下的呈现,那么,意识的体验方面就不是从物理方面涌现出来的。体验方面与物理方面之间并没有一个产生和被产生、导致(cause)和被导致的关系,由此我们消解了一个内在于科学物质主义中的根深蒂固的"产生问题"(generation problem)②——非意识的(纯粹的)物质系统的大脑的活动如何产生或导致了有觉知的心智(即有意识的体验)? 例如,斯特劳逊认为如下有关"体验是涌现现象"的辩护是不合理的。

这个辩护的推理过程是:物理的质料(stuff)本身依其本性的确是一个完全非意识、非体验的现象,不过当它的部分以某种方式组合在一起时,体验现象就"涌现"了。或者说,终极实在(ultimate)本身是完全非意识的、非体验的现象,不过当他们以某种方式组合时,体验现象就"涌现"了。因此,体验现象是涌现的现象,意识属性和体验属性是完完全全非意识的、非体验的现象的涌现属性。斯特劳逊认为,这个涌现概念是先验地不一致的,除非它诉诸一个"无中生有"原则。③ 威尔伯则以一个更为正面的语气说道:"意识不是一个涌现品质(emergent quality),……也即是说,内在不是涌现自外

① 奥修:《天下大道》,谦达那译,陕西师范大学出版社,2007年,第126页。

② 所谓"产生问题",简单地说就是广延的脑如何产生与之异质的思维的心智。"这个问题有许多名字,莱文把它称为'解释的鸿沟',查默斯把它标为'难问题'。"参见 Seager, W. 1999. *Theories of Consciousness: An Introduction And Assessment*. Routledge. p. 256.

③ Strawson, G. 2006. Realistic Monism: Why Physicalism Entails Panpsychism. *Journal of Consciousness Studies*, vol. 13, no. 10-11, pp. 3-31.

在；显然，它们两者与创生宇宙的最初分界一起出现……"

第二个理论结论是，意识体验是非因果作用的(non-causal)，换言之，意识的物理方面与体验方面不存在因果作用关系，即不存在心理物理的因果作用(psychophysical causation)。这个结论显然也逻辑地蕴含在"非无中生有原则"和相应性的"法尔自然原则"中。下面，我们对比埃德尔曼思想来阐述相应性和意识体验的非因果效应。

埃德尔曼认为，意识的体验方面被其物理方面所蕴含(entailed)，而不是被它导致的(caused)，体验方面(或按他的术语，现象变换)没有因果作用，存在因果作用的是物理方面，并且物理方面是因果封闭的。[①] 为了以更直接和更清楚的方式来解释他的思想，埃德尔曼将现象变换及其过程称为C，将其底层的神经动态核心过程称为C′(见图 2.2)。埃德尔曼指出，如果C′不存在，C 也不会出现，C 是伴随 C′同时出现的一个属性(simultaneous property)；但是考虑到物理学的定律，C 本身不可能是因果作用的；尽管 C没有因果效力，但现象变换 C 是底层具有因果作用的神经事件 C′的一个"可靠的指示器"(reliable indicator)[②]。"它反映了一个关系，但它既不可能直接也不可能通过场的属性施加一个物理力。然而，它被 C′蕴涵，而 C′的详细的分辨活动是因果作用的。也就是说，尽管 C 伴随着 C′，但是恰是 C′是其他神经事件和某些身体动作的原因。这个世界在因果上是封闭的——没有幽灵或精神在场——并且这个世界中的发生的事件只对构成 C′的神经事件做出反应。"[③]"一个常有的事情是：人们谈到心智事件或现象体验，好像它们有因果作用。但是因为意识是一个被再入动态核心中的神经活动的整合所蕴含的过程，因此，它本身不可能是因果作用的。在宏观层次上，物理世界在因果作用上是封闭的：只有在物质或能量层次上的交易(transaction)才是因

---

① Edelman, G. M. 2007. *Wider Than the Sky*: *The Phenomenal Gift of Consciousness*. Yale University Press. p. 78.

② Edelman, G. M. 2007. *Wider Than the Sky*: *The Phenomenal Gift of Consciousness*. Yale University Press. p. 79.

③ Edelman, G. M. 2007. *Wider Than the Sky*: *The Phenomenal Gift of Consciousness*. Yale University Press. pp. 78-79.

果作用的。所以正是丘脑皮层核心的活动是因果作用的,而不是它所蕴涵的现象体验。"①

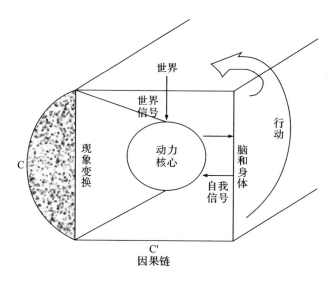

图 2.2　世界、身体和脑的因果链影响再入的动态核心。核心活动(C′)接着进一步影响神经事件和行动。核心活动赋予做出高阶区别的能力。这个具有其感受质的被蕴涵的现象变换(C)构成了那些区别。

根据"两视一元论"的观念,我们当然认可埃德尔曼有关 C 不是由 C′导致的以及 C 没有因果效力的观点,但他用"蕴涵""同时出现的属性"和"可靠的指示器"所表达的思想是不彻底的。我们认为,C 不是 C′的属性,它们之间也不是 C′蕴含 C 的关系,确切地说,C 和 C′仅仅是同一现实实体处于不同视角时的呈现——当它是存在论的主体时,它处于第一人称视角时的呈现就是体验 C;而当它是知识论的客体时,它处于第三人称视角时的呈现就是被观察到的再入动态核心的神经事件 C′。

现在,我们不难明白,为什么对意识现象的全面认识必须依赖这两个视角的相应关系:一方面,正因为存在第一人称的意识体验的直接性,我们才能知道意识是什么;另一方面,正因为存在第三人称的被观察到的神经结构

————————

　　①　Edelman,G. M. 2007.*Wider Than the Sky*:*The Phenomenal Gift of Consciousness*. Yale University Press. pp. 91-92.

和活动,意识的神经相关性的研究才是合理的。这两个视角的实在性和相应性决定了我们对意识现象必须采取两个互补的描述层次,这也是达马西奥之所以表达如下见解的原因。他写道:"……我刚才所描述的这道鸿沟,是一个为什么我要在本书中坚持两个描述层次的原因,一个是对心智的描述,一个是对脑的描述。这种分离不过是关乎理智健康的事情,再说一遍,它不是二元论的结果。通过坚持这两种不同水平的描述,我并不认为存在两种不同的物质,一种是心智的,另一种是物理的。我只不过是承认,心智是高层次的生物过程,因为其显现的私人本性,它需要并值得它自身的描述,而且因为那种显现是我们希望解释的基本实在。另一方面,用它们的恰当词汇描述神经事件是为了努力理解那些事件如何有助于心智的创生。"①

2.5　结　语

"我即我脑"这一命题显然与克里克的"惊人的假说"一致。"惊人的假说是说,'你',你的喜悦、悲伤、记忆和抱负,你的本体感觉和自由意志,实际上都只不过是一大群神经细胞及其相关分子的集体行为,正如刘易斯·卡罗尔(Lewis Carroll)书中的爱丽丝所说:'你只不过是一大群神经元而已'。"②

当然,就人的物理实在性而言,我们完全赞同"我即我脑"和"惊人的假说"。但是,正如我们上面所论证的,这两个命题作为形而上学的主张是"偏狭的",它们忽视了第一人称的体验方面在人类意识生活中的实在性,特别是斯瓦伯在其书中将来自第一人称视角描述的自由意志感(sense of free will)与来自第三人称视角描述的脑活动的物理决定性混淆,以至于他仅从第三人称的、物质性的脑视角出发,将人类法律和道德责任中的自由意志看成是一个"愉快的错觉"。

---

①　Damasio, A. 1999. *The Feeling of What Happens*. Harcourt Brace and Company. p. 322.

②　克里克:《惊人的假说——灵魂的科学探索》,汪云九等译校,湖南科学技术出版社,2001年,第3页。

3 彻底自然主义和泛心论的后现代意义[①]

3.1 引　言

　　"现代西方的哲学和科学思想显然是物质主义的,它受到自然科学在理解物质世界时所取得的进步的激励。"[②]然而,基于物质主义的科学在理解"生命现象"[③]——特别是"人的现象"[④][⑤]——时却遇到了根本的障碍:因为,科学的机械决定论的物质主义假定世界是一台没有任何内在性、目的和自由的物质机器,它的所有构件的运行只遵循力学的机制,每个构件本身没有导致自发变化的内在动力,结果人的心智方面(认知、情感、自由、审美、目的、自我感等)在这个纯粹物质的自然中没有自己的位置,心智成了物质自然中的一个反常的、不合时宜的幽灵。

　　笛卡尔的(物质和心智的)实体二元论和二元论的交互作用论是面对这个障碍时激起的最初反应,也是影响最为深远的反应。事实上,近代以来形成的对世界(包括人)的现代性理解一直处于物质主义与二元论的尴尬的混

　　①　本章内容最初发表在《自然辩证法研究》2016 年第 1 期,第 10-14 页。有改动。

　　②　Velmans, M. 2009. *Understanding Consciousness*. Routledge. p. 3.

　　③　Jonas, H. 1966. *The Phenomenon of Life: Toward a Philosophical Biology*, University of Chicago Press, Reprinted by Northwestern University Press. 2001, p. 1.

　　④　Teilhard de Chardin, P. 1959. *The Phenomenon of Man*. Harper Collins US.

　　⑤　我们概括了"人的现象"的三个根本事实:物理实在、体验实在和统一性实在。一个恰当的观念体系必须能全面地解释这三者,而不能取消其中任何一者的实在性。

合中①——或者,更确切地说,现代性呈现的是一个分裂和分离的世界:人的文化世界与物质自然的分裂、心与物的分离、心与身的分离、被决定与自由的分离、事实与价值的分离。在许多哲学家和思想家看来,这个根本的形而上学的分裂和分离是现代文明的许多病态方面(生态的、制度的、文化的、社会的、心理的)的总根源。

在这个(物质主义与二元论)混合的现代性中,"人的现象"始终处于科学的恰当解释之外,德日进说,"科学在其宇宙论中还不曾为人找到适当的位置"②,"人尽管必不可少,但一直被遗弃在所有关于自然的科学建构之外……建立科学的人超然于科学的对象之外。这是我们现在在认知和道德上遇到的一切困难的根源所在。我们将永远无法了解人,也无法理解自然,除非我们按照事实的要求,使人彻底重新融入自然之中(但不是毁掉他)"③。物质主义和二元论混合的现代性世界观是不恰当的,因此科学若要恰当地解释"人的现象"——既不像物质主义那样"亵渎"它,将它"贬低"到纯粹机械物质的层面;也不像实体二元论那样"尊崇"它,将它"奉举"为超自然的幽灵④——那么,关于物质和心智本性的现代性理解必须得到修正。

我们可以看到,对物质和心智本性的现代性理解进行彻底修正是近代复兴的泛心论的核心工作。正是基于近代复兴的泛心论所做的广泛而细致的工作,美国哲学家德昆西通过系统地追溯泛心论的历史,尤其是在吸纳怀特海—哈茨霍恩—格里芬过程哲学的泛心论形态的基础上,对泛心论进行了新的概念化:他标举了一种更具新世纪精神的后现代物质主义,即"彻底自然主义"(radical naturalism)或"彻底物质主义"(radical materialism)。在

---

① Griffin, D. R. 2008. *Unsnarling the World-knot: Consciousness, Freedom, and the Mind-body Problem*. Wipf and Stock Publishers.

② 德日进:《人的现象》,范一译,译林出版社,2012 年,第 105 页。

③ 德日进:《人的能量》,许泽民译,贵州人民出版社,2013 年,第 2 页。

④ 正如德日进所言:"在某些人看来,人的'精神'价值太高,以至于不带上几分亵渎,就不能把人纳入普遍的历史进程之中。在另一些人看来,人的选择和抽象能力,跟物质的决定力相差太远,以至于把人与构成物理科学的元素联系起来是不可能的,甚至是无益的。在这两种情况下,人要么受到过度的尊崇,要么得不到尊重,因而被束之高阁;或者,人被弃之于宇宙的边缘,要么被连根拔起,要么被看作多余。"(参见德日进:《人的能量》,许泽民译,贵州人民出版社,2013 年,第 2 页。)

此,我们希望通过"彻底自然主义"来品鉴作为调和物质主义与二元论的泛心论的后现代意义。

3.2 新宇宙论故事:彻底自然主义

像怀特海、德日进等人一样,德昆西也认为一个一致而完备的观念体系——不论是科学的,还是思辨哲学(即形而上学)的——应该在其中为生命现象,为人的现象留有恰当的位置。然而,在德昆西看来,尽管现代的哲学和科学展示了一个精彩的宇宙论故事,但这个故事只讲述了一个机械物质——"死的质料"(dead stuff)——的世界,这个世界将叙述者(思想、意识、自由、情感)排除在外。"这个陈旧观点将心智从身体、将意识从物质以及将精神从自然中分裂出去,却试图让我们理解这样一个世界:其中,意识、灵魂和精神是实在的,物质/能量亦是实在的。"[①]因此,德昆西提出,这个时代哲学的根本任务就是讲述一个新的宇宙论故事,它将治愈心智与身体、意识与物理世界之间的病态分离,恢复世界内在性和创造性的一面,恢复人的心智在自然中的位置。"于是,扩展宇宙故事从而把叙事者包含进去是科学的下一个伟大前沿。"[②]

某种意义上,现代性是从突出人的主体性(理性、意识、自我、自由)——突出进行认识活动的人(主体),而不是被认识的世界(客体)——开始的,这鲜明地印刻在作为"现代哲学之父"的笛卡尔以及随后的整个认识论时期的哲学家的著作中[③]。但也正是自笛卡尔本人开始,西方哲学就一直在同主体性与机械决定论的物质主义的冲突——心—身问题,以及自由与决定论——做斗争。这个斗争随着当代对意识的明确关注[④]而变得尤为醒目,塞尔就说过:

---

① De Quincey,C. 2010. *Radical Nature*:*The Soul of Matter*. Park Street Press. p. ix.

② De Quincey,C. 2010. *Radical Nature*:*The Soul of Matter*. Park Street Press. p. 2.

③ 怀特海:《科学与近代世界》,何钦译,商务印书馆,2012 年。
   格里芬:《怀特海的另类后现代哲学》,周邦宪译,北京大学出版社,2013 年。

④ 例如,内格尔说:"如果没有意识,那么心—身问题是索然无味的;但有了意识,心—身问题又似乎无望解决。"(参见 Nagel, T. 1974. What is it Like to Be a Bat? *The Philosophical Review*,p. 435-450.)

"在过去约 50 年间的心智哲学讨论中只有一个主要话题,那就是'心—身问题'。"①于是,如何解决心—身问题就成为德昆西的新宇宙论故事必须讲述的根本情节。

在现代哲学进程中为解决心—身问题存在过三个主要方案——物质主义、二元论和观念论。与当代许多泛心论者的判断一样,在德昆西看来,这三个方案都失败了②。他拥护的是第四种方案,即他所谓的"彻底自然主义"。彻底自然主义吸纳了来自过程哲学的观点——尤其怀特海和亨利·柏格森(Henry Bergson)的工作,它本质上是对泛心论,尤其是对过程哲学的泛心论形态(即泛体验论)的新的概念化。在我们展示彻底自然主义的基本"构件"之前,还是让我们先简单地回顾一下被认为是失败的三个主要方案的根本困境之所在。

根据德昆西所做的历史考察,这三种现代性理论——物质主义、二元论和观念论——在西方哲学中均有其古老的前现代谱系,例如,物质主义之于德谟克利特的原子论,二元论之于柏拉图的先验形式—世俗物质的二分,观念论之于普罗提诺(Plotinus)的流溢论(emanationism)。然而,在这些古代理论中人的主体性与可感的物质世界还没有形成笛卡尔所规定的心与物的那种存在论意义上的异质性。只是在笛卡尔之后,这三种古代理论才开启了它们在现代性意义上的讨论。而所有这些讨论的本质在于笛卡尔对物和心的现代性规定——笛卡尔规定所谓的"物"是在空间上广延,所谓的"心"是在时间上绵延,它们分属完全不同的两种范畴,因此需要用完全不同的两套概念和术语加以描述;在内涵上它们是异质的,在外延上,它们是全异关系。历史地看,实体二元论与科学物质主义共同遵循了笛卡尔关于物质的规定,而实体二元论与观念论共同遵循了笛卡尔关于心的规定。

物质主义 这里指传统的机械决定论的物质主义,它的当代继承者是物理主义。本质上物质主义认为只有物质或物理能量是最终实在的,它只

① Searle,J. R. 1992. *The Rediscovery of the Mind*. The MIT Press. p. 29.

② Griffin, D. R. 1998. *Unsnarling the World-Knot: Consciousness, Freedom, and the Mind-Body Problem*. University of California Press.

需使用物质一侧的术语、概念来解释世界就足够了。于是,物质主义者需要解释心智如何来自物质,主体性如何来自客体性。如果这种转变存在,那么完成这一伟业需要一个奇迹——一个"用物理脑之水酿造意识之酒"①之类的奇迹。但这个奇迹涉及一个"无法解释的存在论跳跃"②,即使是诉诸涌现论(emergentism)也无法完成这个跳跃③。结果,物质主义者随时准备否认心智的实在性,往往通过种种手段否定意识的主体性特征,实际上,这类否定、取消或还原重新定义了"心智""意识"等概念,从而取消了主体性的实在性。④

二元论 主要指二元论的交互作用论。二元论的问题是显而易见的:两种彼此异质的实体如何发生交互作用的问题始终是它无法解决的。要实现交互,二元论同样需要一个存在论跳跃——一个奇迹的介入⑤。由于二元论的关于心智的规定完全不见容于以自然主义为标准的现代科学世界观,在当代它从未被绝大多数哲学家和科学家认真地接受。⑥

观念论 完全与物质主义对立,只使用心智一侧的术语、概念解释世界。当代大多数哲学家实际上并不会认真考虑观念论——认为存在的一切是心智,或心智的投射和内容。即使在世俗生活的意义上,人们也不会严肃地对待"物质好像是一种错觉"这种观点。不过德昆西认为,历史上如流溢论的观念论的问题"在逻辑上"没有二元论或物质主义严重。流溢论认为宇宙根据一个"从物质、身体、心智、灵魂到精神"的存在层级的连续统演化,虽然它也存在如何解释从完全非物理的存在中产生某种物理东西的奇迹,但是因为其形而上学建构的体系利用"层级"概念得到逻辑自洽,这是新宇宙

① McGinn,C. 1989. Can We Solve the Mind-Body Problem?,*Mind*,no. 98,pp. 349-366.

② De Quincey,C. 2010. *Radical Nature:The Soul of Matter*. Park Street Press. p. 43.

③ De Quincey,C. 2010. *Radical Nature:The Soul of Matter*. Park Street Press. p. 206-214,219-222. Strawson, G. 2006. Realistic monism:Why Physicalism Entails Panpsychism. *Journal of Consciousness Studies*, 13(10-11),pp. 3-31.

④ 另参见:Searle (1992,p. 55),Strawson (2006,p. 5).

⑤ 事实上,二元论中的平行论——无论是先定和谐论还是偶因论——都依赖奇迹的介入。

⑥ De Quincey,C. 2010. *Radical Nature:The Soul of Matter*. Park Street Press. p. 42.

论故事可以吸收的好的一面。①

上述三种现代性理论在某一点上既需要对心智和物质的实在性做出说明，又要对它们之间的关系模式做出说明。但是这三者都存在严重的困难，它们的方案中都需要我们接受对自然世界某种形式的超自然介入。因此，如果我们还"足够真诚地"②承认人是有**意识的、自由的、具身的**存在者，那么我们需要一种替代的存在论和宇宙论。因此，心—身问题的解决方案必须涉及对物理实在本性理解的彻底修正。"简言之，问题不在于心智，而在于我们关于物质的那个充满局限性的观念。"③

彻底自然主义 德昆西对泛体验论给出的另一个称谓。为了避免其他三种方案的困境，彻底自然主义是从一个根本不同的存在论假定开始的。它认为，"感知能力（主体性、意识体验）从完全无感知能力的（客体的、物理的）物质中涌现或演化，这是不可构想的"④。也就是说，在笛卡尔关于物质和心智之规定的意义上，心与物之间的存在论鸿沟**在逻辑上**是不可跨越的。因此，泛心论的方案不是以各种修修补补的方式去搭建（笛卡尔所规定的）物与心之间逻辑上不可能的桥梁，而是采取了一个颠覆性的策略，即对物和心的存在论内涵做出完全不同的假定。"为了使我们摆脱笛卡尔的心—身分离及其病理结果，哲学和科学不得不采取重新彻底定义心智和物质的[理论]方向。"⑤

现在让我们来概览一下彻底自然主义所确定的基本假定和论证的主要"构件"：

---

① De Quincey, C. 2010. *Radical Nature : The Soul of Matter*. Park Street Press. pp. 43-44.

② 我们说的"足够真诚地"是指，如果当我们说意识体验、人的自由等并不实在，但却无法在实践中遵循这个主张行事时，那么我们就会犯"践言矛盾"（performative contradition）——我们的言语就是不真诚的。（参见韩东晖：《践言冲突方法与哲学范式的重新奠基》，《中国社会科学》2017 年第 3 期，第 67-76 页。）在怀特海看来，如果我们的理论"否定了预设于实践中的东西"，我们便自相矛盾了，公开地否定了我们暗中肯定的东西。（格里芬：《复魅何须超自然主义：过程宗教哲学》，周邦宪译，译林出版社，2015 年，第 40-48 页）

③ De Quincey, C. 2010. *Radical Nature : The Soul of Matter*. Park Street Press. p. 45.

④ De Quincey, C. 2010. *Radical Nature : The Soul of Matter*. Park Street Press. p. 45.

⑤ De Quincey, C. 2010. *Radical Nature : The Soul of Matter*. Park Street Press. p. 240.

(1)有感知力的物质(sentient matter)或智能物质(intelligent matter):人(或更一般的"有机体"[①])是具身的、主体性的存在——有感知力的物质系统。为了理解人的这种统一的存在论状况,彻底自然主义假定物质是内在地有感知能力的——它既有心智的一面,也有物质的一面;在《彻底的自然》中,德昆西试图表明心智与物质是同延(coextensive)且始终存在的假定是解决物理世界中的意识问题的最恰当的后现代方案。在德昆西的彻底自然主义的论证中,乔尔达诺·布鲁诺(Giordano Bruno)[②]的"智能物质"被认为是对新宇宙论故事的一个极为早熟的天才洞察。布鲁诺存在论的基石是他的如下洞见:物质是智能的,而智能是物质的。辩证的活力(élan)内在于物质本身,因为物质的实质是自我推进的、演化以及从其内部产生所有它能采用的形式。物质是自组织的和自变形的。布鲁诺认为,心智使物质活跃,并且心智确实是必然的,心智不是创造物质或把秩序放进与自身完全不同的物质中,毋宁说,它内在地提供了能够从 mater-materia(物质,宇宙母体)的多产子宫中诞生的所有形式的模式。[③]

(2)一路向下(all the way down):在怀特海的存在论中,物质与心智不是分离的"实体",而是同一实体的相应的和互补的方面;宇宙的基本成分,无论原子还是量子,本质上是"体验事件"、"体验际遇"(occasion of experience)、"进行感受的物质"。因此,如果心智现在存在,那么它必定以某种形式始终存在;同样,如果物质现在存在,那么它必定以某种形式始终存在。格里芬明确地将一般体验与有意识体验区分开。他认为,体验[④]一路向下内在于宇宙的最基本构成中,但是有意识的体验——体验的高级形式——只内在于宇宙演化中特定复杂水平的物质系统。换言之,譬如植物、

①　这里的"有机体"意指怀特海意义上的宇宙有机体。

②　德昆西认为,作为哲学家和科学家的布鲁诺在英美世界被埋没,直到雷蒙·G.门多萨(Ramon G. Mendoza)出版了 *The Acentric Labyrinth*:*Giordano Bruno's Prelude to Contemporary Cosmology* 一书,才逐渐恢复其宇宙论思想的历史重要性。

③　Mendoza, R. G. 1995. *The Acentric Labyrinth*:*Giordano Bruno's Prelude to Contemporary Cosmology*. Element. p. 119.

④　在怀特海的形而上学和宇宙论中,体验际遇、体验时刻既指即使最小物理极(physical pole)也有的心智极(mental pole),也指即使最小心智极也有的物理极。

细胞、分子和原子都具有内在的感受,但它们并没有有意识的感受。对怀特海的宇宙论而言,体验是遍在的(ubiquitous)和根本的(fundamental),但意识不是;宇宙是泛体验的或泛主体的,但不是泛意识的。

(3)合成个体(compound individual)与聚合物(aggregate):合成个体与聚合物的区分是理解怀特海—哈茨霍恩—格里芬的泛体验论的一个根本点。在泛体验论中,只有当组合在一起的子有机体(suborganism)形成具有新层级属性的统一单元时,这些子有机体的层级社会(hierarchical society of suborganisms)才能称为合成个体,否则这些组合在一起的子有机体只能称为聚合物。泛体验论认为,合成个体有其自身层级上的主导体验(dominant experience)①,而聚合物作为集体并没有自身集体层面的主导体验。例如,尽管人是由细胞构成的,但是作为统一单元的人具有不同于其构成的子有机体细胞的体验形式——例如,人有意识的思想、社会和文化的复杂情感等等。每个有机体(即合成个体)都有它自己的体验层次和自我决定的能力,例如,由活细胞合成的动物、由有机分子合成的细胞、由原子合成的分子等。由于合成个体主导体验的支配性影响,以至于作为构成成分的较低层级的子有机体的自我行动会被抑制,例如,活细胞中分子内的电子的自我运动的程度将受到中间水平分子(如DNA、RNA或蛋白质)的上位影响的约束,并且受到细胞或整个有机体自身的主导体验的约束。相比之下,聚合物,例如石头、池水、椅子或计算机,则没有在集体层面上的主导体验。岩石、椅子或计算机是作为构成成分的分子、原子和亚原子粒子的非统一单元的聚合物。根据泛体验论的看法,这些作为构成成分的每一个低层次有机体都是具有自己的低层次体验形式和自我行动的能力的个体。然而,在聚合物中,无数个体有机体的自我运动相互抵消。因此,岩石、水池、椅子或计算机不具有它自身的体验或自我运动(正像我们在世界中看到的,且正像普通物理学预测的)。

(4)泛心论谱系:德昆西在《彻底的自然》一书中最令人称道的工作是他

---

① 主导体验也称为主导单子(dominant monad)。

为泛心论在西方发展的整个历史谱系提供了一个完整概述。① 他本人把自己的彻底自然主义或彻底物质主义追溯到 16 世纪布鲁诺的智能物质理论，认为物质是自组织的，可以自我创造，能够自我推动。德昆西的系统论述表明，作为心—身问题后现代解决方案的彻底自然主义或泛体验论在西方思想中具有其前现代的历史谱系。他认为，17 世纪由笛卡尔、牛顿等人发展起来的现代物质主义对物质的理解被证明不过是"一次相对短暂的弯路——一次偏离正轨"②。除了布鲁诺，泛心论的历史谱系可以经歌德、莱布尼茨、帕拉塞尔苏斯(Paracelsus)以及新柏拉图主义者，一直追溯到西方哲学的开端，在前苏格拉底哲学家的思想中，甚至越过俄耳普斯萨满通灵的异端，逐渐延伸到前印欧新石器时代和旧石器时代文明的神话中。德昆西认为，新宇宙论故事能在早期希腊哲学家诸如阿纳克西曼德和亚里士多德以及当代的哲学家诸如怀特海、哈茨霍恩、格里芬等人的著作中找到前身。德昆西自己最服膺的泛心论版本就是出自怀特海过程哲学的泛体验论。"一个彻底、深刻的泛心论形而上学——一个新的宇宙论——是怀特海在《过程与实在》中提出的。"③

为什么要把泛心论——特别是把泛体验论——称为彻底自然主义呢？德昆西说，他欲以"彻底自然主义"一词表明一种彻底不同于物理学和西方哲学标准观点的关于自然和物质的思想，表明自然和物质内在地具有感知能力，"当科学家或哲学家声称所存在的唯一的物质或能量类型是完全没有感知能力的物理质料时，我把那种存在论称为'绝对物质主义'"。④

---

① 前现代的泛心论谱系事实上不是为解决心—身问题而发展的，而且在近代很长一段时间里，西方主流学界往往把泛心论看作是对民间普遍抱有好感的物活论、万物有灵论等前科学信念的复活。这样一种被严肃哲学家认为是"荒谬的""肤浅的"陈旧理论，在 19 世纪后期以来之所以重新成为一个不可避免的理论选项，本质上是因为物质论、二元论等其他心—身问题解决方案已经走到了绝路。所以事实上尽管回顾和系统梳理泛心论的古代谱系并不能赋予它与现代物质论同等的合法地位，但它却能为泛心论的合理性提供重要的历史支持。

② De Quincey, C. 2010. *Radical Nature : The Soul of Matter*, Park Street Press. p. xi.

③ De Quincey, C. 2010. *Radical Nature : The Soul of Matter*, Park Street Press. p. 40.

④ De Quincey, C. 2010. *Radical Nature : The Soul of Matter*, Park Street Press. p. 45.

3.3 泛心论的后现代意义

19世纪以来泛心论的复兴既受到浪漫主义的情感诉求的推动,也受到理性的观念体系所要求的理论完全性和一致性的推动。这一点在怀特海宏大的过程哲学的观念体系中得到了强有力的回应和表达。

在谈到威廉·华滋华斯(William Wordsworth)对科学精神的浪漫主义抗议的时候,怀特海说:"困扰华滋华斯的并不是任何理智上的对立。他是被道德上的反感触动的。"他所反感的是科学分析漏掉了一些东西,而"被漏掉的东西却构成了一切最重要的东西",即道德直觉和生命本身。怀特海同意华滋华斯的看法,认为,"除非我们把物质世界与生命融合在一起,并把它们看作是真正的实在事物的本质组成部分,而这些实在事物之间的联系和它们的个性又构成了宇宙,否则,我们就既不能理解物质世界也不能理解生命"。他还说,"所以我们要问华滋华斯在自然界里发现了什么在科学里没有被表达出来的东西。这一问是非常重要的。我这样问是为科学本身好"。怀特海坚信,"生命在自然界里的位置是哲学和科学在当代所面临的问题"。[①]

泛心论的后现代意义的核心在于它对现代形而上学理论——物质主义、观念论和二元论——处于分裂状态的调和。泛心论的调和工作包含对三个方面的要求。第一,是完全性的要求:泛心论认为一个恰当的哲学—科学体系应该将"物质世界与生命融合",既不能在它的理论说明中遗漏掉物质也不能遗漏掉心智[②],因此,泛心论既反对绝对的物质主义,也反对绝对的观念论;第二,一致性的要求:尽管在二元论中,物质和心智被赋予了实在的位置,但它们的异质规定与它们具有的交互作用之间在逻辑上是不一致的,

---

① 斯通普夫、菲泽:《西方哲学史:从苏格拉底到萨特及其后(第8版)》,匡宏、邓晓芒等译,世界图书出版公司,2012年,第379-380页。

② 怀特海说过,他要建立的观念体系是一个能够把各种审美的、道德的和宗教的旨趣与产生于自然科学的那些关于世界的各种概念联系起来的宇宙论。(参见 Whitehead, A. N. 1978. *Process and Reality : An Essay in Cosmology*, *Corrected Edition*. The Free Press.)

泛心论要求对"人的现象"的物理实在、体验实在和统一性实在给出一致的说明；第三，是自然主义的要求：即对物质和心智的规定、功能和作用的说明必须是自然主义的，"说它是一种自然主义，就是说，且只能说，它反对超自然主义，即认为某种神性存在可以（也许确实）偶尔干扰世界最根本的因果过程的那种观点"。[①] 就现代复兴的泛心论对自然主义的根本要求而言，"泛心论"这个名称事实上是不太恰当的，因为就其内涵的完全性而言，它也可以说是泛物质主义（pan-materialism）的。正因为如此，格里芬更愿意把"泛体验论"称为"泛体验论的物理主义"（panexperientialist physicalism），而德昆西更愿意把"泛体验论"称为"彻底自然主义"。有时，我们更愿意把 19 世纪以来复兴的泛心论（例如，怀特海过程传统的泛心论版本、德日进的泛心论版本等）称为自然主义泛心论（naturalist panpsychism）。事实上，自然主义泛心论要表达的是"心物不二"的思想："它既不是纯粹物质主义（纯粹物理的），也不是观念论（纯粹心智的）。……也不是真正的二元论。它是'二元的一元论'（dualistic-monism）或'不二的二元性'（nondual duality）……。"[②]

泛心论的后现代意义除了具有调和现代形而上学理论——物质主义、观念论和二元论——的纵向意义外，它还有另外一个重要的横向意义，即它与东方思想的接近。怀特海在《过程与实在》中下过这个断语："就这种一般立场来看，有机体哲学似乎更接近于印度或中国的某些思想传统，而不是西亚或欧洲人的思想传统。"[③]德昆西认为，中国人从未感受到"典型的欧洲精神分裂"——一种无法弥合机械论的物质主义与神学的精神论（spiritualism）之间的分裂——的折磨。[④] 在《彻底的自然》中，德昆西也非常有限地谈到中国理学中的理气关系所蕴含的机体论思想：

---

① 参见格里芬：《复魅何须超自然主义：过程宗教哲学》，周邦宪译，译林出版社，2015年，第 29 页。

② De Quincey, C. 2010. *Radical Nature：The Soul of Matter*. Park Street Press. p. 103.

③ Whitehead, A. N. 1978. *Process and Reality：An Essay in Cosmology*, *Corrected Edition*. The Free Press.

④ De Quincey, C. 2010. *Radical Nature：The Soul of Matter*. Park Street Press. pp. 254.

我们对谈论心—身关系的方式应当谨慎,以免产生了心智或形式优先于物质或身体的印象。那将是一种误解。形式与质料总是一起存在,正如亚里士多德和布鲁诺所坚持的。中世纪中国理学家在他们的理与气的概念中表达了类似观点。理是宇宙组织原则,一种内在模式,而气可以指我们所谓的"物质—能量"。……在中国的世界观中,"内在"与"外在",理与气,相互依赖。如果没有理的组织作用,那么单独的物质—能量是无法想象的;它将无法获得形式和秩序。而理本身,如果没有气为基础,那么单独的理也是无法想象的。组织必须是某事物的组织。……理和气具有同等的存在论和宇宙意义;不存在一个比另一个更实在。它们代表"内在"和"外在",即在怀特海、柏格森和德日进的过程哲学中明显可见的原始宇宙的原心灵(proto-psychic)和原物理(proto-physical)的本性。[1]

在熊十力的《体用论》中,我们可发现非常明确的泛心论思想,尽管熊十力本人并没有以"泛心论"来概括他在这一方面的思想。贺麟最早把熊十力思想的某一方面归于泛心论,他在《当代中国哲学》(1945)中把熊十力的主张概括为:"此说破除把心消纳到物执着物质的唯物论,并破除执着习心或势用之心把物消纳到心的唯心论,而成一种心物合一的泛心论。"[2]此外,王元化也完全认可贺麟的判断,他说:"心与物交参互涵,不可分而为二,而是一个整体的相反相成的两个方面。十力先生既不承认唯物论,也不承认唯心论。贺氏称他为泛心论者,庶几近之。他认为有物即有心,纵使在洪荒时代,心的势用即随物而潜在。体用一如,心物不二,这就是十力先生哲学的真谛。"[3]熊十力在《体用论》中对泛心论有着较为系统的论述,他在其中至少

① De Quincey, C. 2010. *Radical Nature: The Soul of Matter*. Park Street Press. pp. 254-260.

② 贺麟、张其昀等:《当代中国哲学》、《近代唯心论简释》、《现代思潮新论》,上海书店出版社,1945年,第15页。

③ 熊十力:《体用论》,上海书店出版社,2009年,"序"第10页。

提到的两点是泛体验论也持有的观点,即"非无中生有"原则和"一路向下"原则。前一原则是说物质主义的由物生心和观念论的由心生物都是不可能的;后一原则是说,宇宙最原始的现实存在中也有心的作用(即"纵使在洪荒时代,心的势用即随物而潜在"),物质的更复杂更精微的结构和心的更丰富发达的功能具有演化的层级相应性。对于熊十力泛心论思想的更多表述,在此我们只能择其要述:

> 唯心论者坚主精神是万有之一元,不得不割去物。然物质现象终不可否认,则以之归并于心,直以物质为精神之副产物耳。唯物论者坚持物质是宇宙之一元,不得不割去心。然精神现象终不可否认,则以之归并于物,直以精神为物质之副产物耳。①

> 心物同体,无先后可分。理实如是,何用狐疑?子以为宇宙本际,唯有物而无心,本际,犹言初际,借用佛籍话。此肤见也。如本无心,而后忽发现心灵,是从无生有,断无是理。②

> 宇宙实体若只是单纯的物质性,单者,单独。纯者,纯一。本无他种性,他种性,谓生命、心灵的性质。则后来忽尔发现生命、心灵,便是无中生有。忽尔,犹云忽然。若果如此,宇宙间一切事物都是无因而生。易言之,一切事物皆无有因果或规律可说,科学云何成立?余不敢信唯物一元之论可以说明心灵、生命者,余不敢信四字,一直贯至此。诚以单纯的物质性而许其能产生非物质的生命、心灵诸特殊现象,此以因果律衡之,其论实不可通故。③

> 余以为宇宙实体法尔固有心灵、物质种种性,性者,性质。固有,犹云本有,言心与质种种性不由后起。④

> 物界演进约分两层:一、质碍层。质即碍,曰质碍。自鸿蒙肇

---

① 熊十力:《体用论》,上海书店出版社,2009年,第92页。
② 熊十力:《体用论》,上海书店出版社,2009年,第15页。
③ 熊十力:《体用论》,上海书店出版社,2009年,第112页。
④ 熊十力:《体用论》,上海书店出版社,2009年,第112页。

启,无量诸天体乃至一切尘,都是质碍相。尘字,本佛籍,犹云物质。质碍相,生活机能未发现故。昔人说物为重浊或沉坠者以此。即由如是故相,通明质碍层。二、生机层。此依质碍层而创进,即由其组织特殊而形成为有生活机能之各个体,故曰生机层。此层复分为四:曰植物机体层,生机体,省云机体。下仿此。曰低等动物机体层,曰高等动物机体层,曰人类机体层。凡后层皆依据前层,而后层究是突创,与前层异类,此其大较也。①

对熊十力来说,物质主义与观念论,偏执于两极的一侧,对于单纯的物质性或单纯的心智性如何无中生有地产生另一极的问题,"无可说明其故。"②

在怀特海那里,世界是由被称作"现实际遇"(actual occasion)的最小过程或事件构成。比意识更根本的心性(mentality),即体验,是每一际遇的根本成分,所以,"现实际遇"又称作"体验际遇"。因此在怀特海哲学中,每一存在都是有心智(体验)的。尽管怀特海机体哲学及其泛心论结论在现代西方常以艰涩难懂、不合时宜著称——"艾尔弗雷德·诺思·怀特海的后期哲学,大概属于 20 世纪最不被人们理解和欣赏的著作之列。尽管在新兴的环境伦理学领域,怀特海的自然哲学在某种程度上得到了复兴,但在形而上学及一般哲学领域,他的著作所具有的更广泛的革命性意义却在很大程度上被忽略了。"③但在中国反而较早地获得强烈共鸣,为众多中国的哲学家认同。方东美早在《科学哲学与人生》(1937)中就极力推许怀特海的更符合东方哲学气质的机体哲学的心物一体和变化的思想:"宇宙不是沈滞的物质,人生亦非惑乱的勾当。宇宙与人生都是创进的历程,同有拓展的'生命'。"④此外,谢幼伟、张东荪亦曾向熊十力指出他的思想与怀特海的相通之处,皆认为心物不过是同一存在的两个方面。熊十力虽未读过怀特海,

---

①　熊十力:《体用论》,上海书店出版社,2009 年,第 15 页。
②　熊十力:《体用论》,上海书店出版社,2009 年,第 118 页。
③　罗斯:《怀特海》,李超杰译,中华书局,2014 年,第 1 页。
④　方东美:《科学哲学与人生》,中华书局,2013 年,第 142 页。

但结合他对西方哲学的了解，称心物不二、体用不二之义"西洋哲学亦非绝无所见"[①]。

3.4 结　语

人应该被包含在他所讲述的宇宙论故事中，这情景就像毛里茨·康纳利斯·埃舍尔(Maurits Cornelis Escher)的那幅观看者观看画作但又置身于他所观看画作中的充满悖论的画作。然而，这个看似悖论的场景却正是一个恰当的哲学—科学的观念体系必须要面对和给出合理说明的状况。

怀特海在《科学与近代世界》中认为，物理学和哲学两门学科近来的发展都已超越了作为现代世界基础的某些科学和哲学的观念，而"后现代思维的核心任务就是克服导致现代二元论的那些假定，这二元指的是在理论中被肯定的观念与实践中被视为前提的观念"[②]。19世纪以来复兴的泛心论就是为克服和超越"作为现代世界基础的某些科学和哲学的观念"所做的巨大努力，德昆西写道："在格里芬工作的基础上，我提出：泛心论代表着心—身问题的最一致、最合理的解决方案，而且因此为一门综合的意识科学开辟了道路。"

要超越现代主义的病理分裂而走向一种真正的后现代主义，泛心论的方案在于彻底地修正作为现代性根基的存在论和宇宙论。这种修正可以使我们期望一个新的自然愿景：整个宇宙系统本质上是一个生态系统，即一个宇宙生态系统，它的所有"单子"(合成个体)都内在地进行感受，并因而具有了各自现象世界的生命意义，这导致了一种宇宙本身充满生机和意义的神圣性。这个被贴着"泛心论"标签的新世界观，总是隐含地贴近中国哲学的气韵：宇宙是一个充满生机的整体，它由物质—能量组成，但却表现出由心赋予的内在的自我组织和自我建构的过程，一个不断自我创进的层级连续体。

---

①　姜允明：《熊十力与怀海德的机体论哲学》，《中国哲学史》1993年第1期。
②　格里芬：《怀特海的另类后现代哲学》，周邦宪译，北京大学出版社，2013年，第13页。

4 生命－心智的连续性[①]

4.1 引 言

在当代认知科学中,存在两种看待和理解心智[②]现象的基本模型:一是以符号思维为范型的计算机模型;二是以自然生命为范型的生物有机体模型。第二种模型隐含了一个基本思想:应该从生命[③]和生命演化的角度出发来理解心智,因为各种心智现象最初表现和表达在不同演化水平的生命体上,生命与心智不可能是两个彼此异质和分离的现象,相反,这两个范畴存在内在关联,它们在存在论上甚至是同一的。生物有机体模型所蕴含的这个基本思想在当代认知科学中被称为"生命—心智连续性论题"(life-mind continuity thesis)。彼得·戈弗雷-史密斯(Peter Godfrey-Smith)区分了三个方面的连续性论题:弱连续性、强连续性和方法论连续性。弱连续性是指任何有心智的东西就是生命的,尽管并非每一个有生命的东西都有心智;认知是生命系统的一种活动。强连续性是指生命和心智有一个共同的抽象模

---

① 本章内容最初发表在《中国社会科学》2016年第4期,第37-52页。有改动。

② 我们将"心智"视为一个最大范畴,它包括最原始的主体性或自我形式、最简单的感知和情绪反应类型、最低层级的欲望和动机系统,然后是经无意识的意象思维,最后直到有意识的概念、思想、反思、复杂的情感感受(affective feeling)和慎思的自由意志的选择。

③ 尽管对于生命本质既有遗传的分子生物学进路,也有生态学进路,但在这里,我们更关注作为当下的、个体的生命整体,即更关注生命的整体组织形式以及生命整体与环境形成的特定现象世界。生命系统的所有构成成分,只有在生命的整体组织形式完整运作时才有意义。

式或有一组基本的组织属性,心智的功能性属性特征通常是生命必不可少的功能属性的升级形式;心智本质上是类生命的。前两个方面论及的是生命与心智之间存在论上的条件关系,而方法论连续性则强调要理解心智就要理解其在整个生命系统中扮演的角色。[①] 在我们看来,弱连续性论题表明生命是心智的必要条件;强连续性论题表明生命与心智在逻辑上是等价的,即生命是心智的充分必要条件;方法论连续性论题则表明理解生命是理解心智的必要条件。

通常,论题是人们直觉综合的结果,而对它的证实则有赖于更系统的思想分析和理论建构。在生命—心智连续性论题的现当代阐释中,让·皮亚杰(Jean Piaget)、休伯特·马图拉纳(Humberto Maturana)和瓦雷拉、达马西奥、汉弗莱等人发展的认知的生物学理论为理解生命—心智的连续性论题提供了必要的理论洞见;生成认知(enactive cognition)学派的一些主要理论家,诸如瓦雷拉、汤普森、菲利普·路易斯(Philip Luisi)、约翰·斯图尔特(John Stewart),也寻求来自现象学的分析。不过,我们试图进一步将更基础的构想结合进来,建构和阐明一条更全面的论证脉络——它将形而上学经现象学到生物学理论的三个层次融贯在一起。鉴于这个意图,本文力图完成两项任务:第一,能从形而上学和现象学中恰当地萃取出蕴含连续性论题的隐含论述,融汇和扩展成一个轮廓清晰的论证;为此,我们将反思并重构德日进关于物质—生命—心智连续性的形而上学构想,以及汉斯·约纳斯(Hans Jonas)关于生命哲学第一命题("生命预示着心智,而心智属于生命")的现象学的描述和分析。第二,基于生成认知范式和自创生(autopoiesis)理论,阐明了生命与心智之间的充分且必要的蕴含关系,从而对强连续性论题给出有力的理论生物学的说明。

---

① 参见 Godfrey-Smith, P. 1996. "Spencer and Dewey on Life and Mind," in Boden, M. (Ed.), *The Philosophy of Artificial Life*. Oxford University Press. p. 320.

4.2　自然主义泛心论中的人与宇宙

为了统一并一致地解释从物质到生命乃至更高级的意识和反思现象，以德日进为代表的思想家基于科学的经验事实和对理性的深厚信任构想了一个充满思辨想象力的观念体系和宇宙论。德日进的观念体系是泛心论的，但更严格、更准确地说，它是一种自然主义泛心论。

像历史上所有严肃的泛心论版本一样[1]，德日进的自然主义泛心论也遵循怀特海对形而上学(即他所说的"思辨哲学")所提出的规范性要求："所有哲学都是为了对被观察的事物形成一个融贯的理解而做的努力。因此它的发展受两个方向的规范的制约，其一是理性的融贯性要求，其二是阐释被观察事物的要求。"[2]并且，怀特海在《过程与实在》中提出了一个关于形而上学的目的、价值和功能的观点：形而上学的目的就是建构一个能解释所有宇宙现象的一致的或融贯的观念体系。[3] 在这个意义上，德日进提出，"简单地说，我试图要做的就是选择人作为中心，并试着在他周围建立一个前因后果间的一致体系"[4]。在我们看来，为了满足怀特海的观念体系的规范性要求，德日进的自然主义泛心论是为解释"人的现象"而提出的构想，它包含四个核心观念：(1)作为宇宙中的经验事实的(有意识的)思维和反思；(2)自然主义的存在论和科学方法论；(3)泛内在性；(4)层级连续性。

德日进用"人的现象"一词指宇宙中出现的有意识的思维和反思的能力这件大事。人的这种有意识的"不仅知道，而且知道自己知道"的能力是人性的核心，也是人的现象相对于其他自然现象的独特性和区别性所在。人和人类社会的所有现象都因某种方式以此能力为基础或与之相关。德日进认为，如果科学足够真诚和坦然，就像笛卡尔有限定的怀疑所秉持的那样，那么它就不能忽略宇宙中人的现象(即思维和反思)这个基本事实，它必须

---

① 参见 Skrbina, D. 2005. *Panpsychism in the West*. The MIT Press.

② Whitehead, A. N. 1966. *Modes of Thought*. Cambridge University Press. p. 152.

③ Whitehead, A. N. 1978. *Process and Reality*. Free Press. p. 3.

④ Teilhard de Chardin, P. 1959. *The Phenomenon of Man*. Harper Collins. p. 29.

以实在论的态度将思维和反思能力的出现看作是与物质的最初凝结、与生命的第一次出现,同样真实、特殊和伟大的事件。[①]

在这个意义上,人的现象该与其他现象一样都是科学描述、分析和研究的对象。德日进反对二元论,因为在二元论者看来,"人的'精神'价值太高[又太独特],以至于不带上几分亵渎,就不能把人纳入普遍的历史进程之中"[②],结果,二元论者将人的有意识心智从近代科学所理解和描述的自然世界中分离出来,并构想了一个超自然的独立领域(即笛卡尔的思维实体或人们日常观念中的灵魂)来安置它。德日进拒绝将有意识心智和反思之类的似乎是宇宙中后来出现的东西看成是与宇宙中的其他物质形态无关的现象,他尤其拒斥:有意识心智和反思是由某种超自然的外在力量灌注在自然世界中的一种异常要素。尽管人的现象具有显著的特异性,但它也处于自然领域中,因此也是一个科学的问题。对人的现象应该给出一个自然的而不是超自然的解释。需要明确的是,此处的"自然主义"[③]是说:人的现象乍看起来不论多么异常,它也始终是自然现象,而不是超自然的存在——这是它的存在论;因此,应该从自然的角度理性地看待和解释它以及它与其他自然现象之间的联系——这是它的科学方法论。

与之同时,德日进也反对"科学物质主义"[④],因为科学物质主义为维护机械论自然观的一致性而罔顾被笛卡尔视为"第一实在"的有意识思维,它以消除人的现象——最终是将人还原或归结为纯粹由机械力决定的、惰性的、无生机的(inanimate)、无感知能力的(insentient)物质系统——来面对人的现象。这导致一个结果,就是人从来没有以他真实的形象进入近代科学

---

① 参见德日进:《德日进集》,王海燕选编,上海远东出版社,2004年,第67页。

② 德日进:《人的能量》,许泽民译,陈维政校译,贵州人民出版社,2013年,第2页。

③ 关于自然主义,笔者在这里采取的界定是,"说它是一种自然主义,就是说,且只能说,它反对超自然主义,即认为某种神性存在可以(也许确实)偶尔干扰世界最根本的因果过程的那种观点"。(格里芬:《复魅何须超自然主义:过程宗教哲学》,周邦宪译,译林出版社,2015年,第29页。)

④ 指怀特海在《科学与近代世界》一书中对科学物质论的物质假定所做的精辟概括和批判。

所描画的世界图景。那么,如何在"不压低其形象"①情况下将人的现象纳入科学对世界的总体构想内呢?德日进认为,一个符合逻辑的理论选择就是对近代科学物质主义关于物质本性的假定进行根本修正。与所有持现代泛心论思想的人一样,德日进提出的修正就将内在性或主体性从一开始就放入宇宙物质中,将变化的创造性动力也置于事物内部,也就是说,宇宙物质不但具有外在性和惰性的一面,而且具有内在性和创造力的一面。德日进的宇宙论是泛心智、泛内在性和泛主体性的,但同时也是泛物质、泛外在性和泛客体性的②,因为事物的心智总是存在其相应的物质结构的表达。这个直觉或理论选择在德日进一生的思想中始终如一。③

我们认为,德日进的泛内在性观念来自他拒绝事物发生的"无中生有"原则,他认为,心智以某种方式从力学物理学所规定的毫无内在性的物质的世界中突然发生——这是不可想象的。④ 正因为他坚持"非—无中生有"原则,所以他认为"涌现论证"(emergence argument)⑤是不成立的。在德日进眼中,力学物理学所规定的物质的方面与他的内在性所表达的心智的方面在宇宙的整个演化洪流中一直是共在的,源自科学物质主义的心智从物质中产生的"产生问题"⑥是不存在的。于是,在德日进的自然主义泛心论中,我们看到了一个非常自然的观念,即他提出的"复杂性—意识律"。在创造性宇宙的演化进程中,随着一个系统的外在的物质结构复杂性的增加,相应

---

① 德日进:《人的能量》,许泽民译,陈维政校译,贵州人民出版社,2013 年,第 2 页。

② 在笔者看来,德日进立论的合理性在于,如果不这样理解,泛心论就有沦为一种贫乏的观念论的危险。因此,例如像格里芬这样的过程哲学家认为一个更周全的方式是:泛体验论也可称为泛体验论的物理主义。(参见 Griffin, D. R. 1997. Panexperientialist Physicalism and the Mind-Body Problem, *Journal of Consciousness Studies*, 4, No. 3, pp. 248-68.)

③ 参见 Teilhard de Chardin, P. *The Phenomenon of Man*. p. 54、p. 56.

④ 例如,强泛体验论的立场声称:有感知能力的、体验的存在物能够从完全从无感知能力的、非体验的实体或事件中演化和诞生,这一点是无法想象的。如果体验不是从开始就存在,那么它也不可能无中生有地出现。这是泛体验论的底线原则:体验只能从一开始就有体验的东西中渐次演进。

⑤ 参见 Skrbina, D. *Panpsychism in the West*, pp. 284-286.

⑥ 参见 Seager, W. 1999. *Theories of Consciousness*: *An Introduction And Assessment*. Routledge. p. 256.

地,这个系统内在的心智表现也更丰富。因此,复杂性—意识律暗示了从物质到生命到心智的演化连续性,以及在演化连续性中系统的内在面与外在面的相应性[①]。但是这种连续性不是同质的、均匀的连续性,而是具有不同品质的、层级的连续性——一种"连续中的不连续"[②]。因而在宇宙演化中,我们看见不同的层次或水平的事物依序出现:如果从外在的视角看,我们看到的是物质结构复杂性层次的渐次增加,例如,从原子到细胞,到代谢有机体(植物)、原始神经有机体(腔肠动物)、神经有机体(节肢动物)、神经索有机体(鱼/两栖动物)、脑干有机体(爬行动物)、边缘系统有机体(古哺乳动物)、新皮层有机体(灵长目动物),到复杂新皮层有机体(人类);而从内在的视角看,我们相应地看到的是心智丰富性层次的渐次演进,例如,从摄受到兴奋性,到初步感觉、感觉、知觉、知觉/冲动、冲动/情绪、情绪/意象、象征,直到概念和反思(见图 2.1)。这里"意识"一词采用了广义的说法,指心智的各种样式,从可想象的最原始的摄受到反思。

在我们看来,与怀特海一样,德日进是一个一元论者,也是一个实在论者,他把宇宙视为一个充满创造性能量的统一体。在这个宇宙论的驱动下,他试图在科学理性的框架中解释人的现象,即将人类机体的两个广大领域——外在世界与内在世界——在演化的世界结构内统一起来。再次,与怀特海对科学物质主义的诊断一样,德日进认为要科学地理解人的现象,要把人放在经验实证世界中的自然位置,就不得不考虑事物的"内在面"而不仅其"外在面",就不得不修正科学物质主义关于宇宙质料的基本假定,为此,他采纳了宇宙质料的两面论(dual-aspect theory)。他认为,如果我们提出一个假设,即任何宇宙质料都有外在和内在两个方面,并且在宇宙演化的整个进程中,宇宙质料的两个方面依照复杂性—意识律朝越来越高的方向演化,那么整个宇宙的现象就能变成一个一致的、可理解的实在。

我们认为,自然主义泛心论对物质—生命—心智连续性给出了一个充满思辨想象力的论证框架,这个框架不是实体二元论的,而是一元论的;但

---

① 关于"相应性"关系的说明,请参见第二章。

② Teilhard de Chardin, P. 1959. *The Phenomenon of Man*. Harper Collins US. p. 169.

它既不是纯粹物质主义的一元论,也不是纯粹观念论的一元论;它实质上是两面一元论或两视一元论;它既可以被称为泛心论的物质主义(panpsychist materialism),也可以被称为自然主义泛心论或物质主义的泛心论(materialist panpsychism)。在这个思辨哲学中,当事物是客体性存在时,它也是主体性存在,当它有一个被"观察"的外在面时,它也有一个正在进行体验的内在面。因此,在这个宇宙论中,当我们看到机械物质的显著外在性时,也应该体会它潜在而微弱的内在性;当我们看到反思活动卓越的内在性时,也应该看到反思的生物学和生理学性质。

4.3 哲学生物学意义上的生命与心智

德日进以哲学素有的素描笔调勾画一个内在性和创造性无处不在的、连续的宇宙图景。在这个图景中,生命在物质世界中引入的裂缝、思维和反思在生命世界中引发的断裂被富有想象力地弥合了,尽管这样一种对世界的描画可能会令人们对日常的经验和直觉感到不舒适。可是,在自然主义泛心论中,我们看到的只是一个宇宙连续性和生命—心智统一性的一般观念,当我们想有一个理解"生命为什么蕴含心智"的更清晰的"逻辑步骤"时,有必要转向并借鉴现象学家约纳斯的工作。

约纳斯的"哲学生物学"(philosophical biology)就是要对生物事实提供一种"生存性"(existential)解释。在这个解释中,我们看到其思想路线中的三个水乳交融的观念和要点:第一,他提出了生命哲学的第一命题,在其中所蕴含的形而上学批判的结果与怀特海和德日进一样也是自然主义泛心论的;第二,他提出了一种基于"中间状态原则"(principle of mediacy)的连续性分析;第三,他提出了连续性论题的新陈代谢分析,这是其生命的现象学分析的核心。

在《生命现象:走向哲学的生物学》(*The Phenomenon of Life: Toward a Philosophical Biology*)一书的"论生命哲学的主题"中,约纳斯开宗明义地写道:"生命哲学包含有机体哲学和心智哲学。这本身就是生命哲学的第一命题,事实上是它的假设,这个假设在它的实行过程中必定能够成功。因为这个命题恰恰表达了这样一个论点:即使是最低级形式的有机体也预示了心智;而即使是最高程度的心智,也同样是有机体的一部分。"[①]"生命预示着心智,而心智属于生命"显然属于"生命—心智的强连续性论题"。汤普森则将强连续性论题称为"生命与心智的深刻连续性"[②]:根据这种观点,生命与心智共有一系列组织特性,并且心智的这些看似卓尔不群的特性只不过是生命基本特性的发达形式;心智是类生命的,而生命也是类心智的。如果换一种表达方式,强连续性或深刻连续性的意思是:生命蕴含心智——生命是具心的(minded);同时,心智是一个生命现象——心智是具身的(embodied)。

约纳斯的"生命哲学第一命题"是其形而上学立场的内在的、必然的结果。约纳斯对生命的现象学分析"试图冲破观念论和存在主义哲学的人类中心主义的界限,以及冲破自然科学的物质主义的界限"[③]。一方面,当代的存在主义过于沉迷于人的层面,将很多原本生命有机体就表现出的特性看作是独属于人的特权和境况,于是存在主义认为从人类身上体验、观察和反思得来的见解不适于有机体的世界。另一方面,科学的生物学所遵循的往往是那些只关注外在物理事实的规则,因此它必然忽视了属于生命的内在维度,从而泯灭了"有生机"(animate)与"无生机"(inanimate)的差别。鉴于这两者存在的偏颇甚至极端,约纳斯认为,要如实地理解生命世界,并重现我们最熟悉的生命的内在维度,那么人们需要挽救自笛卡尔以来因物质与心智分离而丧失的"生命的心理物理的(psychophysical)统一性"。

在我们看来,约纳斯首先做的仍然是一个形而上学的批判工作——尽管这个工作没有怀特海、德日进做得那么恢宏和细致;应该说,他了解怀特海和德日进的工作,并且在某种程度上受到怀特海的影响。与怀特海和德

---

① Jonas, H. 1966. *The Phenomenon of Life: Toward a Philosophical Biology*. University of Chicago Press, Reprinted by Northwestern University Press, 2000. p. 1.

② Thompson, E. 2007. *Mind in Life: Biology, Phenomenology, and the Sciences of Mind*, Cambridge. Harvard University Press. p. 129.

③ Jonas, H. 1966. *The Phenomenon of Life: Toward a Philosophical Biolog*. University of Chicago Press, Reprinted by Northwestern University Press, 2000. p. xxiii.

日进等人一样,他的形而上学批判所针对的也是近代的科学物质主义,而我们认为他未清晰表述的核心主张本质上是一种自然主义泛心论。在他看来,当面对我们这个星球上无处不在的、繁盛的生命景观时,一个哲学家不可能满足或接受这个实际上充当了科学物质主义基础的假定:宇宙的这个"迂回连贯地穿越漫长时期,并始终以微妙无畏的创造力开辟自己道路的持久蔓延的过程根本上来说是'盲目的',因为宇宙过程的动力不过是冷漠元素的机械变换,它一路上把偶然状况累积起来,并随这些累积状况最终偶然引起这种莫名其妙地作为多余附属物而黏附于它们的主体性现象"①。约纳斯认为,这种假定根本无法说明地球上的生命景观。相反,他提出,如果物质确实以这种方式(即冷漠元素的机械变换)组织自己,并最终在宇宙中创造出生命这种伟业,那么它完成生命的"这种可能性应该作为它原有的本性而归属于它",也就是说,生命所体现的内在性或主体性现象"这种真正的潜能必须一开始就包含在物理'实体'的概念本身之中,正如实现生命时发挥作用的目的性动力也必须包含在物理因果性的概念中"。很显然,这是一个自然主义泛心论的主张。约纳斯认为理性的、尊重生命和主体性事实的思想家应该接受这种自然主义泛心论,基于这种自然观的自然科学很可能正在超越科学物质主义的实在模型。

尽管内在性、主体性、自我性、意向性、目的性乃至自由一开始就蕴含在最原始的生命中,但是并不是所有生命形式都在同一层次上,因此也不是所有的内在性的广度和深度都是一样的。在生命的创造性演进中,约纳斯认为我们可以在有机体身上看到一个渐次上升的能力级别——"新陈代谢、感知能力、移动能力、情绪、知觉、想象、心智"②,以及"意识的反思和真理的范围"③。这些概念所指称的能力是分层的:高级生命形式依赖低级生命形式,

---

① Jonas, H. 1966. *The Phenomenon of Life*: *Toward a Philosophical Biology*. University of Chicago Press, Reprinted by Northwestern University Press, 2000. p. 1.

② Jonas, H. 1966. *The Phenomenon of Life*: *Toward a Philosophical Biology*. University of Chicago Press, Reprinted by Northwestern University Press, 2000. p. 6.

③ Jonas, H. 1966. *The Phenomenon of Life*: *Toward a Philosophical Biology*. University of Chicago Press, Reprinted by Northwestern University Press, 2000. p. 2.

所有低级生命形式都在高级生命形式中得到保留,并且层次是渐进重叠的。此外,约纳斯认为:解释能力级别的一种方式是根据有机体的知觉世界和体验的广度和特异性;与知觉世界和体验同时的另一种解释能力级别的方式,是根据有机体做出行动选择的自由的程度;在有机体身上,这两方面是彼此协调的。事实上,知觉的广度和行动选择的自由是人类摆脱自我中心习性,而以移情回溯的方式去洞悉更低级生命的内在性时所要衡量的两个基本项目。知觉和行动在人类的有意识反思中达到了顶峰。在人类世界中,正如在更暗昧的生命世界一样,知觉服务于有机体在世界中做出恰当的行动,而行动也是为了有机体更充分地知觉世界;在人类的顶峰中,知觉和行动的协调为人类慎思的行动选择的自由开辟了巨大的空间,以至于约纳斯认为,"随着行动选择带来的挑战,生物学变成了伦理学"。[①] 慎思的行动选择表明从植物、动物到人展现出生命内在性的越发宽广,即从有机体受环境刺激的触发到它做出行动反应,这之间的关联变得越来越间接。衡量生命的知觉—行动回路的级别要看有机体与环境之间的"距离"或间隔——约纳斯把这个称为"中间状态原则"。中间状态越宽广,相应地,生命的内在性就越丰富。

植物由新陈代谢的需要驱使,尽管在体内发生着化学合成和转化,但它们对环境刺激的反应基本上还是直接的——它们既没有表征或心智意象的中介,更没有来自有意识思维的调节;对动物来说,在新陈代谢之上它们进一步发展出"移动和欲望、感受和知觉的力量,它们使得动物与环境拉开了一定的距离"[②]。约纳斯认为,动物生命的巨大秘密就在于它在直接关心与间接满足之间所维持的这个间隔。中间状态的宽度反映的是心智的演化发展的级别——感知能力、知觉、情绪、移动能力、想象、意识、反思等等都是这个中间状态宽度的不同表现。如果说慎思的行动选择意味着在需要与满足之间存在一个导致迂回和延迟的中间状态,那么这个令人瞩目的中间状态

---

① Jonas, H. 1966. *The Phenomenon of Life: Toward a Philosophical Biology.* University of Chicago Press, Reprinted by Northwestern University Press, 2000. p. 2.

② Jonas, H. 1966. *The Phenomenon of Life: Toward a Philosophical Biology.* University of Chicago Press, Reprinted by Northwestern University Press, 2000. p. xv.

所反映的是一个在所有生命形式中早已存在的根本的主体—客体的分离。既然生命中存在这个或窄或宽的中间状态,那么生命蕴含的心智既可能是微弱不明的也可能是卓越闪亮的。

生命的出现使得"生与死"这个现象在宇宙中变得异常醒目,这也是生命终其一生面临的最大张力和底线;为了生,有机体必须为自己的生命"操心""关心"或"忧虑",生命就是一项自我操心的事业。生命的存在环境是一个受热力学第二定律辖制的世界,这样的境况使所有事物都要面对败坏和衰亡的"命运";而为了抗拒死和不存在的无时不在的趋势,为维持其生和存在,生命必须要在宇宙的创造性的演化进程中"发明"一种自组织机制来"新陈代谢"。对新陈代谢的分析在约纳斯的生命哲学第一命题中占据中心地位,因为在生命的新陈代谢机制的分析中,所有基本的心智特性——同一性、主体性、意向性、认知、目的性、自由——都可以被预见到,而这一点会在下文关于自创生的分析中看得更清楚。

像怀特海一样,约纳斯将宇宙视为一个有机的存在,其中的每个事物都以一定的方式保持或维持自己的同一性。菲利普·罗斯(Philip Rose)曾这样评价怀特海的哲学:"在广泛的意义上,我把怀特海哲学描述为一种建构形而上学。我所说的'建构'指的是,与康德作为哲学核心原理的综合性自我组织活动观念类似的东西。然而,康德从认识论上把这一建构原理规定为认知经验的一个基本特征(我们如何规整世界),而怀特海则从存在论上把它规定为我们所经验世界的一个基本特征(世界如何规整自身)。如果我们把形而上学视为对支配实存本身的结构或原理的系统阐释,那么,怀特海的思辨形而上学,则把实在或实存本身规定为一个创造性自我建构的框架。"①我们认为,这个评价也同样适用于约纳斯。因此,如果说一个物质粒子(譬如分子)也维持着自我同一性,那么在约纳斯看来,与生命体的自我同一性的维持不同,物质粒子在其自我同一性的维持中没有展现出丝毫的主动性活动,如果受到侵蚀而趋于瓦解,那么它没有手段来抗争以维持自身的完整性,它的反应是被动的。"它[物质粒子]的持续存在只是维持,而不是

---

① 罗斯:《怀特海》,李超杰译,中华书局 2014 年,"序"第 7 页。

再确认"①。也就是，生命在宇宙中引入一种维持自我同一性的主动的"抗争"手段——新陈代谢。在很多地方我们可以看到，新陈代谢被视为生命的本质。

对一个在时空位置上可辨认的物质粒子来说，"它直接与自身同一，而无须以一个存在的行动来维持那个自我同一性。它此刻的同一性是那种A＝A的空洞的逻辑……在自我保持的过程中，物质粒子始终是'同一的'，它除了自身状态在其中发生的时空维度的连续性之外不依靠任何原则"②。然而，生命的同一性绝不是A＝A的空洞的逻辑，而是一种A＝A同时A≠A的辩证的逻辑。约纳斯将生命的这种辩证的逻辑称为"有需要的自由"。正如康德认识到的那样，有机体的一个显著特征是它是一个自组织的统一体而不仅仅是物质成分的聚集物，在面对环境的侵蚀和扰动时，它动态地产生并维持自身的完整性和同一性。约纳斯认为，在生命的自我同一性维持的过程中，生命与它的物质材料的关系是双重的：一方面，生命是一种物质系统，在任何时刻它都与它的物质构成是一致的；另一方面，生命的同一性并不是由物质的恒常性决定的，因为它的物质构成在不断地更新。"每隔五天你就获得一个新的胃粘膜。每隔两个月你就拥有一个新的肝脏。你的皮肤每隔六星期更换一次。每年，你身体里百分之九十八的原子都被替代。这种永无止境的化学更新，即新陈代谢，是生命的确定标志。"③因此，生命的同一性不是来自物质构成的不变性或恒常性，而是来自生命组织的形式或模式。"有需要的自由"是一种依赖性的自由，因为它必须向世界敞开和接触世界，它需要世界给它提供它能合成和转化的食物，如果没有不断地与世界接触，生命就不可能从单纯的物质持续中释放动态自我性（selfhood）。结果，生命在其一生中必然是矛盾的，它的逻辑是辩证的：当生命要成为一个与环境区别开来的统一体时，它又因为新陈代谢的需要而必须与世界接触；当它要从物质的静态的、被动的自我同一性中解放出来时，它又必须需要物

---

① Jonas, H. 1966. *The Phenomenon of Life: Toward a Philosophical Biology*. University of Chicago Press, Reprinted by Northwestern University Press, 2000. p. 81.

② Jonas, H. 1966. *The Phenomenon of Life: Toward a Philosophical Biology*. University of Chicago Press, Reprinted by Northwestern University Press, 2000. p. 81.

③ Margulis, L. Sagan, D. 1995. *What Is Life?* Simon & Schuster. p. 23.

质重新构成它的同一性;当它谋求接触时,它又不得不面临被侵蚀的危险;当它获得了相对于它自身物质构成的独立性(即自由)时,它又必须因再次吸收新的物质和能量而受到物质必然性的辖制。因此,生命必须在这一刻的存在与下一刻的不存在之间维持精微的平衡。生命是矛盾的、不稳定的、不确定的、有限的并与死亡形影相随。约纳斯认为,"人类在自己身上发现的那些主要矛盾——自由与必然,自治性(autonomy)与依赖性,自我与世界,关系与孤离,创生与死亡——甚至在最原初的生命形式中都可以找到它们的一点痕迹,其中每一个矛盾维持了存在与不存在的不稳定的平衡,并且每一个都被赋予了一个'超越'的内在视域。"①当生命超越了物质粒子的静态的、被动的自我同一性时,它就揭示了物理宇宙的巨大必然性中的自由原则。

在我们看来,约纳斯对生命现象的"生存性"分析是纯粹现象学的。如果人们一开始不立足于内在的和体验的第一人称观点,那么他们也无法对生命做出任何有意义的生物学和物理学的分析,因为从一个非体验的、纯粹机械分析的立场看,生命不过是一系列转瞬即逝的物理或化学事件,对于这些事件没有与之相应的任何东西——没有生,也没有死,因此也就没有自我保存和自我关心,没有新陈代谢,没有感知和行动,没有意义和规范,没有目的,没有选择和自由,没有生存适应。没有内在性就没有生命——这是生命预示着心智的另一种表达。在现象学的视域中,是约纳斯通过思辨所达到的泛心论的存在论:"尽管大多数情况下我的工具是批判性的分析和现象学的描述,但最后我并不回避形而上学的思辨,因为我们需要对终极的和难以证明的(但因此绝不是毫无意义的)事物进行猜想。"②

4.4　生成进路和自创生

我们在前文曾提出,存在两种理解心智现象的模型,而在第二种模型

---

① Jonas, H. 1966. *The Phenomenon of Life*: *Toward a Philosophical Biology*. University of Chicago Press, Reprinted by Northwestern University Press, 2000. p. xxiii.

② Jonas, H. 1966. *The Phenomenon of Life*: *Toward a Philosophical Biology*. University of Chicago Press, Reprinted by Northwestern University Press, 2000. p. xxiv.

(生物有机体模型)中,生成认知(简称 EC)是其中一个势头强劲的研究纲领,它不仅完成了对占支配地位的计算主义的批判综合,而且阐释了一组推进这些观念的基本原理。[1] EC 涉及对三方面的基本观点:(1)认知系统;(2)认知主体;(3)认知。

认知分析的出发点和单元不应该是孤立的认知主体,而是一个包含着与之互动的环境的认知系统。EC 认为认知主体与环境形成了一种紧密的结构耦合,它们在结构耦合的动力活动中彼此塑造(促成或抑制),从而在各自状态的演变中动态地共涌现(co-emerge)。因此,认知主体的演化不在于对环境的最优适应而在于因两者彼此的适合或协调所引起的自然漂移(natural drift),参见图 4.1。

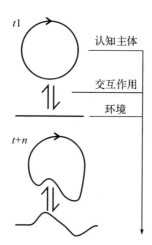

图 4.1　认知主体—环境的结构耦合。相对于 $t1$ 时刻,在 $t+n$ 时刻认知主体与环境在结构耦合的动力活动的彼此塑造中都发生了改变,它们的变化是相应的。[2]

认知主体是一种具身主体。"第一,认知依赖于经验的种类,这些经验来自具有各种感知运动的身体;第二,这些个体的感知运动能力自身内含在

---

　　① Stewart,J. R. Gapenne, O. and Di Paolo, E. A. (eds.). 2010. *Enaction: Toward a New Paradigm for Cognitive Science*. The MIT Press.

　　② http://supergoodtech.com/tomquick/phd/autopoiesis.html。"结构耦合"试图阐释生命系统与其环境之间彼此塑造的紧密关系。笔者也独立提出过相似的思想。(参见李恒威:《"生活世界"复杂性及其认知动力模式》,中国社会科学出版,2007 年,第 32-41 页。)

一个更广泛的生物、心理和文化的情境中。"①也就是说,认知主体是某一认知系统中的身体主体(bodily subject)。认知是具身行动(embodied action)。"在鲜活的认知中,感知与运动过程、知觉与行动本质上是不可分离的。的确,这二者在个体中不是纯粹偶然地联结在一起的,而是通过演化合为一体的。"②换言之,知觉存在于由知觉引导的行动中,而认知结构出自循环的感知运动模式,它能够使得行动被知觉引导。

汤普森认为,生成进路是如下有机统一在一起的观念构成的:(1)生命机体是自治行动者(autonomous agent)。(2)认知者的世界并不是一个在脑内对预先规定的外部领域做出的表征,而是由认知者的自治的自主性(agency)与环境耦合的模式生成的一个关系域;当自治行动者在与环境互动中维持自身动态的同一性或完整性时,它不但形成了自己的认知域而且形成了自己的意义域,并因此建构了一个该生命机体的独特的现象世界。(见图4.2)。(3)对于一个在演化中具有了神经系统的生命机体而言,该生命机体的神经系统也是一个自治动力系统,通过相互作用的神经细胞网络的循环和再进入的运作,神经系统会自主地产生和维持与自身一致和有意义的活动模式。神经系统并不仅仅在计算主义的意义上处理信息,作为自治的生命机体的一部分,它扩展了生命机体的意义域。(4)认知是具身主体的循环的知觉—行动模式。有机体与环境之间的知觉—行动耦合调节神经活动的内生动力模式,但并不决定它,并且这个模式也会转而引导知觉—行动耦合。(5)在心智的科学研究中,有意识体验并不是最终要被剔除的副现象,相反,在生命的任何理解中体验都能处于首要和核心的地位,它需来自第一人称现象学方式的描述、分析和研究,因此,生成进路坚持认为心智的第三人称科学研究与第一人称现象学研究需要以一种相互启发、相互印证、

---

① Varela,E. F. J., Thompson and E. Rosch, 1991. *The Embodied Mind : Cognitive Science and Human Experience*. The MIT Press.

② F. J. Varela, E. Thompson and E. Rosch. 1991. *The Embodied Mind : Cognitive Science and Human Experience*. The MIT Press.

互补和互惠的方式来进行。①

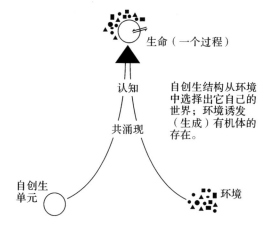

图 4.2　现象世界:生命与环境的生成和共涌现。②

　　在我们看来,对于生成认知纲领展开的所有观念而言,如果还可以浓缩的话,那么其中的核心是——作为自治性的生命。也就是说,认知或心智的一切秘密必须到生命的自治性中去寻找,生命本质上是一个具身的自治系统。显然,在这里我们再次遇到了约纳斯的"生命哲学第一命题"。在约纳斯那里,生命哲学第一命题是通过新陈代谢的分析而建立起来的,而在 EC 中,生命哲学的第一命题则是借助自治性,特别是自创生,建立起来的。在复杂动力系统理论中,自治是一种特定的自组织类型。在一个自治系统中,对于一个网络的产生和实现而言,系统的诸构成过程:(1)彼此递归地依赖;(2)这些过程将系统构成为它们存在于其中的任何领域中的一个统一体;(3)并且这些过程决定一个与环境进行作用的可能的交互作用域。马图拉纳和瓦雷拉将生物领域中的这种自治类型——具身自治系统——称为"自创生"(autopoiesis)。就作为最小生命系统范例的细胞而言,它的构成过程是化学过程,这些构成过程的递归依赖性的组织形式是一种能够产生自己膜边界的自我生产的新陈代谢网络,这个网络将系统构成为生物领域中的

　　① 参见 Thompson, E. *Mind in Life*: *Biology*, *Phenomenology*, *and the Sciences of Mind*, Harvard University Press. pp. 13-15.

　　② Luisi, P. L. 2006. *The Emergence of Life*: *From Chemical Origins to Synthetic Biology*. Cambridge University Press. p. 168.

一个统一体,并且决定了一个与环境的交互作用域。

瓦雷拉认为生命的自创生系统必须满足三个标准,如果一个系统是自创生的,那么:(i)这个系统必须有一层半透边界;(ii)这个边界必须从这个系统内部生产出来;(iii)这个系统必须包含再生产此系统成分的反应。[①] 其中标准(i)确定了"空间边界",而(ii)和(iii)确定了递归性或自指性。自创生的过程和组织中的递归性也被马图拉纳和瓦雷拉称为组织闭合或操作闭合。"'组织闭合'是指一个将该系统规定为一个统一体的自指涉(循环和递归)关系网络;而'操作闭合'是指这种系统的再入和循环动力学。"[②]这样,自创生系统就是一个结构开放(即系统在成分构成上必须不断地与其环境进行物质和能量交换)而组织闭合的系统。图4.3展示了最小生命过程的组织形式,即自创生。马图拉纳和瓦雷拉认为,"用自创生概念来刻画生命系统是必要且充分的","物理空间中的自创生对于刻画生命系统是必要且充分的"[③]。

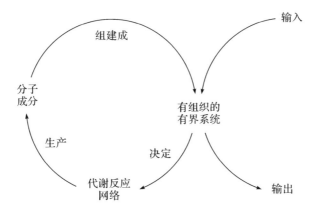

图 4.3　自创生:细胞生命过程的组织形式。

①　Varela, F. J. 2000. *El fénomena de la vida*. Dolmen Essayo, 转引自 Thompson, E. 2007. *Mind in Life: Biology, Phenomenology, and the Sciences of Mind*. Harvard University Press. p. 101.

②　Thompson, E. 2007. *Mind in Life: Biology, Phenomenology, and the Sciences of Mind*. Belknap Press. p. 45.

③　Maturana, H. R. Varela, F. J. 1980. *Autopoiesis and Cognition: The Realization of the Living*, D. Reidel Publishing Company. pp. 82, 84.

换言之,生命的自创生定义是一个充分必要条件的定义[①],自创生是生命的充分必要条件。

在我们看来,相比于约纳斯的新陈代谢分析,瓦雷拉等人基于生命定义的自创生分析推进了生命—心智连续性论题,特别是强连续性论题的论证,因为对于生命而言,自创生是一个比新陈代谢更严谨、更抽象、更一般的描述。通过生命定义的自创生分析,EC认为自我、意向性、意义、目的性、认知等心智范畴的属性是内在于生命的。在瓦雷拉看来,生命的自治性理解和自创生定义将以如下两个紧密交织的命题突显出来:[②]

命题1:生命本质上是一个同一性的建构过程。首先,这里的同一性指的是处于物质结构的不断建构中的组织的不变性,即操作闭环;本质上,这种操作闭合的组织不变性蕴含了一种原始自我,尽管这种自我同一性还不涉及心理和人格意义上的同一性,但是正如约纳斯所言,"在对最基本的生命实例的任何描述中,我们不可避免地要引用'自我'这个术语,这表明内在同一性与生命是一起出现的"[③]。因此生命同一性蕴含了自我,而自我则是由生命系统的自创生的组织和过程实现和表达的。

命题2:生命同一性的实现过程在逻辑上以及在机制上蕴含了某个特定视角或交互作用域的出现。生命同一性的建构过程本质上也是生命自我的维持过程,既然生命自我的维持是一个组织闭合而结构开放的过程,那么当生命向世界开放时,它必然与世界形成一种特定的交互作用关系(即视角),并形成了一个特定交互作用域(即现象世界)。马图拉纳和瓦雷拉认为,这个交互作用关系是一个认知过程,而这个交互作用域是一个意义生成[④]

---

① 当然,学界也存在从其他角度提出的对生命的定义。参见李建会:《生命是什么?》,《自然辩证法研究》2003年4期。

② Varela, F. J. 1997. "Patterns of Life: Intertwining Identity and Cognition," *Brain and Cognition*, no. 34, pp. 72-87.

③ Jonas, H. 1966. *The Phenomenon of Life: Toward a Philosophical Biology*. University of Chicago Press, Reprinted by Northwestern University Press, 2000. pp. 82-83.

④ 参见 Weber, A. and Varela, F. J. 2002. "Life after Kant: Natural Purposes and the Autopoietic Foundations of Biological Individuality," *Phenomenology and the Cognitive Sciences*. pp. 97-125.

过程。

需要指出的是,由于生命是自治的和自创生的,因此与根据表征和信息加工来定义认知的正统观点不同,马图拉纳和瓦雷拉将认知定义为生命有机体在热力学第二定律主宰的环境中维持其完整性的行动或行为。也就是说,认知是生命系统的内部结构与环境之间的交互作用,因此,认知内在于生命维持其自创生组织完整性的过程——生命与认知是不可分离的,生命蕴含了认知,而认知行动保证了生命。

此外,根据自创生理论,当生命体与环境发生交互作用时,这个交互作用的状况依赖于生命体的内部逻辑。换言之,自创生的生命体与一个特定分子 M 的交互作用的结果并不完全取决于分子 M 本身的属性,它还取决于这个生命体如何"看待"这个分子。也就是说,生命赋予了它与之交互作用的世界以特定的意义,因此生命过程不但是一个认知过程,也是意义生成和建构的过程。

当然,马图拉纳和瓦雷拉显然也知道,这种作为行动的认知并不是人们视为认知典型的表征和符号意义上的认知。他们认为存在不同的认知水平:不同的生命复杂性对应不同的认知水平和类型,从单细胞生命到多细胞生命,从植物到动物,从昆虫和鱼到哺乳动物和人类等等。随着感觉中枢的发展,以及随着鞭毛、腿、眼睛、手指和脑的发展,相应的各种更加分化和上升的认知水平就出现了。最终它们获得了人们日常所熟知的认知形式,如知觉、心智意象和象征、概念、有意识的言语思想、想象等。

我们认为,在 EC 的范式中,自治性和自创生将生命与心智贯通为一:一方面,自创生对生命既是充分的也是必要的条件;另一方面,自创生组织的实现过程既是自我的诞生也是认识过程和意义生成过程。显然,通过将生命系统等价于自创生系统,以及基于自创生和认知的同延分析将生命等价于认知,马图拉纳和瓦雷拉得到的是一个生命—心智的强连续性论题——"生命作为一个过程就是一个认知过程"[①];"生命系统是认知系统,要活着就

---

① Maturana, H. R. and Varela, F. J. *Autopoiesis and Cognition*:*The Realization of the Living*. D. Reidel Publishing Company. pp. 13.

要去认识"。由此,也相应地存在一个强的方法论连续性论题:要理解生命则有必要理解心智,反之要理解心智则有必要理解生命。

现在,当我们抵达连续性论题的生成认知和自创生的生物学分析时,我们获得的是一个更清晰也更有力的结果:有机体的特有的自组织类型(即自创生)与认知和意义生成的实现是同一个现象——生命现象——的两个方面。一旦接受了这个观点,那么有机体的认知和意义生成过程与生物的自组织类型之间就可能不存在分离,即我们可以重新审视心与物之间传统的笛卡尔式的分离。

4.5　结　语

论证生命—心智连续性论题是为了"在我们时代最显著的哲学和科学问题之一——所谓意识与自然之间的解释鸿沟——上取得进展"[①]。事实上,要弥合"意识与自然之间的解释鸿沟",我们需要处理人类理解宇宙现象的三个基本范畴——物质、生命、心智——之间的连续性关系,也就是说,仅仅论证生命—心智连续性是不够的,我们还需要论证物质—心智连续性,从而完成生命—心智连续性的论证。

然而,无论是约纳斯的生命的现象学分析,还是生命的自创生和生成认知的理论,尽管它们的论证表明,刻画生命现象的诸概念(如自治性、自组织、自我维持、新陈代谢、反应性、发育、繁殖、适应、演化)与刻画心智现象的诸概念(如主体性、自我、感受、意向性、目的、动机、欲望、认知、表征、思维、语言、意识、意志、自由)是彼此蕴含的、印证的乃至在存在论上是同一的,但这些进展仍然是局部的,正因为如此,我们认为要较为完整地弥合"意识与自然之间的解释鸿沟",就必须引入一个关于生命—心智连续性的扩展的形而上学分析,从而解决"人与近代科学所揭示的物质自然之间的关系"或"人在物质自然中的位置"这个近代根本的哲学问题。为此,我们认为,德日进

---

① Thompson, E. 2007. *Mind in Life*: *Biology*, *Phenomenology*, *and the Sciences of Mind*. Harvard University Press. pp. ix-x.

的自然主义泛心论提供了一个理论上合理的范例,它以哲学的思辨想象力为物质、生命和心智的层级连续性做出了统一的说明。

我们认为,唯有补足形而上学的这个思辨想象力的环节,生命—心智连续性论题才能完整地弥合"意识与自然之间的解释鸿沟"。换言之,当我们将形而上学、现象学和生物自创生这三个层次的论证关联整合在一起时,我们已经在一定程度上呈现了一个阐明连续性论题完整而独特的理论轮廓。

第二部分

意识的第一人称方法

5 建构意识科学的第一人称方法^①

5.1 引　言

在一些研究者的持续努力下,意识的第一人称方法在过去近30年间不但再次在意识科学界取得了合法性,而且出现了一些关于它的新观念和新的研究进展。有鉴于此,本文将系统而简明地再次阐述第一人称方法在意识科学中的必要性以及建构"科学的"的第一人称方法必须考虑的若干方面:(1)为什么需要意识的第一人称方法;(2)意识体验何以能自我呈现和自我报告;(3)第一人称方法的"客观性";(4)神经现象学;(5)第一人称方法的类型和操作程序;(6)对第一人称诸方法效度的评估。

5.2 "认知首要性":为什么需要意识的第一人称方法?

近代哲学某种程度上是从笛卡尔的"我思,故我在"开始的。正像里贝特(B. Libet)在与笛卡尔虚拟对话的辨析中指出的那样,"思"或"思维"指的就是有意识的思维,更直接一点说就是——意识。意识,在所有健康人的日常生活中显然是首要的,是我们显现一切实在的第一实在,这种认识论上的第一实在性被称为"认知首要性"(cognitive primacy)。意识的"认知首要性"是说,"我们

---

① 　本章内容最初发表在《西北师大学报(社会科学版)》2016年第5期,第84-93页。有改动。

无法超出意识之外并依靠其他东西来衡量意识;科学始终在意识所揭示的领域中活动,它可以扩大这个领域,并展示新的场景,但它永远不可能超越意识所设定的视域"①②。认知首要性也是伊曼努尔·康德(Immanuel Kant)和胡塞尔意义上的"超越性"(transcendence),即有意识思维是当人类做出关于世界的任何范畴、判断、理论或模型时都已(逻辑地)在先基于的"东西"。意识的超越性表明客观主义哲学和科学的不加批判的自然态度是不恰当的。客观主义将关于事物的"客观性"知识视为理所当然,它并不追问事物得以显现和揭示——其结果就是"客观性"知识——的主体性条件或基础。正如梅洛-庞蒂写道:"整个科学的宇宙是建立在这个直接体验所是的世界上,并且如果我们想让科学本身经受严格的审查以达到对其意义和范围的一个精确评判,那么我们首先必须唤醒对世界的基本体验,而科学则是对这个体验的二阶表达。"③

尽管围绕心—身(脑)关系的形而上学争论尚未完全尘埃落定,但以"科学物质主义"为世界观的近代科学以为唯有从第三人称角度研究心—身(脑)关系中可作为观察客体的脑(脑的结构、运作方式和功能)才是科学,而且以为这种第三人称的研究对意识科学是充分的。于是,反讽的是,作为科学知识的主体性条件的意识(和人的有意识的心智生活)却成为科学的禁地。然而,正如梅洛-庞蒂所言,科学是意识体验的"二阶表达":如果没有意识体验的现象学这个在先的引导或指示,那么关于意识的脑科学研究就不可能开始;如果根本不存在有机体感受过的疼痛之类的主观体验,那么去研究有机体疼痛的神经机制或机理就毫无意义——科学是从现象开始的,而一切现象都是相对于一个主体的显象(appearance)。

因此,在詹姆斯、胡塞尔、怀特海、梅洛-庞蒂等人看来,一个不以现象学为基础、无视体验实在性的意识科学是不可能建立起来的;同样,一个不研

---

① Thompson, E. 2015. *Waking, Dreaming, Being: Self and Consciousness in Neuroscience, Meditation, And Philosophy*. Columbia University Press.

② 必须强调的一点是,认知首要性并不蕴含一种存在论的首要性,也就是说,认知首要性并不蕴含观念论。

③ Merleau-Ponty, M. 1962. *Phenomenology of Perception*, trans. Colin Smith. London: Routledge Press. p. viii.

究"主观性"——不研究主观体验的构成、结构、功能、状态和过程——的意识科学是不完整的科学。

进一步地,就有意识体验而言,它包含两个成分:一个感受成分(feeling component)和一个认知成分(cognitive component)。感受成分使得一个有意识的存在物有一种主体感和自我感——这使得意识不可避免地被认为是主观的。认知成分使得这个存在物既可以对他者以某种方式做出行动反应或形成心智表征,也可以对自身的局部状态做出行动反应或形成心智表征。尤其要指出的是:理解和研究意识是一件自我递归的事情,也就是说,我们需要意识来理解意识,我们需要有意识的体验、内省、观察、思考和实验活动来建立关于意识的理论,当我们试着理解、澄清或抓住意识时,我们就好像走在一条怪异的埃舍尔楼梯上。这一点也正如劳克林(Laughlin)所言:"需要牢记的是'意识'这个词是一个现象学概念。我知道意识是因为我是一个具有自我反思能力的有意识的存在。看起来世界上最自然的事情是借助检验我们自身的意识过程回答有关意识的问题。"[①]

因此,对这个既具有主观性成分又具有递归认知成分的意识而言,显然,它具有一个从自身角度来认识和理解自身的第一人称的认知能力。但在整个科学史上,正如意识曾被视为科学的禁忌一样,考察意识(揭示人的内在心理生活以及心智和意识的构成、结构和运作方式)的第一人称方法——无论是个人的日常体验、内省或反思(以及因实验要求而受到特定训练的内省或反思)、现象学还原还是某些东方传统一直在传承的内观[②]——也始终因为它们的"主观性"而受到诟病和责难,认为它们不具有作为科学方法的地位和资格。但事实上,正如意识的超越性表明的,离开了意识的第一人称体验的自我呈现,科学对意识的第三人称视角研究不只是片面和不完整,而是根本就不可能开始。对此,威廉·詹姆斯曾经说过一句强而有力的名言:"内省观察永远是我们所要依靠的第一的和首要的方法。"

---

① Laughlin, C. D. 1999, "Biogenetic Structural Theory and the Neurophenomenology of Consciousness", in *Toward a Science of Consciousness III : the Third Tucson Discussions and Debates*, pp. 459-473.

② 我们这里尤其关注的是佛教的内观体系。

既然第一人称揭示对一门真正的意识科学是不可或缺甚至首要的,那么如何与科学史上已得到精微发展并展现出强大力量的所谓"客观的"的第三人称方法①相匹配从而更恰当地理解和发展第一人称方法就成为当代意识科学必须面对的一个根本而紧迫的研究主题。

5.3 反身性和反思:意识体验何以能自我呈现或自我报告

既然第一人称方法的数据来自意识体验的直接自我呈现(direct self-presenting)或反思的报告,因此一个需要回答的基础问题是意识体验何以能够直接自我呈现和得到间接反思的报告。用现象学的术语来说就是,现象学直观和现象学反思何以成为可能?

为从理论上回答这个问题,我们必须对意识的功能和意识体验的结构做一番考察。在这里,我们想介绍与此相关的两个学说:一个是我们在《意识:从自我到自我感》②中概括和图 5.1 所示的"前反思的自觉知"学说,一个是唯识学的"三分"学说。

5.3.1 "前反思的自觉知"学说

我们现在知道,人类大多数认知和思维过程可以无意识地进行。那么相比于无意识,意识的功能和本性是什么呢?"意识[就]是(主体对发生在它内外的事件的)觉知。"③"有意识体验的基本特征是觉知。觉知是一个主观现象,只有拥有该体验的个体才能通达它。"④于是,有两点是可以断定的:(1)意识的功能是觉知;(2)意识体验始终是第一人称的。然而,即使有这两点断定,仍然有一个问题需要回答,即胡塞尔提出的:

---

① 事实上,任何第三人称视角或所谓的客观的观察,就其也是有意识体验来说,它也必然是第一人称的。

② 李恒威:《意识:从自我到自我感》,浙江大学出版社,2011 年。

③ 李恒威:《意识、觉知与反思》,《哲学研究》2011 年第 4 期,第 95-102 页。

④ 里贝特:《心智时间:意识中的时间因素》,李恒熙等译,浙江大学出版社,2013 年,第56 页。

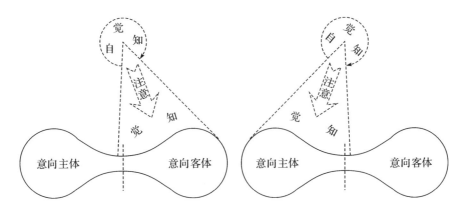

图 5.1　有意识体验的内在结构。其中黑的粗虚线表示意识的觉知及自觉知的
内在结构。图左表示整个意识体验中注意更多的是指向意向客体,即知觉的情形;图
右表示整个意识体验中注意更多的是指向意向主体,即感受的情形。[1]

　　每一个行为都是关于某物的意识,但每一个行为也被意识到。

　　每一个确切意义上的"体验"都内部地被感知到。但这种内感知并不在
同一个意义上是"体验"。[2]

　　即:无论你是以眼、耳、鼻、舌、身、意之中的哪一种样态觉知到"某物",
你同时也"知道"你觉知到"某物"。为了说明意识体验的这个方面,现象学
的理论家提出了"前反思的自觉知"学说。这个学说的要点在于:在有意识
体验中,不仅"某物"——意向客体——在觉知中呈现,而且这个觉知到"某
物"的"觉知"也在这个觉知行动自身中呈现出来,即"我意识到'我意识
到'",因此,觉知是自觉知的;觉知的自觉知是有意识体验的内在结构。有
意识体验的这个内在结构,可在图 5.1 中形象地展示出来。

　　在人类的心理生活中,反思是一种普遍能力。简单地说,反思就是在记
忆的襄助下,某一意识体验(CE_1)成为随后另一意识体验(CE_2)的内容。反
思通常出现在回忆、想象和思考中。当然,反思本身作为有意识体验同样具
有有意识体验的内在结构。图 5.2 展示无意识、最初意识与反思意识的差

---

　　① 汉弗莱:《一个心智的历史:意识的起源和演化》,李恒威、张静译,浙江大学出版社,
2015 年。

　　② 转引自倪梁康:《自识与反思——近现代西方哲学的基本问题》,商务印书馆,2002
年,第 389 页。

异和关联。这样,对于有意识体验的第一人称的直接自我呈现和反思何以可能的问题,我们结合现象学的"前反思的自觉知"学说做了一种说明。

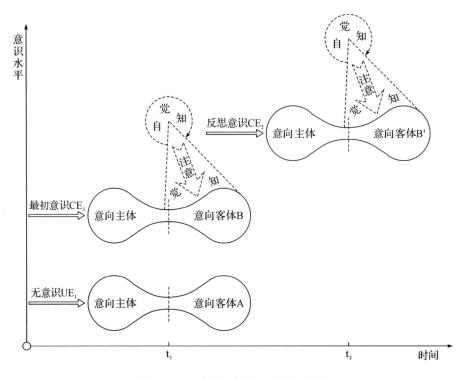

图 5.2　意识水平:无意识、觉知和反思。

在"前反思的自觉知"学说中,自觉知之于觉知并不同于意向活动之于意向对象,因为后者具有一种主—客相待的关系,而前者则不是,否则意识体验的自我揭示就会成为一种无穷倒退。

5.3.2　"三分"学说

相似地,佛教唯识学很早就发展了意识结构的学说,来说明意识何以能够在认识事物的活动中自我呈现,从而与无意识的认知活动区别开来。

尽管佛教唯识学的意趣与意识科学不同,也与现象学不同;但从俗谛的角度,唯识学也对意识的内在结构做了见分与相分的区分,这与现象学关于意识内在结构的意向活动与意向对象的区分是相似,即见分等同于意向活动,而相分等同于意向对象或心智意象,在唯识学中称之为"影像"。在唯识学的"转变说"的意义上,当识生起时,识发生转变而成两成分,一者是所转变之识体,一者是所变现之影像;其中影像即所缘,称为相分,识体作为能缘,称为见分。[①] 在唯识学中,见分因能认知相分,也被称为"能量",于是相分相应地被称为"所量"。然而,陈那认为,能量(见分)与所量(相分)二者还不足以反映意识的完整结构和功能,还需引入量果因素。[②] 此"量果因素",就是"三分"学说中的"自证分"。之所以要建立自证分,原因有三。其一是根据唯识学的"体依关系"本体论建立的,"相见二分,功用既殊,即应别有一所依体。旧有喻云,如一蜗牛,变生二角。此喻虽不必善,要依自体方起用故。自体是一,用则成二,相见是二用故"[③]。其二是根据一个完整的意识结构和过程的需要建立的,而这个建立的证明则是通过反证:"大乘以心得自忆,证有自证。若无自证者,应不自忆心、心所法。何以故?心昔现在时,曾不自缘。既过去已,如何能忆此已灭心,以不曾被缘故。见分不得同时自缘,若立自证者,则自证缘见,即是以一分心缘另一分心。若无自证分者,则心当昔现在时,即不曾被缘也。如不曾更境,必不能忆故。唯心昔现在时,有自证分于尔时缘故。如曾所更境,今能忆之。有量云:今所思念过去不曾缘之心,应不能忆。宗也不曾缘故。因也如不曾更色等。色声等境,必曾更历者,方乃得忆。不尔,便无从忆。此世所共许,故得为喻。反证必已曾缘,成自证分定有也。"[④]其三是根据隐喻类比建立的,"如以尺量物时,物为所量,尺为能量,解数之智,名为量果。心、心所量境,例亦皆然。相分为所量,见分为能量,自证为量果。具能所量,及量果故,始得成量也。然量须具能所,此犹易知,云何须立自证为量果耶?若无自证,但具见相,如尺量物,无解数智,空移尺度,不辨短长,云何成量?问:见分何不自为果耶?曰:见分同时不自知故。必须自证缘见,证知是见,缘如是相,即为量果"[⑤]。由于一个完整的认知结构与过程需要量果,因此能量(见分)对所量(相分)的认知,

① 周贵华:《唯识通论》,中国社会科学出版社,2009 年,第 401 页。
② 周贵华:《唯识通论》,中国社会科学出版社,2009 年,第 413 页。
③ 熊十力:《佛家名相通释》,上海书店出版社,2007 年,第 148 页。
④ 熊十力:《佛家名相通释》,上海书店出版社,2007 年,第 149 页。
⑤ 熊十力:《佛家名相通释》,上海书店出版社,2007 年,第 149 页。

必须要有认证,而这个认证就是自证分。"'自证'对见分之认知可从两个侧面理解:一者是直接对见分之认知,二者是对见分对相分认知之认证。"①

在护法那里,在"三分"上又增立了"证自证"分,从而形成了"四分"学说。②③

对于意识的自觉知或自证(即直接自我揭示),我们有一个很好的"光"隐喻来说明这一点。光照亮周围的事物,但光无需另外的光——二阶的光(second-order light)——来照亮它,因为光是自我照亮的(self-luminous)。所以,依照这种自我照亮的观点,意识在呈现其他事物的同时,它不需要另外的意识来呈现它自己。换言之,当意识观照(witness)知觉的外在客体或内在的心智意象和思想时,意识也观照自身。然而,这种自我观照与在镜子中看见你的形象不同,因为它不涉及任何类型的主—客结构。我们也将意识的这种自觉知称为"反身性"(reflexivity)。④

正因为意识具有这种内在反身性(但日常状态下它往往被意向性的主—客二元结构遮蔽)及其基于记忆的反思,因此意识体验能够前反思地直接自我呈现(即直觉),也能间接地反思呈现。简言之,反身性和反思是意识的第一人称方法之必要性的结构基础。

5.4 第一人称方法的"客观性"

对"客观知识"的承诺是科学之为科学的内在要求。如果意识的第一人称方法要成为科学的,那么我们通过第一人称方法获得关于意识体验的知识也必须是"客观的"。现在的问题是:科学追求的是一种什么样的"客观性",以及对主观意识体验的科学研究能追求什么样的"客观性"。

如果不进行批判性的反思,科学通常应允了这样一种客观性的知识:

---

① 周贵华:《唯识通论》,中国社会科学出版社,2009 年,第 413 页。
② 周贵华:《唯识通论》,中国社会科学出版社,2009 年,第 401-431 页。
③ 熊十力:《佛家名相通释》,上海书店出版社,2007 年,第 148-150 页。
④ 李恒威:《觉知及其反身性结构——论意识的现象本性》,《中国社会科学》2011 年第 4 期,第 67-76 页。

这种客观意义上的知识完全独立于任何认识的主张；它同样独立于任何人的信念、断言、断言倾向或行动倾向。这种客观意义上的知识是一种无认识者的知识；是一种无认识主体的知识。[①]

我们把知识的这种客观性称为"不依赖的客观性"或"独立的客观性"（independent objectivity）。然而，从"认知首要性"或梅洛-庞蒂所说的科学是意识体验的"二阶表达"的意义上来说，"无认识主体的知识"是一种矛盾的说法，因为知识是对发生于主体在主体—客体的互动过程中所形成的有关客体之体验的描述，也就是说，没有主体的认识活动或没有认识主体的活动就不可能形成任何类型的知识。"知识"这个概念（逻辑上）已内在地预设了主体和客体这两者，因此，这种对不依赖或独立于任何主体和共同体的知识的客观性的要求事实上是一个不恰当的理想。

在威尔曼斯建立的"反身一元论"中，他通过对认识的构成和过程的分析修正了这种理想的"不依赖的客观性"，并提出了一种现实的我们称之为"主体间的客观性"（intersubjective objectivity），从而为第一人称方法数据和知识的"客观性"提供了一个合理辩护（图5.3）。

反身一元论包含着如下要旨：（1）确实存在独立于我们的体验或思考的东西，即康德所谓的物自体。（2）然而，关于物自体的知识则唯有通过我们特定的认知系统才能获得。（3）我们所体验的现象世界是经由外在于我们的世界与我们的认知系统相互作用而建构出来的，而在我们身上建构起来的体验又反过来表征了这个外在于我们的世界——这就是为什么整个过程被称为"反身的"或"知觉投射"（perceptual projection）。（4）因此，我们不可能以一种不受我们自身的认知系统限制的方式获得关于物自体的知识；我们不可能在独立于我们认知系统限制的意义上做出"客观的"观察，所有观察都具有"我"或"我们"的视角性，在这个意义上，所有的观察都是私人的、主观的。

---

① Popper, K. R. 1972. *Objective Knowledge: An Evolutionary Approach*. Oxford University Press. p. 109.

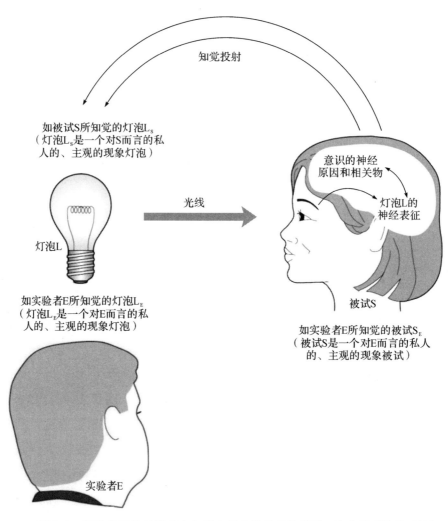

图 5.3　实验者 E 和被试 S 在知觉实验中的反身性模型。这个模型认为,被试体验到的灯泡的"主观地位"与实验者观察到的灯泡的"客观地位"之间没有实质区别——它们都是现象灯泡的知觉投射。①

　　现在我们根据图 5.3 来形象地分析一下这个辩护的步骤:(1)一个由灯泡 L、被试 S 和实验者 E 构成的实验环境。实验要求被试 S 注视灯泡 L 并且对他体验到的内容进行报告,而实验者 E 则控制仪器来观察被试 S 的脑

───────────

①　改编自威尔曼斯。参见威尔曼斯:《理解意识(第二版)》,王淼、徐怡译,李恒威校,浙江大学出版社,2013 年,第 210 页。

中发生了什么。(2)当具有适当视觉系统的被试 S 注视作为刺激物的灯泡 L 时,S 与 L 的交互作用形成了一个内在于 S 的关于 L 的知觉印象(percept),但这个知觉印象指向的却是外在于 S 的 L。威尔曼斯将体验的这种既内在于 S 又超越于 S 的心理效应称为"知觉投射"。(3)S 以这种知觉投射形成了一个"如被试 S 所知觉的灯泡 L"(a light as perceived by the subject)的体验,即现象灯泡(phenomenal light)L_s。显然,这个现象灯泡 L_s——在 S 身上形成的对 L 的体验——对被试 S 而言是私人的、主观的,是第一人称视角的。(4)现在让我们转向实验者 E 的角色。E 既可以观察到被试 S 的脑状态也可以观察到灯泡 L。当他观察 S 的脑状态(即 L_s 的神经原因和相关物)时,他会形成 S_E;当他观察灯泡 L 时,他会形成 L_E。但他却无法通过自己的 S_E 而体验 S 的 L_s。(5)尽管 L_s 和 L_E 都是私人的、主观的,但 L 却是公共可通达的;再者 S 和 E 都具有相似的认知系统,并且 L_s 和 L_E 都是关于 L 的。因此,围绕 L,L_s 和 L_E 是可以进行对比和交流的,从而能够形成主体间的确证,也就是,对于任何的第一人称体验(例如,L_s 或 L_E),主体间的确证是可能的。

于是,威尔曼斯对"科学客观性"提出了一种修正的也更为精致的理解,即"主体间的客观性"是:(1)科学在不受观察者限制的意义上并非"客观的"。(2)但科学在"主体间性"的意义上可以是"客观的",这种客观性要求对观察或体验的描述(观察陈述)秉持冷静、精确、诚实的态度,并且应恰当地遵循指定的、可重复的步骤。[①]

基于这种客观性标准,我们建构意识科学的第一人称方法应该满足的要求有:(1)体验报告在"主体间"是可表达的和可确证的。(2)尽可能以冷静和诚实的态度对体验做精确的描述。(3)第一人称方法的操作程序尽可能明晰和标准化,使得依其操作的被试能够重复再现同一体验类的体验。依照这个"客观性"的要求,如果具有相似的认知系统的被试在相同实验观察条件下执行相同程序步骤,那么他们就能得到相似的体验和体验报告。

---

① 威尔曼斯:《理解意识(第二版)》,王淼、徐怡译,李恒威校,浙江大学出版社,2013年,第215-216页。

5.5 神经现象学

所谓的第一人称方法的数据,指的是人的认知和心智事件的鲜活体验,例如,描述疼痛体验、愤怒体验、视觉体验、思维体验、想象体验、警觉体验等等。与之相对的第三人称数据则是这些体验的行为相关物或神经相关物。"难问题""解释鸿沟"等哲学概念深刻表明,第一人称数据不能被还原为第三人称数据,反之亦然。对于意识科学而言,单独的第一或第三人称数据都是不完整的,相反,意识科学的独特任务之一是将行为和神经的第三人称数据与主观体验的第一人称数据系统地整合进一个框架。瓦雷拉所倡导的神经现象学(neurophenomenology)纲领就致力于这样一种目标,即跨越意识体验的神经生物学解释与现象学描述之间的"解释鸿沟",以便从方法论的角度来纾解"难问题"在意识科学中造成的困境。①

神经现象学的主旨是要建立一个第一人称现象描述与认知神经科学之间的互惠约束(reciprocal constraints)(见图 5.4)的"神经现象学循环"——"全部结果都应该走向一种心智的整合或全局的视角,在这种视角中,既不是体验也不是外部机制说了算。全局性视角因此要求明确建立一种相互约束,一种相互影响和相互规定"。②

神经现象学将得到细致检视的体验报告与大尺度的脑动力学网络活动模式结合起来。正如很多神经科学家已经揭示的,脑的大多数活动是内源性的,而不是由外部刺激引起的。但是这些自发的、不间断的内源脑活动与体验有何关系呢?瓦雷拉认为,现象学有助于解决这个问题;詹姆斯所说的意识流是对内源脑活动的反映;因此,对体验流的细致描述将有助于揭示和理解这类隐含的脑活动模式;但是现象学要做到这一点,缺少实践体系的现象学还原是不够的,它有必要引入佛教禅修对心智进行严格探究所使用的

---

① Varela, Francisco J. 1996. Neurophenomenology: A Methodological Remedy for the Hard Problem. *Journal of Consciousness Studies* (3), pp. 330-350.

② Varela, F. J., & Shear, J. 1999. First-person Methodologies: What, Why, How? *Journal of Consciousness Studies*, 6(2-3), p. 2.

方法。次第谨严的禅修内观提供了观察心智事件的体验报告,脑影像和电生理学则可以记录与心念和感受流相关的脑活动模式,这两者的互惠印证将极大地加深人们对心—脑关系的认识。

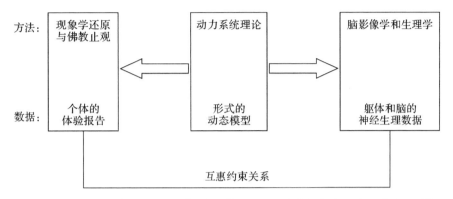

图 5.4　神经现象学"互惠约束"关系模型图。这个术语与方法论思路由瓦雷拉所提出。他所说的"互惠约束"是指现象学分析有助于引导和塑造科学对意识的研究,而科学发现反过来也有助于引导和塑造现象学研究。这个进路的关键特征是动力学系统理论被认为在现象学与神经科学之间起到调节作用。因此神经现象学包含三个主要成分:(1)体验结构的现象学解释;(2)这些结构的不变量的形式动力模型;(3)这些模型在生物系统中的实现。[①]

瓦雷拉坚持认为,神经现象学纲领能够实施的一个重要前提就是要有训练有素的禅修者参与意识科学的实验。"佛教传统已经在训练和培育心智的反思和内省能力方面积累了大量的专门知识。(就我们所知)心智的这种修习已经持续了几个世纪。这些做法与内省的心理学或现象学心理学有相似之处。西方沙文主义否认这类观察数据和它们的潜在有效性将是一个巨大的错误。"[②]训练有素的禅修者能够对自己的体验流变得更警觉和更有觉知力,这使得他们能够更准确、更清晰也更稳定地报告他们的体验内容,并能依照相同的程序再现同一类体验(单个体验是不可重复的,同一类体验

---

① 汤普森:《生命中的心智:生物学、现象学和心智科学》,李恒威、李恒熙、徐怡译,浙江大学出版社,2013 年,第 279 页。

② Varela, F. & Shear, J. 1999. First-person Methodologies: What, Why, How? *Journal of Consciousness Studies*, vol. 6, no. 2-3, pp. 1-14.

是可重复的)。①

5.6 第一人称方法的种类、操作程序和效度

神经现象学极大地依赖第一人称方法提供的体验数据的"客观性"(实在性、可靠性和准确性),但历史地看,第一人称方法大致只有如下三种明确的实践范式:(1)来自心理学的内省;(2)来自现象学哲学和现象学心理学的现象学还原;(3)来自东方传统(印度教、佛教、道家和儒家)的禅修。

5.6.1 心理学的内省

乍一看,我们会认为意识的科学研究出现在 20 世纪 90 年代,但事实上意识科学的第一个黄金时期在 19 世纪后期就出现了。在 19 世纪中后期,即实验心理学建立的那个时期,一个默认的共识是:心理学就是围绕意识体验(构成、状态和过程)的研究,因此,心理学理所当然地被认为就是一门研究意识体验的科学。在这个时期,无论是古斯塔夫·费希纳(Gustav Fechner)的心理物理学(psychophysics)、威廉·冯特(Wilhelm Wundt)的实验心理学、爱德华·铁钦纳(Edward Titchener)的结构主义,还是詹姆斯杰出的意识研究,第一人称的内省始终是揭示内心意识体验的基本方法。

对于冯特及其追随者而言,内省方法由三个基本步骤组成:(1)获得受控刺激产生的意识体验;(2)仔细注意这些体验;(3)言语描述这些体验。通常参与实验的被试是受到高度训练的,以便对他们的体验给出详细和可靠的描述。铁钦纳将内省的使用进一步提高到唯有老练的专家才能做到的程度,他提出"要尽可能地注意引起感觉的对象或过程,并且当移开对象或过程完成后,要尽其所能生动和完整地回忆这个感觉"。②

---

① 威尔伯、安格勒、布朗等:《意识的转化》,李孟浩、董建中译,李孟潮校,东方出版社,2015 年。

② Titchener, E. B. 1896. *An outline of psychology*. Macmillan. p. 33.

尽管内省一度在心理学研究上发挥核心作用,然而随着一些综合因素和"时代精神"的变向,内省数据的可靠性日益受到怀疑;此外,随着符兹堡学派等高举内省旗帜的研究者在心智意象等心智活动的研究上的失败,研究者为了避免自己的研究被斥为"不科学"而更加回避使用内省数据。大约到二战前,内省似乎完全从"科学的"心理学中消失了,它最多只以一种辅助和参考的角色被保留下来——它作为一个独立的方法在随后的行为主义和认知主义的范式中是没有地位的。

5.6.2　现象学还原

"现象学还原"是胡塞尔"回到体验本身"的基本方法,无疑是对内省方法的一个意义重大的创新。但"悬搁作为一个实际程序——作为由现象学家以第一人称执行的情境化实践——在现象学文本中一直被奇怪地忽视了,甚至是在所谓的存在主义现象学家海德格尔和梅洛-庞蒂那里也一样。相反,他们以自己的方式开始并重铸了现象学还原的方法。因为这一原因,一个新的现象学潮流旨在更明确地将'悬搁'的实用性发展为一个研究意识的第一人称方法"。[①] 现象学还原在西方哲学中开辟了"客观地"自我观察的可能性:还原是"一个有效行动、一种内在操作……又是一种状态、一种自我观察的模式、一种态度,这种态度让我置身于一种延伸的不偏不倚、公正无私的旁观者 的姿态中"[②]。

在现象学还原的实践性的发展方面,德帕兹(N. Deparaz)、瓦雷拉、韦梅希(P. Vermersch)用"变得觉知(becoming awareness)"的模型描述了"悬搁"的操作程序(图5.5)。变得觉知的结构动态由三个阶段组成,分别为"悬置""重定向"和"知而不随"。

---

① 汤普森:《生命中的心智:生物学、现象学和心智科学》,李恒威、李恒熙、徐怡译,浙江大学出版社,2013年,第17页。

② Depraz, N. 1999. The Phenomenological Reduction As Praxis. *The View from Within*: *First-Person Approaches to the Study of Consciousness*, 6(2-3), p. 97.

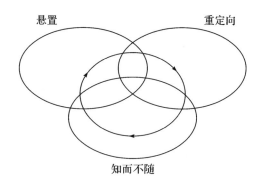

图 5.5 现象学还原的操作程序

A. 悬置习惯性思维和判断的阶段。这是主体有可能改变对他自己的体验的注意力的一个基本先决条件,这也代表着对"自然的"或无审查态度的突破。

B. 注意力从"外部"转向或重定向(redirection)到"内部"的阶段。

C. 对体验知而不随(letting-go)①或接受的阶段。②

相较于传统内省的困境,"变得觉知"区别于传统现象学的思路在于它加入了一种"知而不随"的特殊注意力形态:"这种探索被一种特殊的注意力倾向所鼓励着,这种注意力倾向既是开放的,又是善于接受的(receptive)。不像聚焦的注意力是狭窄的、只专注于一个特定的内容之上;这种注意力是全景式、外围型的,它打开了一个宽广的领域。这种扩散的(diffuse)注意力是非常好的,它对大多数细微的变化都非常敏感。"③

---

① 本书将瓦雷拉的术语"letting-go"翻译为"知而不随"是借鉴了一个佛教术语的一般含义:在佛教中,"知而不随"常常作为禅修练习中一种对质"妄念"的方法,妄念(即普通的思维活动)升起时,能自知,却不跟随它、"不相续"、不随妄念转,任其"自生自灭",即所谓的"知而不随"。这与本书中"letting-go"所描述的状态非常相似,即在"letting-go"的状态中,我们保持着一种开放的注意力,对体验单纯地觉知和接受,而不专注于或纠缠于某一特定体验对象或内容。

② Depraz, N. , Varela, F. J. , & Vermersch, P. 2000. The Gesture of Awareness: An Account of Its Structural Dynamics, *Investigating Phenomenal Consciousness*. Benjamin Publishers. pp. 123-124.

③ Petitmengin, C. 2009. The Validity of First-person Descriptions as Authenticity and Coherence, *Journal of Consciousness Studies*, 16(10-12), p. 378.

5.6.3　佛教止观

除了心理学的内省和现象学还原外,佛教禅修因其独特的实际效果受到意识科学第一人称方法研究的极大关注。就所有的内省实践而言,禅修是一个最古老的、不断被重复的、其效力得到反复验证的第一人称方法体系。"佛教传统已经在训练和培育心智的反思和内省能力方面积累了大量的专门知识。(就我们所知)心智的这种修习已经持续了几个世纪。这些做法与内省的心理学或现象学心理学有相似之处。西方沙文主义否认这类观察数据和它们的潜在有效性将是一个巨大的错误。"①训练有素的禅修者能够对自己的体验流变得更警觉和更有觉知力,这使得他们能够更准确、更清晰也更稳定地报告他们的体验内容,并能依照相同的程序再现同一类体验(单个体验是不可重复的,同一类体验是可重复的)。

佛教禅修体系是一种与普通内省不同的传统,它不但具有完整的心智结构理论,而且具有一整套关于内观心智和提升心智境界的方法体系。尽管禅修的方法名目繁多,但始终存在两个基本成分,即止(奢摩他)和观(毗钵舍那),前者在于禅修过程中注意力的稳定性,后者则在于对体验的觉知、观察和理解。在禅修活动中,这两者相当于一盏灯的灯光的稳定性和亮度:"注意力稳定性的开发大概可以比作把望远镜安装在一个坚实的平台上;而注意力清晰度的开发就像高度抛光镜片使望远镜能够更明晰地看清目标。宗喀巴引用了一个更为传统的比喻来刻画注意力稳定性和清晰度对培育禅修觉悟的重要性:在夜晚,为了看清一张挂毯,如果你持的灯盏稳定而又明亮,那么你可以清楚地看到挂毯上面所描绘的图案。但是如果你所持灯盏的光线比较暗弱或者即便光线明亮但却被风吹得摇摆不定,那么你都可能看不清挂毯上的图案。"②

---

①　Varela,F. & Shear,J. 1999. First-person Methodologies:What,Why,How? *Journal of Consciousness Studies*, vol. 6,no. 2-3(1999),pp. 1-14.

②　Wallace,B. A. 1999. The Buddhist Tradition of Samatha:Methods for Refining and Examining Consciousness,in *Journal of Consciousness Studies*,6(2-3),p. 177.

"止"依止于"定"："于所缘处,令心善住,名之为定;由不散乱不动摇故。"[①]"观"需要"定"做基础,在"定"达到一定稳定程度的基础之后,能获得相应的清晰地觉照自身念头的能力。

止以训练专注力为核心。在具体修习中,我们首先将注意力集中在一个特定目标上,由于最初注意力的稳定性较弱,容易散乱,因此会不时出现不自主的心智游移(mind-wandering);一俟我们警觉到这一游移后,我们会再次将注意力集中到我们一开始设定的目标上(止的操作程序模型见图5.6)。观以培养意识的觉照和心的智慧为核心。观的修习是在一定止的能力上实现的。首先,我们对体验的态度有一种类似现象学悬搁的姿态,然后将注意力转向体验内容(来来去去的念头和感受);我们减少对体验内容的执着,并努力让体验内容"随它来""随它去",保持一种"知而不随"的姿态;随后在稳定的知而不随的基础上,我们进行开放呈现的操作,观察体验流时保持觉知和警觉却不执着于任何体验内容。在开放呈现还未达到纯熟之际,会发生不自主的心智游移,一俟我们警觉到这种心智游移,我们会集中我们的注意力,并操作下一轮的开放呈现活动(观的操作程序模型详见图5.6和图5.7)。

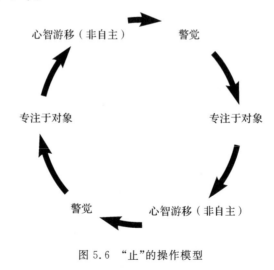

图 5.6 "止"的操作模型

[①] 义净译,无著造,世亲释:《六门教授习定论》,大正新修大藏经第三十一册,no.1607。

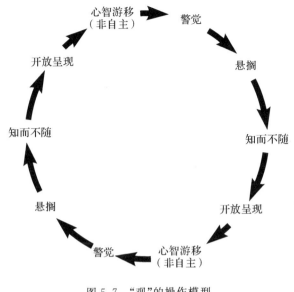

图 5.7 "观"的操作模型

5.6.4 诸方法的效度

尽管两千多年前庄子与惠施的"濠梁之辩"生动地揭示了主体间认知和理解的内在局限,但它同时也深刻地表明"我们始终已经处于理解中"。面对主体间理解的现实性和局限性要建立意识研究的科学的第一人称方法,那么这个方法的实施应尽可能满足"客观性"——正如我们前面已经论述过的——的三点要求:体验报告的"主体间"可靠性;描述的精确性;操作程序的标准化。在认识到第一人称进路的重要性之后,瓦雷拉敏锐地思考了"如何能更清晰、准确地觉知体验,如何描述它们,以及如何使之成为严格方法"的问题。他认为一个良好的第一人称方法中应该:(1)提供一个通达某个现象领域的清晰程序;(2)在谙熟该程序的观察者共同体中,提供一个表达和验证该程序结果的清晰手段。①

依照第一人称方法作为严格科学方法所应满足的要求,瓦雷拉对我们

① Varela, F. J. , & Shear, J. 1999. First-person Methodologies:What, Why, How? *Journal of Consciousness Studies*,6(2-3),p.6.

上面论述的三种方法进行了简要的比较与评估,见表 5.1。[①]

表 5.1　第一人称方法的比较和评估

方法	程序	对程序的评价	验证	对验证的评价
内省	在规定任务期间保持注意	中等,需要改进	言语描述;间接的(mediated)	中等,很好地使用了协议
现象学	还原—悬搁	中等,需要改进	描述的不变量	中等,有一些有用的实例
禅修	注意训练;非造作的觉知;心智活动的悬搁	优良,精细的方法	传统描述;科学描述	历史材料极其丰富,有时过于依靠内在描述,还需要某些良好的科学协议

5.7　结　语

威尔曼斯对如何科学地研究有意识体验提出了一个"批判现象学"(critical phenomenology)的主张。批判现象学认为:(1)应以一种常识的、自然的但非还原论的方式研究心智;同时它也坚持意识体验具有相应的神经机制,这些神经机制可以通过认知科学、神经科学、生理学等相关科学使用的第三人称方法来研究。(2)第三人称方法无法直接通达意识体验,但主体可以直接呈现自身的意识体验,并且做出内省报告;再者,实验者对他人的第三人称报告最初是建立在自己的第一人称体验的基础上的。因此,要研究有意识体验,第一人称方法是不可或缺的。(3)有意识体验的第一人称描述与相应脑状态的第三人称描述是互补的,它们可为彼此提供相互支撑和印证的证据。(4)尽管主体的有意识体验是真实的,但对体验报告的真实性、可靠性和准确性要持谨慎态度,因为内省报告有可能犯错误。(5)正如伽利略通过利用和改进望远镜来更清晰地观察天空一样,通

---

① Varela, F. J. 1996. Neurophenomenology: A Methodological Remedy for the Hard Problem. *Journal of Consciousness Studies* (3), pp. 330-350.

过特定方法的心智训练,被试也可以改进其体验报告的可靠性和准确性。[①]

在里贝特那里,他也认为要研究脑与有意识体验之关系,需要遵循两个认识论原则:(1)第一人称的体验描述是实验的操作标准。一者,任何缺乏令人信服的内省报告的行为或脑证据,都不足以作为有意识体验的指示器;再者,如果没有这种第一人称的内省报告,就不可能指示和引导实验去发现既定体验的神经相关物或机制。(2)不存在任何心脑关系的先验(*a priori*)法则。因为外在可观察的"物理"事件和内在可观察的"心智"事件在现象学上分属相互独立的范畴,两者之间无疑是有关联的,但它们之间的关系只能通过对两个独立的现象进行同时观察方能发现,这种关系不可能经先验的演绎而得以预测。[②]

事实上,无论是威尔曼斯的批判现象学还是里贝特的两个认识论原则,它们都与瓦雷拉等人提出和发展的神经现象学纲领是一致的——神经现象学的方案并不是孤立的,它在心理学界和认知神经科学界都有同盟者。这些广泛一致的主张表明,开展意识的第一人称方法以及第一人称与第三人称的互惠研究是一个完整的意识科学的内在要求,并且与第三人称方法一样,第一人称方法也存在多样性,也能够被进一步精炼、改进和提升。

最后,我们以弗勒泽(T. Froese)的一段话来做总结:"在超过一个世纪的忽视之后,最近二十年见证了意识科学的显著进步。这一旨趣的复苏在很大程度上是由日趋复杂的神经科学方法所推进的。但是,随着该领域的日益成熟,越来越明显的是,进一步的科学发展将不能只依靠脑测量技术的改进来获得。此外,还存在两个需要解决的主要突出的挑战:我们依然需要一个更好的意识理论,来告知实验研究的设计与解释。并且我们还需要一个访问和测量意识的现象学,也就是获得我们的鲜活体验的更为系统的方法。后一个挑战占据了一个特殊位置,因为一种获取现象学数据的严密方

---

① 威尔曼斯:《理解意识(第二版)》,王淼、徐怡译,李恒威校,浙江大学出版社,2013年,第226-227页。

② 里贝特:《心智时间:意识中的时间因素》,李恒熙、李恒威、罗慧怡译,浙江大学出版社,2013年,第10-11页。

法,被证明对整个领域是一剂强力催化剂。只有当'成为有意识的像是什么'(what it is like to be conscious)的口头报告越来越精确,我们随之才有希望更好地理解神经科学所提供的作为鲜活体验基础的复杂脑机制的详细数据,以及限定一种意识理论必须考虑的现象事实。"①

---

① Froese, T. , Gould, C. , & Seth, A. K. 2011. Validating and Calibrating First-and Second-person Methods in the Science of Consciousness, *Journal of Consciousness Studies* ,18 (2) ,p. 38.

6 论威廉·詹姆斯的意识研究[①]

6.1 引　言

在东方,在佛教唯识学[②]体系中出现了堪称对意识的第一次主题化和系统性研究。在西方,意识研究的起源被归于笛卡尔。笛卡尔对"我思故我在"的论证开启了近代西方哲学的主体性转向。在笛卡尔那里,"思维"是指一切有意识的心智(mind)活动。威肯(P. Wilken)在 2006 年意识科学研究协会(Association for the Scientific Study of Consciousness,ASSC)的第十届会议的致辞中就意识研究的发展列出如下大事年表。[③]

19 世纪 80 年代—20 世纪 20 年代:意识科学研究的第一个黄金时期;

20 世纪 20 年代:行为主义的诞生,意识研究的黑暗时代;

20 世纪 50 年代:计算机的诞生,认知革命;

20 世纪 80 年代:第一个 PET(正电子断层扫描)影像;

20 世纪 90 年代:第一个 fMRI(功能磁共振成像)影像;

---

① 本章内容最初发表在《浙江大学学报(人文社会科学版)》2014 年第 4 期,第 33-44 页。有改动。

② 大乘佛教派别之一,亦称瑜伽行派,中国传统称为有宗。以《解深密经》《瑜伽师地论》《摄大乘论》《唯识三十颂》《唯识二十论》和《成唯识论》等为主要经典。关于心识的本体、结构、功能和层次,唯识学提出了"三界唯心、万法唯识""三类八识""五位百法""四分"等学说。

③ Wilken, P. 2006. ASSC-10 Welcoming Address. In: 10*th Annual Meeting of the Association for the Scientific Study of Consciousness*, 23-36 June 2006, Oxford, U. K.

20 世纪 80 年代后期—20 世纪 90 年代初期:巴尔斯(B. Baars)在心理学,丹尼特在哲学,克里克和科赫在神经科学中分别开展了意识研究;

刊物和会议:1990 年 *Consciousness and Cognition* 创刊,1992 年 *Psyche* 创刊,1994 年 *Journal of Consciousness Studies* 创刊,1994 年第一届 Tucson 会议举办,1997 年第一届 ASSC 会议举办。

威肯提出 20 世纪 80 年代后期到 90 年代初期兴起的当代"意识研究"是意识的哲学—科学研究的"第二个黄金时期"。在意识研究的"第一个黄金时期",威廉·詹姆斯(William James, 1842—1910)是这期间最有影响力的开拓者,被誉为"现代心理学之父"和"意识研究之父"[①]。他的经典著作,即两卷本的《心理学原理》(*The Principles of Psychology*),被认为是对 19 世纪心理学和脑科学的最好总结,至今仍然是科学家或哲学家关于意识所写的最佳著作之一。詹姆斯对意识的开拓性研究几乎涵盖了当代"意识研究"的方方面面。为了纪念詹姆斯在意识研究中的开拓性和全面性贡献,ASSC 将青年学者的意识研究奖命名为"威廉·詹姆斯奖"。

概括地说,詹姆斯在意识研究上的开拓性和全面性表现在四个方面。

第一,詹姆斯在哲学和心理学上关于意识的众多研究主题在当代"意识研究"中仍然显示出划时代的蓬勃生机。在哲学上,他对"体验"的哲学态度和形而上学思想直接或间接地与现象学深切呼应;从"彻底经验主义"(radical empiricism)哲学观出发,詹姆斯关于"纯粹体验"(pure experience)的阐发回应了心—身问题引发的形而上学困境,并前瞻性地批判了"理性心理学"的孤立认知观。在心理学上,詹姆斯提出了"思想流""意识场"等理论;他对无意识、情绪、意志、注意、自我等主题的思考仍然是当代"意识研究"的主要议题和思想资源。

第二,詹姆斯是揭开意识科学研究——探求意识的神经机理或机制是意识科学研究的本质诉求——序幕的一个核心人物。詹姆斯在《心理学原理》中明确阐述了意识科学研究得以可能的基本前提和条件:"这里,我们的

---

① Revonsuo, A. 2009. *Consciousness: The Science of Subjectivity*. Psychology Press. p. 54.

第一个结论就是,特定份量的脑生理学必须作为(心理学的)前提,或者必须被包含在心理学之中……提出这样一条一般法则就是安全的,这条法则就是:没有身体方面的变化相伴随或者跟随其后,心智的改变就不会发生。"①"脑是心智运作的一个直接身体条件这个事实,现在确实已经得到了普遍的认可,我无需花费更多的时间来对此加以阐明,我只是把它作为一个基本假定,然后继续往前走。这部书的所有其余部分都将或多或少是对这一假定的正确性的证明。"②詹姆斯认为,作为心智生活的科学,心理学不仅要研究各种心智现象(诸如感受、欲望、认知、推理、决策、意志、记忆、想象、知觉、意识等等),它还要研究这些现象的条件,而脑正是心智运作的一个"直接身体条件"。因此,在詹姆斯的心中,脑科学和神经科学对揭示心智本性是不可或缺的。他认为,身体和脑必须在心理学需要考虑的心智生活的条件中占有一席之地,精神论者(spiritualist)和联想论者(associationist)也必须是"大脑论者"(cerebralist)。③

第三,在方法论上,詹姆斯将意识的第一人称的(广义现象学的)研究与第三人称的(经验实证科学的)研究自然地结合在一起。詹姆斯尊重和重视细致的、准确的第一人称报告和现象学分析在意识研究中的首要价值。在倡导和开展意识的科学研究的同时,詹姆斯从不认为心智层次的描述可以被简单还原为物理层次的描述,相反他的《心理学原理》充满了对心智层次的第一人称分析。当代神经科学家也逐渐认可第一人称进路在意识研究中的不可或缺性,从而形成了当代认知科学与现象学以及与东方"心学"的广泛对话④。在当代"意识研究"中,力图整合这两种研究方法的趋势也非常明显,例如威尔曼斯和施耐德(S. Schneider)写道:"尽管这[意识研究]主要在常规的第三人称科学中发展,但它也隐含地,有时甚至明显地利用和发展了一种第一人称科学的形式,而在这个方面,我们非常乐于将最近工作中对一

---

① 詹姆斯:《心理学原理(第一卷)》,田平译,中国城市出版社,2003年,第6页。
② 詹姆斯:《心理学原理(第一卷)》,田平译,中国城市出版社,2003年,第5-6页。
③ 詹姆斯:《心理学原理(第一卷)》,田平译,中国城市出版社,2003年,第5-6页。
④ 这方面的一个研究典范可见瓦雷拉等人的经典著作《具身心智》(参见瓦雷拉、汤普森、罗施:《具身心智:认知科学和人类体验》,李恒威等译,浙江大学出版社,2010年)。

些更古老的东方传统的意识研究的概述囊括其中。"①神经现象学纲领就是该趋势的一个最为有力的注脚。神经现象学认为,为了全面揭示意识的本性,为弥合意识体验与神经生物学之间的鸿沟,就必须同时承认和重视对意识的现象学和神经生物学的两种类型的分析。

第四,詹姆斯将宗教意识体验的科学研究引入人们的视野。对宗教意识体验的研究构成了詹姆斯意识研究工作的重要部分。詹姆斯理性地看待宗教体验中的特殊意识状态,并致力于建立"宗教的科学"。正如肯·威尔伯把心智比喻为一条多频光谱②,詹姆斯也认为理智的概念思维只是我们心智光谱的一部分。作为心智光谱中的不同频段,詹姆斯与新近的研究趋势认为,宗教体验的特殊意识状态将为意识研究带来不同寻常的视角和资源。

克罗斯(P. J. Croce)认为詹姆斯是一位"非学科的"(non-disciplinary)思想家:"詹姆斯在他的生涯中跨越了许多学科领域。他尤其在心理学、哲学和宗教中组织他的思想和学说,他从事的那些研究还没有包含截然分明的学科边界,事实上,这类研究才刚刚开始获得它们的现代形态。"③"非学科性"或者超越学科所隐含的内在"藩篱"的确是詹姆斯意识研究的一个鲜明特征。下面,本文将从三个方面——意识的哲学研究、意识的科学研究以及宗教意识体验——更深入地论述詹姆斯的意识研究的丰厚遗产以及这些遗产对当代"意识研究"的启示。

6.2 詹姆斯与意识的哲学研究

德日进在《人的现象》(*The Phenomenon of Man*)这本书的序言中写道:"我必须指出两个携手并进并支持和统理该书论题每一发展的基本假定。第一个假定是心灵(the psychic)和思想在宇宙质料中的首要性,第二个假定

---

① Velmans, M. & Schneider, S. (eds.). 2007. *The Blackwell Companion to Consciousness*. Blackwell Publishing. p. 2.

② 肯·威尔伯:《意识光谱》,杜伟华、苏健译,万卷出版公司,2011 年,第 5 页。

③ Croce, P. J. 2012. The Non-disciplinary William James, *William James Studies*, Vol. 8, pp. 1-33.

是人类的社会事实都具有'生物的'价值。自然中人的卓越性(pre-eminent significance),人类的有机性质;这两个假定,人们一开始可能会拒绝,但是如果不接受它们,我就看不出如何对人的现象给出一个完整和连贯的解释。"①德日进关于心灵和思想的首要性是指,如果没有心智(意识体验和思想),任何超越心智的东西就不可能被揭示。因此,在认识论上,人——一个具有揭示能力的心智存在(mental being)——在逻辑上是在先的,他是揭示世界的中心,尽管在存在论上他有生物学的根源。② 与之相似,詹姆斯将认识论上的首要性赋予他提出的"直接体验"或"纯粹体验"概念。詹姆斯沿着"纯粹体验"的思想路线建立了彻底经验主义,并以此为基础对心—身问题做了独特诠释。

彻底经验主义　在认识论和方法论上,"彻底经验主义"与传统经验主义一样承认意识体验的首要地位。但与传统经验主义中的理性主义不同,詹姆斯更重视直接体验中鲜活的意识流和过程,认为直接体验比抽象概念更为原初与丰富,体验本身就包含"对象"间的"关系"(relation)。为了批判理性主义和还原事物的"票面价值",詹姆斯论述了体验与抽象思维之间的区别。首先,在《心理学原理》中,詹姆斯把知识分为"亲习知识"(knowledge by acquaintance)和"间接知识"(knowledge about)。前者指个体直接亲习当前对象,由此获得丰富的感知体验的过程整体,后者则是通过智力,运用概念和理性,形成"关于"一个对象的知识。③ 语言与思维抽象是对体验的二次重构。由间接知识习得的抽象概念必须返回到亲习知识中,我们才能算真正理解了它。例如,没有见过蓝色的盲人将不能真正理解"蓝色"的概念,只有当见过蓝色,体验过蓝色的感觉,他才能赋予概念以体验实质。其次,实际上不存在理性主义所追求的那种纯粹无杂的、静态的、孤立的理

---

① Teilhard de Chardin,P. 2008. *Phenomenon of Man*. Harper Perennial Modern Classics. p. 30.

② 我们将心智在认识论上的首要性概述为一个类似"唯识"的主张:并非没有心智之外的存在,而是存在的样子(即唯识学中的"境")是不可超越心智活动而被体验到的(换言之,唯识无境)。

③ 尚新建:《美国世俗化的宗教与威廉·詹姆斯的彻底经验主义》,上海人民出版社,2001年,第97页。

念型对象——我们在实际生活中所熟悉的各种事物，并不是纯粹观念的，实际对象的知识是有关其知觉、情感、行为等等的集合，是一个活生生的、丰富的、动态的、亲历的体验过程本身。正如海德格尔描述的技艺，这种上手的行动过程中所包含的知识是一个连续的过程整体。詹姆斯认为理性不可能把体验中的对象或对象的某一属性与其他属性完全剥离开来，简言之，体验中的对象是过程的、连续的、边缘模糊的关系集合。人们获得某个观念的背后，实际拥有的是与"这个"观念相关的各种体验和关系的综合。所以詹姆斯认为当我们获得对象的概念时，"（概念）主语代表一个熟悉的对象，加上谓词使得关于它的某种东西被知道了。当我们听到主语的名称时——它的名称可能有丰富的内涵——（实际上）我们可能已经知道了许多东西……"①

直接体验作为"亲证性"实在，保证了另一种含义的"真"——体验的另一"彻底性"在于它的可体验性。詹姆斯反对任何超越体验的"绝对"视角，由于超出可体验的亲证范围，理性做出的先验设定与形而上学论证反倒都是虚假的、独断的，不可证伪的——由于其不可体验。詹姆斯的"体验"不仅是原本、鲜活的，更是"实在"、可体验的。詹姆斯在对待宗教体验时也秉持这一态度，神秘体验的"可体验性"使其去神秘化，而成为一种确实存在的意识状态而可以为人们所研究，无论导致这些特殊意识状态的背后原因是什么。

对理性主义认知观的批判　彻底经验主义的另一个维度是詹姆斯对理性主义静止的、孤立的、颅内的认知观的批判。这一批判与当代的第二代认知科学的认知观不谋而合。传统理性主义认知观是表征主义的，心智作为自然之镜是对自然的被动临摹，对象独立于心智而预先被给予。詹姆斯把这种静态的认知主义称为"理性心理学"，批评其抹杀了心智与世界的不可剥离的整体关系；并且理智对自然的这种临摹是"次级的"(secondary)，即所得的观念是理智"建构"的产物，而非亲历的直接体验本身。詹姆斯在《心理学原理》中论述了这种认知观："心智存在于作用于它们而它们又反过

---

① 詹姆斯：《心理学原理（第一卷）》，田平译，中国城市出版社，2003 年，第 310 页。

来对其施加作用的环境之中,简单地说,因为它将心智放在它的全部具体关系之中来考察,它就比旧式的'理性心理学'更富有成就,这种理性心理学将灵魂看作独立存在物,是自足的东西,并且试图只考虑它的本性和属性。……心理生活介入由外部施加于身体的印象和身体对外部世界的反应之间……。"①在詹姆斯那里,认知主义的容器壁已经被打破了,心智并不是封闭在脑内部的静态的和孤立的存在,心智活动需要被理解为与其生存环境的共同体中的每个当下的具体体验,而这些体验中包括了活生生的生命现象全部。在实际生命活动中,体验首先是活生生的生活世界全部,因此,身体作为"经验者"(that which experiences)不是一个拥有体验的主体,而是体验的视角,是体验的特殊处境或视域,是体验的过程;身体是体验的"据点",人们通过身体这个窗口显现世界。所谓"体验"就是从某个视角综合所予,成为"主体"就是成为体验汇聚、涌现的焦点。② 在此体验视域大全里,主体—客体、知者—所知、感觉—概念之类的二元区分都是次生的。

对心—身问题的回应　在笛卡尔之后,人们对心—身问题的提问与思考都隐含了心智与物质作为两个"实体"的先验(a priori)异质性,这样问题一开始就在概念层面上预设了"解释鸿沟"——因此,这(即心智与物质的先验异质性)也就决定了解释鸿沟在概念分析的层面上是不可弥合的。为了应对心—身二元问题,詹姆斯的解答方法是寻找在概念区分之前的更原初体验。

詹姆斯用"纯粹体验"这一术语来表述他的形而上学思想和对心—身问题的解答。纯粹体验是指一种先于理论的反思和概念思维的原初体验,是一种物我浑然的"所予场"(field of givenness)、一种包容物我全部关系集合的事实体验。詹姆斯这样描述纯粹体验:

> 我把形容词'纯粹'放在'体验'一词前面,是为了表示有一种

---

① 詹姆斯:《心理学原理(第一卷)》,田平译,中国城市出版社,2003 年,第 8 页。
② 尚新建:《美国世俗化的宗教与威廉·詹姆斯的彻底经验主义》,上海人民出版社,2002 年,第 112 页。

中立而模糊的存在方式，先于客体与主体的区分。①

　　我把直接的生活之流叫作'纯粹体验'，这种直接的生活之流供给我们后来的反思与其概念性的范畴以物质材料。②

　　如果我们首先假定世界上只有一种原始素材或质料，一切事物都由这种素材构成，如果我们把这种素材叫作'纯粹体验'，那么我们就不难把认识作用解释成为纯粹体验的各个组成部分相互之间可以发生的一种特殊关系，这种关系本身就是纯粹体验的一部分；它的一端变成知识的主体或负担者，'知者'，另一端变成所知的客体。③

纯粹体验具有在先性和无差别性的特点。在先性是相对于二元论的逻辑在先。在原初的纯粹体验中既不含所谓的"心智的"也不含所谓"物质的"属性特征；纯粹体验即非物质的也非心智的，而是先于物质与心智的二分的原初生命体验本身。主客二分的状态是附加了概念分别的次级状态，它借助反思能力从纯粹体验中派生而来。纯粹体验的在先性取消了心智的与物质的属性的区别、主体与客体的对立，由此也就决定了体验地位的无差别性。如今人们常把詹姆斯的这一论理划归为"中立一元论"（neutral monism）：纯粹体验是心智和身体的同质填充物。

　　一个理论上的悖论是，纯粹体验的特征使得它不存在于我们的常识经验中——在常识经验中，我们的意识活动习惯于二分的模式，以至于纯粹体验一落经验、一落反思就消失了"纯粹性"。为此，詹姆斯用"当下的瞬间场"（instant field of the present）这一概念，来解释什么是他所谓的生活中的纯粹体验："当下的瞬间场永远是在'纯粹'状态中的体验，是朴实无华的未经限定的现实性，是一个单纯的这，还未分别成为事物和思想，仅仅是可以潜

---

① 转引自尚新建：《美国世俗化的宗教与威廉·詹姆斯的彻底经验主义》，上海人民出版社，2002年，第133页。

② 詹姆斯：《彻底的经验主义》，庞景仁译，上海人民出版社，2006年，第65页。

③ 詹姆斯：《彻底的经验主义》，庞景仁译，上海人民出版社，2006年，第3页。

在地归类为客观事实或为某人关于事实的意见。"①在实际体验中,詹姆斯也认为"只有新生婴儿,或者由于从睡梦中猛然醒来,吃了药,得了病,或者挨了打而处于半昏迷状态中的人,才可以被假定为对于'这'具有十足意义的纯粹体验"②。在普通人那里,"纯粹体验之流一来,就用重点充实自己,那些突出部分被同一化、固定化和抽象化"③。也就是说,纯粹体验几乎不能为人们直接体验,"因为只要人们有意识地去感觉或知觉,他已经按照概念的范畴规范这种意识。然而,这恰恰证明了纯粹体验是概念的素材"④。然而,在各种不同体系的宗教文本中,却多有类似于纯粹体验的报告记录。比如,基督教神秘主义文本中关于一个人感到自身与自然事物无差别的体验记录:"……我内心的某个东西,使我觉得自己是属于某个更大的东西……我觉得自己与草、树、鸟、虫合一,与一切自然事物合一。我单纯为存在这一事实欢喜,为成为这一切——绵绵细雨,云彩,树干等等——的一部分而欣喜若狂。"⑤一个人感到自身与周围对象一种知觉上的无界限的合一,心理自我感与物理对象处于一个无差别的统一场中,缺失了自我与对象的界限。一个这种状态的更清晰描述来自克里希那穆提(Krishnamurti),他在1922年8月写下了他的第一次这种体验:

> 处在这种情况的头一天,我有了第一次不可思议的体验。我看到一个男人在那里修路,那个男人就是我,他手上拿的鹤嘴锄是我,他敲打的那块石头也是我,路旁的小草和他身边的大树也都是我,我几乎能和他一样地感觉和思考。连微风吹过树梢,吹过草上一只蚂蚁的感觉,我都能接收到。鸟儿、灰尘、噪音都是我的一部分。就在这时,有辆汽车停在不远的位置,我发现我也是那司机、

---

① 詹姆斯:《彻底的经验主义》,庞景仁译,上海人民出版社,2006年,第51页。

② 詹姆斯:《彻底的经验主义》,庞景仁译,上海人民出版社,2006年,第65页。

③ 尚新建:《美国世俗化的宗教与威廉·詹姆斯的彻底经验主义》,上海人民出版社,2002年,第139页。

④ 尚新建:《美国世俗化的宗教与威廉·詹姆斯的彻底经验主义》,上海人民出版社,2002年,第139页。

⑤ 詹姆斯:《宗教经验种种》,尚新建译,华夏出版社,2008年,第283页,注释2。

引擎和轮胎。那辆车后来逐渐远去，我也逐渐脱离自己的身体。我处在每一样东西里，而每一样东西也都在我身上，不论是有生命的或没有生命的，包括高山、小虫和所有能呼吸的东西在内。整天我都保持在这种大乐的状态。①

佛教文本中也有在禅定层面上关于主体与客体间界限消失的描述和界说。《佛光大辞典》解释"无分别智"："又作无分别心。指舍离主观、客观之相，而达平等之真实智慧。即菩萨于初地入见道时，缘一切法之真如，断离能取与所取之差别，境智冥合，平等而无分别之智。亦即远离名相概念等虚妄分别之世俗认识，唯对真如之认识能如实而无分别。此智属于出世间智与无漏智，为佛智之相应心品。"②佛教文本的内容不仅表述了主体与他者、客体之间无实体界限的感觉，还蕴含了自我的实体感和自我在身体内空间定位等感觉的消失。虽然没有证据说明这些文本所描述的状态都是同一种状态，但是，毕竟我们可以看到在人类历史长流中，存在多种类型的体验状态，常识中主客二分的心智体验结构似乎并不完全是唯一的体验状态。

6.3 詹姆斯与意识的科学研究

詹姆斯认为一门研究心智现象的自然科学是可能的，意识体验作为"后验"的可经验的生存体验是实在的，从而是可理性考察的。詹姆斯不排斥内省，因为"内省观察是我们不得不最先、首要和始终依赖的东西"③，詹姆斯也使用实验科学的研究方法和比较的方法。"实证"在詹姆斯那里更是一种理性的态度而非仅局限于实验科学。詹姆斯最终要排除的不是实在的体验以及对体验的内省，而是要在先验哲学的思辨和现象学的研究中补充更多的事实和经验实证的材料。

---

① 转引自 Forman, Robert K. C. 1998. What Does Mysticism Have To Teach Us About Consciousness? *Journal of Consciousness Studies*, vol. 5, no. 2, 1998, pp. 185-201.

② http://www2. fodian. net /BaoKu/CommonInfo. aspx? c＝DictionaryInfo.

③ 詹姆斯：《心理学原理(第一卷)》，田平译，中国城市出版社，2003 年，第 260 页。

6.3.1　心理学贡献

詹姆斯对现代心理学的建设的贡献是巨大的,这是任何读过《心理学原理》一书的人都有的强烈印象。詹姆斯开创了美国第一个心理学实验室,把定量实验和生理学从德国带入了美国心理学领域;他关注意识的神经科学研究,促进心理学成为一门研究意识的自然科学,他将心理学定义为:"心理学是关于心智生活的科学,既包含心智生活的现象也包含其条件。"①他在《心理学原理》中开展了许多富有深刻洞见的专题讨论,包括脑的功能及活动条件、习惯、思想流、自我意识(consciousness of self)、注意、联想、知觉、记忆、感觉、本能、情绪、意志、催眠等,这些论题预见并大致确定了一个世纪之后该领域的几乎所有重要研究议题。

"思想流"强调了意识的整体性,从而预见了格式塔心理学的主旨和新一代的认知观。"詹姆斯-朗格情绪理论"(James-Lange's theory of emotion)则首创了关于情绪的生理机制研究和理论,认为情绪首先是外部环境引起的身体状况变化,由于身体上的生理变化而导致心理感受的变化。这种生理依赖的情绪学说为行为主义的产生做了铺垫。在"自我"理论方面,詹姆斯区分了三种层次的自我,为当代自我研究开辟了一个宽广视野。在对"习惯"的研究上,詹姆斯最早使用了神经"可塑性"一词。对自动症、催眠等现象的研究,使詹姆斯思考了无意识与意识边缘等思想,而当今越来越多的实验证明詹姆斯关于无意识知觉和意识边缘(fringe of consciousness)的设想是正确的。詹姆斯在理论上的许多建树至今仍非常有活力。其中,意识场及其相关理论更是最为基础和重要。

詹姆斯关于思想流、意识场、意识的边缘、无意识(或阈下意识)、自动症、自我意识的研究都是密切关联的,它们联合起来为我们勾画了一幅关于意识的大致图像。首先,作为基本特征,思想流表明,意识现象的最主要特征即为意识状态是变动不居的流,且是可感知的连续的,并且对象从边缘意

_____

① 詹姆斯:《心理学原理(第一卷)》,田平译,中国城市出版社,2003 年,第 1 页。

识进入中心地带才能为我们所注意到。① 在此基础上,詹姆斯认为心理现象的"现实单位很可能是整个心理状态,整个意识波或任一时刻展现给思维的对象场"②。意识活动作为一个场域而发生——意识对象不是孤立的观念或元素,而是整个连续的现象之流,包含各种关系集合的整个过程。而意识场的边缘界限是模糊的,要"明确地勾勒出这个波、这个场根本不可能。……我们的心理场前后相继,每个都有自己的兴趣中心,周围的对象越来越不为我们的意识所注意,渐渐淡去,越接近边缘,越模糊不清,以至于根本无法指明界限。有些意识场狭小,有些意识场宽大。这个'场'的公示记载的重要事实,就是边缘的不确定"③。不同的意识场有边界之隔,但它们之间的间隔只是一层"极薄的帷幔",意识场的边界可以发生变化,不同的意识场之间可以转换,未遭遇的意识场隐藏在阈下意识中,不同的意识场以阈下意识为中介进行转换。詹姆斯在研究暗示、自动症、催眠等现象时发现,这些活动中"潜意识的影响(subliminal influence)恰如催眠时一样,对心的突然变化起了决定作用。暗示疗法有许多成功的记录……许多人有能力引起相对稳定的变化,似乎都是通过阈下意识的活动。假如上帝的恩典产生奇迹,或许正是经由阈下意识之门(subliminal door)。但是这个领域究竟如何运作的,我们依然无法解释……假如你愿意,将其看作心理学或神学的巨大秘密……"④当一个人习惯中的常规意识的边缘被打破时,会致使原有的信念和行为发生变化。在产生行为变化的具体结果之前,潜意识的影响已经发挥了作用,成为我们行为、信念发生变化的作用因素。

其次,詹姆斯用意识场的概念表明,我们可能存在多种意识状态:"我们正常的清醒意识,即我们所谓的理性意识,只不过是意识的一个特殊类型;在理性意识的周围,还有完全不同的各种潜在的意识形式,由极薄的帷幔将它们与理性意识隔开。我们可能生活了一生,却从未猜想它们的存在;但是,只要给予必要的刺激,它们便因一触而全面呈现。它们是确定的心理形

---

① 詹姆斯:《心理学原理(第一卷)》,田平译,中国城市出版社,2003 年,第 316 页。
② 詹姆斯:《宗教经验种种》,尚新建译,华夏出版社,2012 年,第 167 页。
③ 詹姆斯:《宗教经验种种》,尚新建译,华夏出版社,2012 年,第 167 页。
④ 詹姆斯:《宗教经验种种》,尚新建译,华夏出版社,2012 年,第 195 页。

态,或许某个地方有它们应用的领域和适用的范围。任何对宇宙整体的论述,如果丢下这些意识形式不予以理睬,那绝不会有最后的定论。"①不仅如此,詹姆斯还把潜意识(或阈下意识)看作与更高心智状态或神秘领域的心智状态的相连接处:"诚然,潜意识的低等现象隶属于个人资源:他的日常感觉材料是无意中接受的,为潜意识记住并结合,能够用来解释他平常的所有自动症状。然而,正如原始的清醒意识开启我们的感官,让它们接触物质对象一样,逻辑上同样可以设想,假如有更高的精神设置能够直接触及我们,那么这样做的心理条件或许就是因为我们具有潜意识的领域,只有这个领域允许我们接近它们。"②"这个领域虽然不可见却在现实中产生结果。"③

6.3.2　多元方法论

詹姆斯在心理学研究上采取了多元方法并行的方法论原则,主要方法有三种:实验、内省和比较④。由于詹姆斯在德国从学于德国实验心理学家威廉·冯特(Wilhelm Wundt),受德国实验心理学的影响,詹姆斯实验室的方法论基础是外科医学解剖、反应的生理电测量、人工催眠诱导意识的分裂状态的一些方法的结合。詹姆斯划定了进行心理实验的主要领域:

"(1)意识状态与其物理条件的联系,包括整个大脑生理学,还有最近得到详尽研究的感官生理学,以及被技术性地称为'心理—物理学',或者感觉与它们所由以被引起的外部刺激之间相互关系的法则;(2)将空间知觉分析为它的感觉元素;(3)对最简单心理过程的持续时间的测量;(4)对感觉体验和空间、时间间隔在记忆中再现的准确性的测量;(5)对简单心理状态相互影响、相互唤起或者相互抑制对方再现的方式的测量;(6)对意识能够同时辨别的事实数量的测量;(7)对遗忘和记忆的基本法则的测量。"⑤

这些实验方法和思路极大地带动了当时心理学的实验研究之风。这些

---

① 詹姆斯:《宗教经验种种》,尚新建译,华夏出版社,2012 年,第 278 页。
② 詹姆斯:《宗教经验种种》,尚新建译,华夏出版社,2012 年,第 175 页。
③ 詹姆斯:《宗教经验种种》,尚新建译,华夏出版社,2012 年,第 375 页。
④ 詹姆斯:《心理学原理(第一卷)》,田平译,中国城市出版社,2003 年,第 260 页。
⑤ 詹姆斯:《心理学原理(第一卷)》,田平译,中国城市出版社,2003 年,第 271 页。

实验主题放眼今日,仍然是重要的实验研究议题。另一方面,詹姆斯反对以冯特为代表的元素主义心理观,认为意识体验首先是连续的整体,因而不能通过简单的实验变量控制获得简单的心理元素,也反感于当时实验研究中粗糙的实验设计与操作过程。同时,詹姆斯有自己对心理现象本质的理解和心理观,并追求对精神生活的意义价值,这使得他本人并不热衷于实验,反而有时候大量使用内省的方法和现象学的方法。与实验的第三人称研究相比,在詹姆斯那里首要肯定的是第一人称的体验,詹姆斯在倡导实验研究的同时,仍认为:"尽管科学态度的这种非个人性鼓励一种大度,但是我相信,那是极其肤浅的。现在我用三言两语说明我的理由:只要我们涉及宇宙和普遍,涉及的只能是实在的符号,但是,只要我们涉及私人的或个人的现象,涉及的就是完全意义上的实在。"①詹姆斯把内省作为研究精神现象的另一种方法:"内省这个词几乎不需要界定——它当然是指向里面看我们自己的心智,并且报告我们在那里发现了什么。所有人都同意,我们在那里发现了意识状态。因此,就我所知,这类状态的存在从未被任何批评者怀疑过,无论他在其他方面曾经是多么的好怀疑。我们能进行某种沉思,这在其大部分其他事实有时都在哲学怀疑的空气中摇摇欲坠的世界中,是不动摇的(inconcussum)。……我将这个信念看作是所有心理学假定中最为基本的一个假定。"②詹姆斯也思考了关于内省的客观性问题,为了尽可能地排除内省产生的错误、扩大普遍有效性,詹姆斯认为:"内省是困难的和可错的;而这困难只不过是所有观察(无论是哪一种)都面临的困难。我们前面有某种东西;我们尽最大的努力去说出那是什么,但是尽管我们有好的意愿,我们还是可能会犯错误,并且给出一种更适用于某种其他类型事物的描述。唯一的防护措施,就在于我们对所讨论事物的进一步知识获得最终一致同意,后面的观点纠正前面的观点,直到最后我们达到了具有一致性的体系的和谐。这样一种逐渐建立起来的体系,是心理学家对他可以报告的任何特殊心理观察的可靠性所能给出的最好保证。在可能的情况下,我们自己必须

---

① 詹姆斯:《宗教经验种种》,尚新建译,华夏出版社,2012年,第363页。
② 詹姆斯:《心理学原理(第一卷)》,田平译,中国城市出版社,2003年,第260页。

努力去完成这样的体系。"①

20 世纪 20 年代,在心理学研究上随着行为主义的兴起与内省方法带来的研究混乱,人们开始一致否定内省方法转向"反应—刺激"模式的行为研究。人们认为内省不准确的本质原因来自事实上内省不是即刻的,而是一个需要时间差的对意识的反思、观察、推理过程,从而容易产生错误观察。"内省"一词由此长时间地从科学主义的心理学中隐身而去。而事实上人们只是不再使用"内省"这一词,并不代表再也不使用内省这种向内自我观察的方法:格式塔心理学、精神分析、现象学、存在主义等等大量学派实际上都必须使用内省的方法来开展研究。② 50 年代后期,随着认知心理学的兴起,意识研究被合法地带回了实验科学的研究视野中,意识本身的特殊感受性特质,决定了人们重新开始接受向内自我观察的方法,并反思如何提高和确保内省的客观性,使之能更好地引导实验科学。于是人们绕了一圈之后似乎又回到了詹姆斯的起点之处。

"比较"的方法,詹姆斯意指我们应该扩大意识研究的种类,对常规意识与儿童心理、动物心理、特殊意识状态等进行比较研究。

詹姆斯的多元性方法论为意识研究提供了开阔的视域,在詹姆斯身上实现了当代意识研究所期望的第三人称实验科学和第一人称内省方法的互惠研究的愿景。如若不同视角互惠研究的方法能够克服实验科学在意识研究上的缺陷,那么我们在詹姆斯的研究基础上需要继续思考的是,如何克服即刻的直接体验的不可言说性,或者说如何保证内省的精确性。

6.3.3　心理学与形而上学

詹姆斯多次强调,作为自然科学的心理学不涉及形而上学问题,但事实上,詹姆斯的《心理学原理》可以说是其形而上学思想的素材库。这种表面上的混乱其实并不矛盾,在詹姆斯那里,"形而上学"一词有两种含义:"心理

---

① 詹姆斯:《心理学原理(第一卷)》,田平译,中国城市出版社,2003 年,第 269 页。

② Encyclopædia Britannica, "introspection" 词条, http://www. britannica. com/EBchecked /topic /292131 /introspection ♯ ref213930。

学如果走得更远,她就会变为形而上学。所有把我们那现象地被给予的思维当作来自更深的基础实体(无论是后来被命名为'灵魂''超越的自我''观念'或者'意识的基础单位')的解释都是形而上学的…… 当然,这些观点是终极的。但人们仍需要继续思考;心理学上的假设,就如同物理学等其他自然学科上的那些假设前提一样,终有一天会被大翻修一回。把它们修整得明晰而彻底的努力就是形而上学。"①詹姆斯认为"形而上学"是指对终极问题的思考,但对产生意识的基础实体的哲学预设虽然属于形而上学的层面,却需要从心理学中排除出去。作为自然科学的心理学,虽然有自身作为自然科学的继承假设和对自身学科的基础性问题的悬搁,但不能预先设定诸如"灵魂""先验自我""观念"等先验的哲学概念。然而,回答真正作为终极问题的形而上学的素材,正来自当今这种自然化的认识论——对作为意识现象的认知过程的心理学或其他实证科学的研究。我们可以看到,詹姆斯在《心理学原理》中广泛地研究了意识与空间、时间,知觉与空间、时间之间的关系以及意识产生的问题,固然这些话题早就存在于古老的哲学讨论中,而如今我们却舍弃了哲学的空想,按蒯因的话说就是我们为什么不直接考查它们的心理建构过程——心理现象过程是知识的基础,从而是科学的基础,因而心理现象的研究本身就是一个酝酿回答形而上学的过程。随着意识研究的不断成熟和发展,我们必然会遭遇迎面而来的形而上学问题。正如对物质的极致研究会与它相遇一样,它也在心智的极致研究处等待我们。

6.4　詹姆斯与宗教体验的科学研究

"在神经学的领域,讨论宗教是一种禁忌吗?几乎在一个世纪前,对詹姆斯来说,这就不是禁忌。我们忘了,早在 1901—1902 年,他已经把这两个主题结合在一起了,以'宗教与神经学'为题作为他在爱丁堡大学的 20 个演

---

① 转引自:Skrupskelis, I. K. 1995. James's Conception of Psychology as a Natural Science, *History of the Human Sciences*, vol. 8, no. 1, pp. 73-89.

讲的第一个演讲。从那时起,神经科学的知识爆炸性地成长了。"①

6.4.1 宗教体验的科学

关于宗教体验的科学研究之所以可能以及为什么要进行宗教体验的科学研究,詹姆斯在"宗教与神经学"中阐述和辨明了三个基本观点。

第一个观点是,宗教体验也是心理现象,因此既可以对宗教体验进行广义现象学的分析,也可以对宗教体验的神经条件进行科学研究。"对于心理学家而言,人的宗教倾向至少同有关心智组成(mental constitution)的其他事实一样有趣。"②对宗教倾向研究的主题不是宗教制度,而是宗教体验,即"宗教的感受和宗教的冲动"③。既然宗教体验是一种心理现象,那么,它也有相应的神经条件——对这些神经条件的研究与对其他日常心理功能和心理体验的神经条件的研究并没有什么本质不同。从彻底经验主义哲学出发,在詹姆斯看来,宗教生活首要的核心和本质是个人的存在体验而非教团、制度:"宗教无论是什么,都是一个人对人生的整体反应,因此,为什么不能说,任何人生的整体反应都应是宗教呢?"④内在体验才是发生"超越"作用的真正场所,意义产生于体验之中:"一旦离开宗教的内在方面,它便成为一个没有生命的躯壳。不光是宗教仪式方面,甚至宗教教义、学说、伦理、社会等各个层面,都远没有个人的体验和行为重要。没有信徒的意念和体验,很难说有什么宗教,因此在詹姆斯看来,宗教的本质部分在于个人宗教。"⑤这种体验不能为理性所肢解,本质上也不能为概念和语言所产生和再现,但我们却可以理性地看待和研究宗教体验;这种理性的研究不排斥使用自然科学的研究手段,但它也不是科学主义和心理主义。除了实验上的实证,在詹姆斯眼中,宗教科学更追求一种以亲证体验为基础的不与科学精神相违背

---

① Austin, J. M. 1998. *Zen and Brain: Toward an Understanding of Meditation and Consciousness*. MIT Press. p. 3.

② 詹姆斯:《宗教经验种种》,尚新建译,华夏出版社,2012年,第3页。

③ 詹姆斯:《宗教经验种种》,尚新建译,华夏出版社,2012年,第3页。

④ 詹姆斯:《宗教经验种种》,尚新建译,华夏出版社,2012年,封底。

⑤ 尚新建:《美国世俗化的宗教与威廉·詹姆斯的彻底经验主义》,上海人民出版社,2002年,第77页。

的"实证"。

第二个观点是,"宗教科学不可以代替活的宗教"①。也就是说,对宗教体验的心理学、现象学和神经条件的研究并不会取消或贬损宗教的精神性(spirituality),关于宗教体验的神经学的实存(existential)判断不应该否决关于宗教体验的现象学的精神(spiritual)判断的价值。

> ……任何事物的研究统统分为两类。第一类研究是:事物的性质是什么? 它是怎么来的? 有怎样的构造、起源和历史? 第二类研究事物的重要性、意义或意蕴(significance)是什么,既然这个事物已经摆在面前。第一类问题的答案由实存判断或命题表示。第二类问题的答案则由价值命题表示,即德国人说的"Werturteil"(评价),如果我们愿意,亦可叫作精神判断。这两类判断,任何一种都不能直接从另一种演绎出来。它们两者是从不同的理智关注点(preoccupations)出发的,而心智只有首先分开理解它们而接着将它们加在一起才能[最终]把它们组合起来。②

关于宗教体验的研究,詹姆斯批评了他那个时代的"医学物质主义"(medical materialism)。在广泛的宗教体验的文献记述中,詹姆斯发现:宗教天才往往表现出神经不稳定症状,宗教领袖可能比其他方面的天才更多地遭受异常心理的"拜访",他们是高亢情绪的敏感者,他们过着不和谐的内心生活,他们一生曾有一部分沉浸在忧郁之中,他们不知节度,容易着迷和固执,并常常陷入恍惚状态,听见耳语,看见幻象,做出各种各样一般归为病态的行为。据此,医学物质主义者认为只要揭示出宗教体验的病态的神经条件,就可以贬斥和取消宗教体验的精神性。例如,医学物质主义者把圣保罗去大马士革路上看见的幻象说成脑后皮层不病灶放射的结果,断定他是癫痫患者,将圣特蕾莎(Saint Teresa)视为歇斯底里患者,将阿西西的圣方济

---

① 詹姆斯:《宗教经验种种》,尚新建译,华夏出版社,2012年,第360页。
② 詹姆斯:《宗教经验种种》,尚新建译,华夏出版社,2012年,第3页。

各视为遗传性退化病人,认为乔治·佛克斯(George Fox)之所以对当时的虚伪不满和渴求精神的真诚是大肠失调造成的,认为卡莱尔(Carlyle)抒发悲苦的高唱是由十二指肠溃疡和胃溃疡造成的。对此,詹姆斯认为这种以实存判断来归约或贬损精神判断的态度是荒谬的、武断的和不合逻辑的。他说,"除非有人预先创立某种心身理论,将一种精神的价值与确定的生理变化联系起来,否则,用机体的原因说明宗教心态,否认宗教心态具有高等的精神价值,将是完全不合逻辑的、武断的。不然的话,我们的思想和感受,甚至我们的科学理论还有我们的不信(DIS-beliefs),恐怕再不会有揭示真理的价值;因为它们毫无例外地产生于当事人的身体状态。不消说,医学唯物主义事实上不会得出这种彻底怀疑的结论。它像普通老百姓一样确信,有些心态本质上高于其他心态,能够揭示更多的真理。在这方面,它不过运用了通常的精神判断。它并没有掌握任何生理学说理论,说明它所崇尚的那些状态是如何发生的,何以要相信它们。因此,对于他不喜欢的心态,泛泛地将它们与神经和肝脏连在一起,将它们与指谓身体疾病的名目联系起来,这种贬损完全是不合理的,并且自相矛盾"①。

既然宗教体验本身是对宗教现象进行价值评断的最后根据,那么,为什么还要宗教体验的神经条件进行科学研究呢?对此,詹姆斯给出了两点答复——这也是为什么要进行宗教体验的科学研究的第三个观点。首先,他认为理智的无法抑制的好奇迫使人们要理解心身事件之间的关联。其次,通过与日常或正常状态的对比,我们可以从这些异常的宗教体验中更全面地理解人性。例如,詹姆斯说道:"考察一件事物的过度和倒错,以及它在其他地方的等价物、替代物以及最近的亲属,总可以使我们更好地理解它的意义。并不是,我们原来对其低等同类物的贬斥,现在统统可以泼向它,而是说,通过对比,我们可以确认它的好处究竟在哪儿,同时可以弄清楚,它会遇到何种堕落的危险。"②就方法论而言,研究精神异常状态的宗教体验的作用是进行心智解剖,这犹如解剖刀和显微镜之于身体解剖的作用一样。"要恰

---

①　詹姆斯:《宗教经验种种》,尚新建译,华夏出版社,2012年,第9页。

②　詹姆斯:《宗教经验种种》,尚新建译,华夏出版社,2012年,第13页。

当地理解一件事情,那么我们有必要从它的环境外和环境内两方面来看它,并熟悉整个变异的范围。因此,对于心理学家,幻觉研究是领悟正常感觉的门径,错觉研究是正确了解知觉的钥匙。病态的冲动和强迫的概念,即所谓'固执的想法',曾有助于揭示正常意志的心理学,而强迫意念和妄想同样有助于揭示正常信仰能力的心理学。"[①]

6.4.2 宗教意识体验

"个人的宗教体验,其根源和中心,在于神秘的意识状态。"[②]詹姆斯认为,神秘体验值得研究,尽管神秘体验作为可体验的实在,它可能出错,但却是实在的——相比于传统哲学中的先验假设与思辨,它们更为"真实"。人类存在多元的体验层次与意识状态。神秘状态的存在表明,理性或许只是心智的一种类型:"理性在我们的其他许多体验上起作用,甚至对我们的心理体验发生作用,但绝不会在这些特殊的宗教体验现实的发生之前,将它们推导出来。……宗教体验一旦现实地产生并给予,在接受者眼里,宇宙万物的范围将大大扩展。宗教体验暗示,我们的自然体验,我们严格的道德体验和慎行的体验,恐怕都不过是真正的人类体验的一个片段。宗教体验模糊了自然的轮廓,开拓了最为奇怪的可能性和视野。"[③]神秘体验作为特殊的意识状态,是日常意识状态的扩展,是意识场的扩展,有望为意识研究提供特殊的资源。

詹姆斯在其著作《宗教经验种种》中收集、整理了大量关于神秘主义体验的第一人称心理报告,并对其进行了系统的梳理、归纳、分析研究。从其多元主义世界观出发,涉猎各个不同宗教,并举各类特殊体验,包括病理的、药物致幻的、情感型的、一般的神秘体验和高级的神秘体验等等;以基督教为主,也兼举佛教、印度教、苏菲教等等。不可言说性(ineffability)、可知性(noetic quality)、暂时性(transiency)和被动性(passivity)被詹姆斯总结为

---

① 詹姆斯:《宗教经验种种》,尚新建译,华夏出版社,2012 年,第 23 页。
② 詹姆斯:《宗教经验种种》,尚新建译,华夏出版社,2012 年,第 271 页。
③ 詹姆斯:《多元的宇宙》,吴棠译,商务出版社,1999 年,第 306 页。

神秘主义体验的四种特征。① 前两项特征较为普遍,后两项特征有待商榷。也存在永久性的神秘体验,即意识的常规"认知结构"发生了永久性的转换,特殊体验成为一种常态。当特殊体验成为常态时,被动性的特点也不是一成不变的。而不可言说性表明一方面语言不能重构体验——这当然会给第一人称体验报告的客观性造成致命的冲击,另一方面表明语言的逻辑、抽象框架并不能完全收纳体验,人们需要结合具体语境与经验实质来真正理解语言背后的所指。

作为詹姆斯宗教体验研究路线的延伸,罗伯特·福尔曼(Robert Forman)在《关于意识神秘主义给我们的教益是什么?》(*What Does Mysticism Have To Teach Us About Consciousness?*)一文中提取了这些不同系统的宗教神秘体验的一些共同特点,分为如下三类:(1)没有意向内容却有觉知的"纯粹意识事件"(pure consciousness events,PCE):"人可能变得内在完全寂静,好像处在念头与念头之间的空隙中,在此人变得彻底放空了知觉和念头。他既不思考也不知觉任何心理的或者感官的内容。但是,尽管有这种内容的悬置,从这种事件中出来的人却都相信他们保持着清醒的内在,完全是有意识的。……纯粹意识事件可以被定义为一种清醒的但无内容的(contentless)(非意向性的)意识。"②这类纯粹意识事件在多种宗教传统中都有记载:印度教文本把它称为意识的第四状态(Turiya);在佛教中这种纯粹意识事件有好几个名字,如灭尽定、灭受想定等等,都指称这类不同程度上的心理内容成分不断减少的状态。纯粹意识的描述报告似乎暗示了觉知本身可以作为一个独立成分存在。若是如此,纯粹意识现象有可能通过过滤心理的其他成分而帮助我们洞察觉知本身,并窥探意识的更深层次。(2)如海洋感般静谧的"二元的神秘状态"(dualistic mystical state,DMS),与外在保持正常的认知交往活动的同时,保持内心的寂静不动状态:"内部静止的体验,甚至可发生在忙于思考和行动的同时——一个人保持着觉知到

---

① 詹姆斯:《宗教经验种种》,尚新建译,华夏出版社,2012年,第272页。

② Forman, Robert K. C. 1998. What Does Mysticism Have To Teach Us About Consciousness? *Journal of Consciousness Studies*, vol. 5, no. 2, 1998, pp. 185-201.

自己的觉知的觉知,但同时持续意识到念头、感觉和行动。由于它在现象学上的二元论——意识本身的一个更高的认知,加上对念头和对象的一个意识——我称它为二元的神秘状态。"①埃克哈特在《论泰然》中将这种体验比喻为一扇门和它的门栓,在门打开、关上的同时,门栓则静止不动。这种现象带给人们的惊喜是,记录直接体验似乎是可能的,这种二元的意识状态似乎能克服内省需要时间差的困难。同时也暗示了,觉知存在不同的水平层次。(3)感觉到物我融合的"合一的神秘状态"(unitive mystical state, UMS):"一个人自己的觉知本身和他周围的对象的一种知觉上的合一(perceived unity),一种在自我、对象和其他人之间的类—物理上(quasi-physical)合一的直接感觉(an immediate sense)。"②人的意识似乎能够穿透到所有的物体中去。"意识就像一个场域。这些合一的体验再次肯定了这种含义并且表明这样一种场域可能不仅超越了我们自身的身体限制,而且某种程度上相互渗透或连接了自我和外在对象。"③这样一来,这些合一的体验都指向某种像原始万物有灵论的东西。莱布尼茨的泛灵论、格里芬的泛体验论认为体验或者某种意识是"一种贯穿宇宙的组成要素,渗透到存在的所有层次"④。

6.5 结 语

当代杰出的认知神经科学家达马西奥说,"人类状况这出戏剧是从意识中产生的"⑤。他将意识比喻为生命和世界之光:"从其低微的起源到它目前

---

① Forman, Robert K. C. 1998. What Does Mysticism Have To Teach Us About Consciousness? *Journal of Consciousness Studies*, vol. 5, no. 2, 1998, pp. 185-201.

② Forman, Robert K. C. 1998. What Does Mysticism Have To Teach Us About Consciousness? *Journal of Consciousness Studies*, vol. 5, no. 2, 1998, pp. 185-201.

③ Forman, Robert K. C. 1998. What Does Mysticism Have To Teach Us About Consciousness? Journal of Consciousness Studies, vol. 5, no. 2, 1998, pp. 185-201.

④ Forman, Robert K. C. 1998. What Does Mysticism Have To Teach Us About Consciousness *Journal of Consciousness Studies*, vol. 5, no. 2, 1998, pp. 185-201.

⑤ Damasio, A. R. 1999. *The Feeling of What Happens*. William Heinemann. p. 316.

的水平,意识是对存在的揭示——我必须补充说,是部分的揭示。在它发展的某一点,在记忆、推理以及后来语言的帮助下,意识成为改变存在的一种手段。……创造性本身——生成新观念和人工物的能力——要求的比意识所能提供的更多。它要求大量的事实和技能记忆、大量的工作记忆、良好的推理能力、语言。但意识在整个创造过程中一直存在,不仅因为它的光亮是不可缺少的,而且因为其揭示存在的本性以某种方式或强烈或不太强烈地指导着这个过程。"①

意识是对存在的揭示,它也走在揭示自己的无尽道路中,尽管其中夹杂着形而上学、现象学和科学的各种混乱学说。在近代西方哲学中,确证意识体验的不可怀疑性和在认识论上的首要性是笛卡尔的伟大功绩;康德的超越论哲学(transcendental philosophy)的先验探索是心智和意识的哲学研究的集大成者;詹姆斯是意识的形而上学、现象学研究向更完整的意识的科学研究过渡的一个划时代人物。人们常赞誉"詹姆斯既是最后一个哲学心理学家,又是第一个科学心理学家"。他难以归类,因为他遵循的不是学科的轨迹,而是完整人性的经纬交织的复杂纹理。詹姆斯的伟大风格在于他对人性的复杂性、多样性和完整性的深切尊重——他始终将人视为一个复杂的、整体的、统一的和科学实证的②现象;他给予体验以最高的尊崇和荣誉,因为正是在体验(无论是纯粹体验还是理性或概念体验)中呈现出个体及其世界的所有内涵和意义。意识体验在认识论上的首要性与意识体验的生物起源和基础在詹姆斯那里从来没有处于对立的割裂状态。将人放在各种对立的概念中来理解,这天生就不是詹姆斯的学术气质;当他暂时将人"肢解"在不同的学科名目下研究时,他从没有忘记要在更深的意义上呈现人的完整性。他既不是物质主义者也不是观念论者;他既不是经验论者也不是唯理论者;他既不是单纯的实验心理学家也不是单纯的人本主义心理学家。由于詹姆斯采用实验科学的方法研究心理现象,故而常被人们理解为是一

---

① Damasio, A. 1999. *The Feeling of What Happens*. William Heinemann. pp. 315-316.
② 在威廉·詹姆斯心中,实证并不狭隘地局限于实验科学的第三人称的实证,它还包括广义现象学的体验的第一人称的实证。

个盎格鲁—撒克逊世界的自然科学家;由于詹姆斯关注宗教、意义价值、特殊意识状态、内省,又常常被冯特等科学主义心理学家所抨击。詹姆斯在保持富有情绪热度的日常体验或宗教体验①的同时,也保持着理性的持久的清明,在秉持经验实证科学的态度的同时,也充盈着形而上学的创造性想象。詹姆斯积极推进心理学的实验方法,自己却不爱做实验:"心理学实验的思想和黄铜仪器一起,以及代数公式心理学让我感到恐怖,我未来的所有活动将可能是形而上学的。"②詹姆斯一生的活动,本身就是一个启示:意识等心智现象是首要的——或者简言之,人处在其体验世界的中心——生存体验是一切意义与真知之所从出。看看詹姆斯《宗教经验种种》的副标题——"人性研究",就不难理解詹姆斯的学说为何会如此庞杂:哲学、心理学、生理学和宗教学等多元研究主题和方法在詹姆斯身上形成一个以纯粹体验为起点的自发的统一整体。

---

① 我们不难在詹姆斯的记述中找到发生在他身上的那种类似宗教体验般的转变。"……开始认真地研究这种治疗方法及其哲学。渐渐地,我的内心获得了实实在在的平和与安宁,以至于我的行为举止都大大改变了。我的孩子和朋友注意到这种变化,议论纷纷。所有烦躁的感觉一扫而空。甚至脸部表情也发生了明显的变化。我在公共和私人的讨论中,过去始终固执己见、好胜心强、尖酸刻薄。现在则变得宽容大度,虚心听取他人的观点。我过去神经敏感、烦躁易怒,每周都有两三次因头痛回家,当时我以为,那是消化不良和鼻炎引起的。现在,则变得沉静、温和,身体的病症完全消失。过去每一次业务会谈,我都习惯性地产生病态的恐惧,现在则充满自信,内心安宁。"(詹姆斯:《宗教经验种种》,尚新建译,华夏出版社,2012年,第88页。)

② 转引自:方双虎:《威廉·詹姆斯与实验心理学》,《南京师大学报(社会科学版)》2010年第5期。

第三部分

意识的当代理论

7　意识的反身一元论[①]

7.1　引　言

　　当前,意识的科学研究面临诸多挑战,既有哲学的也有科学的。其中一些根本问题,像如何定义意识,意识对行动是否具有因果效力,意识的功能是什么,如何理解自我,自由意志是错觉吗,意识的神经相关物和机制,第一人称方法的价值等问题,仍然处于广泛的争论中。

　　在脑科学、生物科学、认知神经科学、人工智能大发展的时代,对意识强烈而持续的关注,将意识研究推到了"第二个黄金时期"[②]。某种意义上,当前意识研究可谓百家争鸣,这尤其表现在意识理论的建构中[③]。其中,英国心理学家威尔曼斯[④]就是意识理论的"诸子百家"之一。他提出的"反身一元

---

　　① 本章内容最初发表在《新疆师范大学学报(哲学社会科学版)》2018 年第 4 期,第118-131 页。有改动。

　　② Wilken, P. *ASSC*-10 *Welcoming address*, in 10th Annual Meeting of the Association for the Scientific Study of Consciousness, 23-36 June 2006, Oxford, U. K..

　　③ 当代具有影响力的 30 种意识理论,参见:Cavanna, A. E. and Nani, A. 2014. *Consciousness: Theories in Neuroscience and Philosophy of Mind*. Springer..

　　④ 威尔曼斯是伦敦大学金史密斯学院(Goldsmiths, University of London)荣休教授,英国心理学学会意识与体验心理学分会的联合创始人,2003—2006 年任该组织的主席;2011年入选英国社会科学院研究员。威尔曼斯涉猎意识研究所有根本问题,尤其是其中的哲学问题。2007 年,他与施耐德主编《布莱克维尔意识手册》(Velmans, M. and Schneider, S. 2007. *The Blackwell Companion to Consciousness*. Blackwell Publishing Ltd.)。他因提出意识的"反身一元论"理论而闻名于学界。

论"试图对当代意识科学研究的那些根本问题给出一揽子的综合解答。在一次访谈中①,威尔曼斯提到,他对意识的反身模型的思考始于 1975 年,当时意识研究还不属于"合法"的科学领域。经过多年思考,在 1990 年左右,他提出了"反身一元论"理论雏形。2000 年,在深耕于心理学和哲学领域多年的基础上,他出版了《理解意识》第一版,这本书出版后,引发了众多学者对其思想的关注。经过不断修正和完善,2009 年他出版了集其研究之大成的《理解意识》第二版②。最近几年,威尔曼斯在反身一元论的理论框架下继续深化他的研究。

每个意识理论家对意识问题都有自己独特的理解。反身一元论的理论内涵是什么,它的独特性侧重在哪些方面呢?

7.2 意识研究的基本问题

威尔曼斯在《理解意识》一书中,将意识研究面临的挑战总结为 5 个问题:

问题 1.意识是什么,它位于何处?

问题 2.如何理解意识与物质之间的因果关系,尤其是意识与脑之间的因果关系?

问题 3.意识有什么功能? 例如:它与人的信息加工的关系是怎样的?

问题 4.与意识相关联的物质形式是什么——尤其是脑中意识的神经基质是什么?

问题 5.检测意识——发现其本性——的最恰当方式是什么?

①　Velmans, M. Understanding Consciousness: An Interview for Interalia Magazine Special Issue on "With Consciousness in Mind (part2)", May, 2015. http://www. interaliamag. org/interviews/max-velmans/

②　Velmans, M. 2009. *Understanding Consciousness* 2nd edition. Routledge. 该书的中文版已于 2013 年由浙江大学出版社出版。

哪些特征能够以第一人称方法进行检测,哪些需要用第二人称方法,以及第一人称与第三人称方法的发现如何彼此相关?[①]

关于上述问题,威尔曼斯认为,有的属于哲学问题,有的属于科学问题,有的则是二者的结合。对于意识的哲学问题,我们需要重新检验某些前理论假设才可解决。换言之,对于这类问题,我们需要重新检视这些理论所基于的根本观念之间的逻辑融贯性,以及这些观念能否完整地解释和说明实践事实,从而通过调整或革新概念框架而取得突破[②]。对于意识的科学问题,我们则要通过经验实证的进展来解决,它有赖于新的实验技术、实验范式和模型。而对于既涉及概念又涉及实证的问题,则需结合哲学和科学才可能取得进展。[③] 所以,意识问题并不像我们想象的那样仅仅是一个"难问题",好像只要解决了这个难问题,与意识相关的一切问题就会自动迎刃而解。对于威尔曼斯而言,问题 4 主要是需要经验实证进展来解决的问题,而其他几个问题则要复杂一些,需要上述科学与哲学的紧密合作才可能得以解决。

关于意识研究涉及的基本问题域,我们大致划分为四个维度或层次:(1)在**现象学**上辨别意识的外延和澄清意识的内涵;(2)在**形而上学**上说明心与身—脑的恰当关系;(3)在**科学**上说明意识现象背后的物理机制,包含共时的和历时的(即演化的);(4)在**方法论**上发展出体验、观察和检测意识的有效方法。这些维度既有相对的独立性,又紧密交织。下面我们分别从这四个维度来论述威尔曼斯的意识理论的相关内容和核心见解。

7.3 理解意识

虽然意识研究复兴已经持续了近 30 年,但我们对于意识自身的理解还

---

① 马克斯·威尔曼斯:《理解意识(第二版)》,王姝、徐怡译,李恒威校,浙江大学出版社,2013 年,第 4 页。

② Whitehead, A. N. 1978. *Process and Reality*. Free Press.

③ Velmans, M. 2009. *Understanding consciousness* 2nd edition. Routledge. pp. 5-6.

远远没有达到期望的清晰和透彻。威尔曼斯认为，对于理解意识而言，内格尔著名的"成为 X 像是什么"（what it is like to be X）①是一个得到公认的措辞。这表明，对意识的理解必须首先从意识体验本身开始，即从第一人称视角或现象学出发。就意识的现象学而言，意识就是那个使我们每时每刻感知世界和感受自我状况的"东西"，我们的意识生活是我们游弋于其中的海洋，而不是我们与之相对的客体（对象）。所以试图以传统的定义"客体"方式来界定意识必然面临一个完全不同的困难。对此，安东尼（Antony）同样认为，通常对意识的定义不过是把意识现象的问题通过威拉德·冯·奥曼·蒯因（Willard Van Orman Quine）的"语义上行"（semantic ascent）方式转换为意识概念的问题，这种做法对解决意识问题于事无补②。所谓"语义上行"，其要点是"……把关于事质差异的讨论转变为关于语词差异的讨论。根据蒯因的看法，这一策略有助于我们避免很多无谓的争论……"③。通常对于含义复杂、模糊的概念，会采取语义上行的方式，将对现象本身的研究转化为对相关概念的分析和澄清。意识的语义上行研究，就是通过对意识这个术语进行概念层面的分析来试图代替对意识这个概念所例示现象的研究。然而，安东尼认为在意识科学中我们对于"意识"这一术语的使用，根本不像通常所认为的那样模糊和不确定。相反，尽管对意识概念还没有给出清晰的定义，但在不同文献中它指称的是一个状态和功能明确的现象，这种明确性就来自对常识的理解，否则我们根本无法对意识问题展开讨论。所以，试图通过语义上行的方式对"意识"术语进行概念分析和辨识，既非必要，也对理解意识现象帮助不大，反而会因概念的繁杂多样造成混乱和理解困难。就此而言，威尔曼斯的建议是恰当的，即应该从"意识或体验的现象学"这个简明的事实出发来探究意识是什么，特别是从对比和关系的研究中来例示和理解意识。

---

① Nagel, T. 1974. What is it like to be a bat? *The Philosophical Review*, vol. 83, no. 4. pp. 435-450.

② Antony, M. V. 2001. Is "consciousness" ambiguous? *Journal of Consciousness Studies*, vol. 8, no. 2. pp. 19-44.

③ 陈嘉映：《语言哲学》，北京大学出版社，2003 年，第 35-36 页。

7.3.1 在对比和关系中理解意识

"意识是一个生物现象,但它又不是一般的生物现象,它们之间既存在差别,同时也存在深刻的连续性。这一特性决定了,我们需要将意识置于二者既差别又连续的背景中来理解。"①理解意识的一个最有效方式就是对比法,这个对比涉及两个方面。

首先,是通过有意识状态与无意识状态之间差别的呈现来理解意识。本质上,威尔曼斯就是以此为起点的。在日常生活中,我们每天都会经历有意识与无意识这两种截然不同的状态的对比:清醒时的意识状态与睡眠时的无梦状态。我们也会因为创伤或疾病而经历这种对比:正常清醒时的意识状态与昏迷时的无意识状态。我们也会因为特定的实验方式发现这种对比:盲视病人对某个特定受损视野区没有意识体验与正常视野区拥有意识体验的对比。

我们此时此地体验到的事物就是意识内容。相对于没有意识到某事物,我们具有意识到某事物的特定体会(无论处于清醒还是做梦),例如,你看到的是满眼春色,你感受到的是春风拂面,或者你处于心如止水的冥想中。尽管在内涵上还未取得一致认可的意识定义,但在外延上我们通常可以清晰地判别一个心智状态是否是有意识的。因此,威尔曼斯认为,对理解意识而言,"如果可能的话,以实例证示(ostensive)的方式开始定义是有益的——即'指出'或'挑出'这个术语所涉及的现象,以及它含蓄地排除的现象。……在日常生活中,有两种对比的情形有助于我们理解'意识'这个术语。与处于无意识状态(当无梦睡眠时)相比,我们具有处于有意识或有体验状态时(当清醒时)像什么样子的知识"②。

其次,是通过对比意识与其他心智功能的关系来理解意识。例如,对比意识与心智、清醒、注意、记忆、语言、知识等的关系。(1)意识与心智:我们

---

① 李恒威:《觉知及其反身性结构——论意识的现象本性》,《中国社会科学》2011年第4期。

② Velmans, M. 2009. *Understanding Consciousness* 2nd edition. Routledge. p. 291.

通常会认为"意识"等同于"心智",但事实上心智是认知科学或心智科学研究的最一般范畴,它既涵盖有意识的状态和功能,也涵盖无意识的状态和功能。[①] (2)意识与清醒:日常中,我们总认为只有当一个人在清醒的状态下才会有意识。但处于睡眠状态下的人,如果在做梦,那么他同样拥有意识体验。此外,对植物状态患者的研究表明,他们具有正常的清醒—睡眠周期,但却缺乏有意识状态的任何指标。因此,清醒既不是有意识的充分条件也不是它的必要条件。(3)意识与注意:通常认为,注意只在有意识的状态下才会发生。可是盲视病人可以将他们的注意力集中于一个输入刺激上,识别刺激的某一特性并且进行适当的反应,但是他们却对注意力集中于其上的刺激没有意识体验。另外,控制如何分配注意力资源的过程本身是前意识的。[②] 因此,意识与注意是两个具有明确区分的功能状态。(4)意识与记忆:记忆总是有意识的过程吗? 意识到一个事件,就总能在之后回忆起它吗? 对内隐记忆的研究证明了意识并非记忆的必要条件。我们在某一刻清晰意识到的事物,我们也可能很快遗忘而无法回忆起来。(5)意识与语言:意识与语言能力密切相关,以至于"言语报告能力"被视为有意识的一个关键指标。但一个会得到广泛认可的事实是,一些动物有意识,但它们缺少人类意义上的语言能力。此外也有这样的情况:"一个人在她梦游期间也可以行走和讲话,但她是否体验到了任何东西是十分让人怀疑的。……然而,可报告性也可能有问题。既然不论是否我们被唤醒来进行言语报告,我们都在梦中明显地体验到事物,那么我们就应该接受在某些情况下意识即便没能被报告也存在的可能性。"[③](6)意识与知识:通常我们认为一个人要有关于某事物的知识,那么他必须处于意识状态。然而已有的研究表明,许多知

---

① 里贝特持相同的主张:"心智虽然包含着有意识体验,但那些契合于对'心智'的这样一种理解的无意识功能也不应当被排除在心智之外。这样一来,'心智'或许可以被合理地看作是脑的总体(overall)属性,这其中既包括有意识的主观体验,也包括无意识的心智功能。"(Libet, B. 2004. *Mind Time: The Temporal Factors in Consciousness*. Harvard University Press. p. 99.)

② Velmans, M. 2009. *Understanding consciousness* 2nd edition. Routledge. pp. 8-9.

③ Tononi, G. and Koch, C. 2015. Consciousness: here, there and everywhere? *Philosophical Transactions of the Royal Society B-Biological Sciences*, vol. 370, Article ID: 20140167.

识是内隐的,即无意识的。

7.3.2 意识的功能

上述的简要分析表明,心智的许多功能——知觉、思维、理解、记忆、注意、言语——完全可以在无意识的状态下进行。这就提出了一个问题:既然生物在无意识状态下也有良好的适应性行为,那么意识在生物的适应性演化中究竟起什么作用呢? 换言之,意识的功能是什么?

威尔曼斯显然也在问这个问题:"意识究竟为世界增加了什么? 意识产生了什么差别呢?"[①]为回答这个问题,威尔曼斯让人们想象:将意识从世界中拿走,而让其他一切保持完整,会是一种什么处境?

假设我们拿走它[意识]而让其他一切保持完整。想象另一个与我们居住的一模一样的宇宙,只有一个发生了根本改变。……从外部观察者视角看,他们似乎是像我们人类一样。甚至他们的脑似乎都与我们的运行方式一样。……然而,他们的"神经相关物"并不伴随意识体验。在他们的宇宙中,心智是完全物理的,而非心理—物理的。[②]

那么,这个想象的宇宙缺失了什么呢?"如果我们这样做,那么光就熄灭了。"[③]"光",在我们看来的确是一个用来理解意识本性和功能的很好的隐喻。换言之,意识的功能就是赋予能执行表征和做出适应性行为反应的无意识主体以一种主体感和自我感,否则:尽管无意识的生物也生活在世界中并与之交互作用,但它们却不会有对自己生活于其中的这个世界的体验;尽管无意识的生物保持着完美的、功能性的"盲视"(blindsight),但它们却不会有看到形状或颜色的视觉体验;尽管无意识的生物保留了识别听觉模式的能力,但它们却不会有听到鸟鸣或钟声的听觉体验;尽管无意识的生物保留了生存技能,但它们却不会有任何身体感受,例如疼痛;并且,尽管无意识的生物有其"自我模式",使之与他者区别开,但它们却不会有对自己的觉知。[④]

---

① Velmans, M. 2009. *Understanding consciousness* 2nd edition. Routledge. p. 321.
② Velmans, M. 2009. *Understanding consciousness* 2nd edition. Routledge. p. 321.
③ Velmans, M. 2009. *Understanding consciousness* 2nd edition. Routledge. p. 322.
④ Velmans, M. 2009. *Understanding consciousness* 2nd edition. Routledge. p. 322.

赋予一个曾经无意识的主体以主体感或自我感——这就是意识在世界中增加的东西,这就是意识引入的差别,这也是意识最本质的功能。有了这功能,生物就获得了真正的主动性,它就能在与其他心智功能的合作中彼此加强,从而做出非本能的选择和规划,来处理非常规的环境压力,而这些是无意识的、快速的、模式化的僵尸系统无法胜任的。对此,科赫指出:"意识负责处理的是外部世界中那些范围更广、更加不寻常、更难于处理的事物,以及其在想象中的反思。意识对于规划和在许多可能的行动序列中做出选择是必需的。否则,为处理现实世界中所有可能遇到的事件,就需要有大量的僵尸体。"①

7.3.3 意识的定义

关于意识是什么,威尔曼斯没有给出一个确切的定义,不过我们仍然可以从他以对比法得出的关于意识本质的理解中概括出他的基本观点。

第一,意识是主观的,对意识的理解离不开主体的第一人称现象学。在威尔曼斯那里,这些概念或措辞——"成为 X 像是什么"、感受质、感受、现象意识——所传递的内涵完全是一样的,它们都是从第一人称视角传递出的对意识是什么的领会(grasp,apprehend)。因此,如果一个人在对比中领会这些概念的内涵,那么这些概念都可以看作是对意识的定义。

第二,威尔曼斯也采用"觉知"这个被普遍使用的术语来理解意识。在他看来,"意识"与"觉知"是同义词:"在日常用法中,'意识'通常与'觉知'或'有意识的觉知'同义。"②事实上,这种同义的表达不能算作定义,但同样,如果一个人通过对比领会"觉知"所指称的,那么当我们说"意识是有机体对自我和周围环境的一种觉知"时,我们就能把这个表达看作是意识的定义。事实上,就意识是一个自明的第一人称现象而言,它无法定义而只能领会。无怪乎英国心理学家萨瑟兰(S. Sutherland)说:"这个术语是不可能定义的,除

---

① 科赫:《意识探秘:意识的神经生物学研究》,顾凡及、侯晓迪译,上海科学技术出版社,2012 年,第 427 页。

② Velmans, M. 2009. *Understanding Consciousness* 2nd edition. Routledge. p. 8.

非依赖那些如果不领会意识意味着什么就无法理解的术语。"①我们一直赞同来自东方心学(特别是佛学传统)对意识本质的理解:意识的本性是纯粹意识或纯粹觉知,意识与意识到的内容——心智表征——是可以分离的。就这个东方的见解而言,意识与心智的表征功能是区分开的。就此,里贝特说得很明确:"我们应当在'意识体验'与只是处于清醒和有反应的状态(换言之,处在一个'有意识的'状态)之间做出区分。"②

威尔曼斯也敏锐地意识到这一点:

> 意识的表征功能十分接近于意识在我们生命中增加的东西,但是在我看来,它并没有接近问题的核心……没有任何关于第一人称(或第三人称)表征的东西要求它们是有意识的。从一个给定的观察者的角度来看,人们可以具有关于自身或他人的完全非意识的表征。然而,有意识的体验以一种独特的方式表征了正在发生的事情。拥有被描述给我们的某物(having something described to us)与我们亲自体验到它(experiencing it for ourselves)之间存在一个巨大差别。而对给定情境或状态的实际体验与仅具有关于它的无意识信息(例如,储存在长时记忆中)之间甚至存在一个更大差别。只有当我们亲自体验过某物时,我们才认识到它像什么。只有当我们亲自体验过某事时,它才是主观上真实的。在这方面,意识是主观实在的创造者。③

事实上,威尔曼斯还看到了这种区别在脑活动中的表现:

> 需要指出的是,人脑中(任何种类的)意识存在都可以有效地

---

① Humphrey, N. 2006. *Seeing Red: A Study in Consciousness*. Harvard University Press. p. 2.

② Libet, B. 2004. *Mind Time: The Temporal Factors in Consciousness*. Harvard University Press. p. 13.

③ Velmans, M. 2009. *Understanding Consciousness* 2nd edition. Routledge. p. 347.

从支持特定形式人类体验所需要的条件中区分出来。例如,脑干中控制睡眠—清醒循环的活动、致使昏迷或其他全局意识障碍的破坏以及麻醉效果都能够有效地与中脑系统中负责动机和情绪(它们赋予体验以情感调子)的额外活动相区分。反过来,这些中脑中的活动效果有别于新皮层系统的活动,后者主要是负责各种感官体验以及相关的高级认知功能,诸如伴随思考、记忆等的内部言语。①

对此,帕特里夏·丘奇兰德(Patricia Churchland)也敏锐地看到意识与意识内容的可分离性在脑结构上的反映:

一开始就要记住做出如下的区分是有益的:支持产生意识的结构,也就是对任何东西产生意识都需要的结构与对这个或那个具体事物产生意识所需要的结构,也就是所谓意识的内容。例如,要是你陷入昏迷,典型的情况就是你不会觉知到——看到或听到或闻到——任何东西。当你醒过来,你会看到狗,听到狗吠,闻到狗的气味,这些就是所谓意识的内容:对特定事物的觉知。②

事实上,在当代意识科学中,这个见解并没获得广泛认可。一个根本的原因在于,在日常状态中,意识与意识的内容几乎从未分离过。除了在东方心学文献中有广泛记录的甚深禅定状态,人们在日常状态中几乎未体验过无心智内容(无间断的思想或感受流)的纯粹意识,这使得我们往往以“成为X像是什么”、感受质、感受、现象意识等概念来领会意识。因此,如果纯粹意识是存在的,那么感受质所传递的事实上是一个完整的意识体验中三个成分的“化合”。通常一个完整的意识体验的是:我—意识到—X。它的三个成分是“我”、“意识”和“X”。③ 意识研究的一个重要任务就是要将这三个成

---

① Velmans, M. 2009. *Understanding Consciousness* 2nd edition. Routledge. p. 266.

② 帕特里夏·丘奇兰德:《触碰神经:我即我脑》,李恒熙译,机械工业出版社,2015年,第190页。

③ 李恒威、董达:《演化中的意识机制——达马西奥的意识观》,《哲学研究》2015年第12期。

分区分开来,就如同在"意识体验"的化合物中将"意识"这个元素还原出来。

如果我们最终能将纯粹意识看作是对意识本质的理解和定义,那么可以说威尔曼斯接近了这个定义,但他仍然没有完全清晰地陈述出这个观点。

7.4   意识与脑和世界的关系

在关于意识与脑和世界之关系的讨论中,威尔曼斯集中批判了二元论和物理主义,他认为这两个哲学立场都无法完全解释意识现象学和意识生理学提出的那些事实。为此,他提出了"反身一元论",认为这是一个既能够解释意识现象学又能满足意识生理学的融贯的主张。

7.4.1   物质主义和实体二元论

自近代以来,我们对意识的理解是从一个假定和一个直觉开始,其中假定是近代牛顿力学所基于并强化的物质主义,而直觉则是心/物二元。

物质主义既源于前现代的朴素认识(因为相比具有思想和感受的人自己,人们感官所及的物体似乎并没有内在性,它们仅仅是人类认识的客体而本身从不具有存在论的主体性),又因为近代力学研究关注的只是从外部可感知和观察到的物体之间的力的关系,结果物理学所研究的那些物体被认为只是主体认识视野中纯粹的客体,它们"本身是无感觉的、无价值的和无目的的。它仅仅根据外部关系所施加的固定的惯例做它所做的一切"①,这种看法最终就强化了这样一种世界观,即物质主义——世界的本源是无主体性、无内在性、无感觉、无价值的和无目的的物质微粒。物质主义构成了近代人类理解世界的基石。

一方面,世界在物质主义看来是无心的;另一方面,人们认为自己是有心的,否则他如何认识物质主义所假定的世界呢! 笛卡尔的"我思故我在"确定了人的不可置疑的有意识的主体性;此外,笛卡尔认为,心的现象学与物的现象学完全不同,例如物质是广延性的,而心则是非广延性的。为了在

---

① White, A. N. 1948. *Science and the Modern World*. The Macmillan Company. p. 18.

物质主义的世界观中理解人身上心/物二元共存的强烈直觉,笛卡尔提出了实体二元论的主张:心与物是两种根本不同的实体,心智的属性是"思维",而物质的属性是"广延",二者互不依赖而彼此独立存在。

面对人(或者一般生命)这种心物统一的存在事实,物质主义和二元论的困境都是显然的。物质主义若要贯彻它的立场,那么一个必然的结论是主体性、意识体验不过是一种错觉;而二元论若要贯彻它的主张,那么心与物之间就不可能发生或存在任何实质的统一的关系。

根据笛卡尔的实体二元论,威尔曼斯列出了人们通常会认可的理解心/物以及心物关系的 10 个命题:

1. 灵魂不同于肉体;当肉体死去,灵魂依旧存在。

2. 意识是灵魂的一种属性;物质没有意识,无论它怎么组合。

3. 人类拥有意识;非人类的动物没有意识。

4. 如所知觉的物理对象(physical objects as-perceived)完全不同于我们对那些对象的知觉印象。

5. 意识的内容是观察者依赖的,因为它们仅存在于观察者的心智中;相反,我们所看到的周围的物理对象是不依赖于观察者的,它们独立于观察者的心智而存在。

6. 意识的内容是主观的;知觉到的物理对象是客观的。

7. 意识的内容是私人的;知觉到的物理对象是公共的。

8. 意识的内容似乎不位于任何地方,或者即使要说,也只能宽泛地说它们存在于"心智中"或"脑中";相反的,我们所知觉的物理对象却清晰地存在于我们身体周围的三维空间中。

9. 意识的内容似乎不具有空间广延,例如,它们不具有长度、广度和宽度等维度;相反,我们所知觉的物理对象确实具有空间广延。

10. 意识的内容似乎是非实体的(insubstantial),它们不具有诸如硬度、固态和重量等属性;相反,知觉到的例如桌椅等物理对象确实具有这些属性。[①]

---

① Velmans, M. 2009. *Understanding Consciousness* 2nd edition. Routledge. p. 122.

其中命题 1、命题 2 和命题 3 都直接来自笛卡尔。但实体二元论本身并不必然蕴含命题 1 和命题 3 为真。当然,命题 2 是实体二元论所基于的物质主义最核心的内涵。命题 4 一直到命题 10 则是关于心与物的现象学差别的描述。但威尔曼斯认为,通常命题 4 到命题 10"对意识体验的现象学做了系统性的错误描述"[①]。

7.4.2 对实体二元论和物理主义的批判

以知觉为例,威尔曼斯认为命题 4 到命题 10 暗示了一种如图 7.1[②] 所展示的二元论的知觉模型。

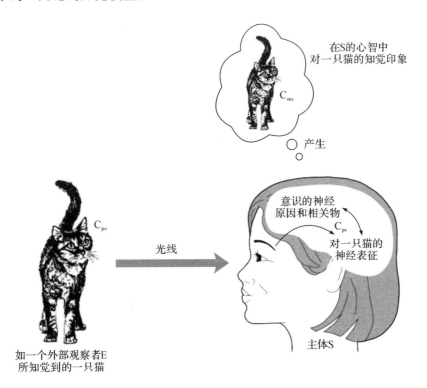

图 7.1 知觉的二元论模型

就其神经过程而言,知觉包含了一种线性因果序列。来自物理客体猫

① Velmans, M. 2009. *Understanding Consciousness* 2nd edition. Routledge. p. 123.
② Velmans, M. 2009. *Understanding Consciousness* 2nd edition. Routledge. p. 125.

(我们用"C_{po}"表示，"C"为"Cat"，下标"po"为"physical object")的光线刺激主体 S 的眼睛，激活她的视觉神经、枕叶以及相关脑区。当所需的充足神经条件(我们把在主体 S 脑中与 C_{po} 相关的物理神经条件用"C_{ps}"表示，下标"ps"为"physically neural conditions in the subject")得到满足，主体 S 就具有对这个猫的知觉体验(我们把在主体 S 的心智中与 C_{po} 相关的知觉印象用"C_{ms}"表示，下标"ms"为"mental representation in the subject's mind")。

于是，按照实体二元论的观点，这里存在三个"成分"：C_{po}、C_{ps} 和 C_{ms}。威尔曼斯要问的是，这三个"成分"分别位于何处。

很显然知觉的二元论模型中存在两个根本的分离。首先是图中的"上下分离"，即**心与物(脑)**的分离，这表现在对猫的知觉印象 C_{ms} 与物质的脑过程 C_{ps} 和物理客体猫 C_{po} 相分离。这符合笛卡尔的观点，即意识质料[思维实体(res cogitans)]与物质质料[物质实体(res extensa)]截然不同。其次是图中"左右分离"，即**主体与客体**的分离，这个表现在正在进行知觉的主体 C_{ps} 和 C_{ms} 与被知觉的客体 C_{po} 的相分离上。

由于**心与物(身)**的这种实体性的(substantial)分离，因此处于心领域(realm)的 C_{ms} 既不能与处于物领域的 C_{po} 也不能与处于物领域的 C_{ps} 建立联系。这样，我们就无法以空间的概念来理解 C_{ms}，也就是说 C_{ms} 既不在主体 S 的脑中，也不在 C_{po} 所在的位置。威尔曼斯认为，这样一来，C_{ms} 就"不在任何地方"(nowhere)。如果 C_{ms} 在空间上"不在任何地方"，那么它就完全超出了科学理解的范围。"传统上，二元论者安于接受可能存在超出科学之外的人类体验的某些方面。然而，将这种二元论吸纳进科学的世界观则会出现严重问题。因此，20 世纪的哲学和科学都试图通过论证或显示意识体验只不过是脑的状态或功能来自然化二元论就不足为奇了。"[1]

我们现在再来看看在物理主义那里 C_{ms} 位于何处。威尔曼斯认为，物理主义的知觉模型如图 7.2[2] 所示。在物理主义那里，心的领域事实上没有存在论的地位。我们以为存在一个非空间性的 C_{ms}，但这只不过是一个错觉，

---

① Velmans, M. 2009. *Understanding Consciousness* 2nd edition. Routledge. p. 126.

② Velmans, M. 2009. *Understanding Consciousness* 2nd edition. Routledge. p. 126.

C_{ms} 事实上只不过是脑的状态或功能。如果实在要问 C_{ms} 位于何处,那么物理主义者会说它"在脑中"。物理主义还原论模型试图通过消解 C_{ms} 或者将其还原为外部观察者 E 可观察和测量的某种物理东西来解决心与物的分裂。也就是说,它试图将事物的来自主体 S 的第一人称视角的显现(即 C_{ms})还原为一种来自外部观察者 E 的第三人称视角观察的脑状态或功能。但是还原论者依旧留下了与二元论中一样存在的主体与客体的分裂,即 C_{ps} 与 C_{po} 的分裂;因为尽管 C_{po} 和 C_{ps} 都是物理的,但由于 C_{ps} 与 C_{po} 分别处在主体所在的空间和客体所在的空间,因此 C_{ps} 与 C_{po} 也无法真正关联起来。

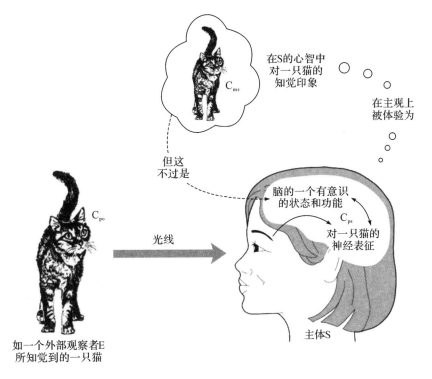

图 7.2　知觉的物理主义还原论模型

威尔曼斯认为,"二元论者和还原论者关于意识的理论解释忽视或否定了大部分日常体验的现象学的重要性,因而产生了一个体验确实可还原或不可被还原为脑状态的错误印象"[①]。

---

① Velmans, M. 2009. *Understanding Consciousness* 2nd edition. Routledge. p. 126.

7.4.3　反身一元论

在回答**意识体验是什么**和**意识体验在何处**这两个问题时，实体二元论和物理主义还原论既存在明显的真理成分[①]，但也存在明显的不足和各自的困境。

二元论承认人具有第一人称内在性这个事实，即意识体验并不是错觉；但又将完整的一体的人划分在心与物这两个无法沟通的实体领域。为了弥合心与物的鸿沟，威尔曼斯弃实体二元论而取一元论的立场。在威尔曼斯看来，C_{ms} 与 C_{ps} 不是两种实体，而是同一事物的两种呈现：来自主体对自身的第一人称体验，它反映的是主体存在论上的内在性；来自他者（观察者 E）对主体的第三人称观察，它反映的是主体在认识论上的外在性。"简言之，在 S 的心智模型中所编码的信息（关于世界中物体的信息）无论被 S 还是被 E 编码都是相同的，但是信息被以何种形式呈现则有赖于是从哪个视角观察。"[②]

物理主义采取了一元论的立场，因此它不存在心与物分离所造成的内在于实体二元论的根本困境，但是它完全无视事物的存在论的内在性；结果，事物 X 被单纯归结为在一个第三人称观察中看到的外在"形象"，而"成为 X 像是什么样子"是没有意义的问题。对人的这种理解完全无法被人类生活中的实践事实所接受。在威尔曼斯看来，要保持一元论而同时摆脱物理主义一元论的不足，一个合理的选择是两面一元论。

通过采取两面一元论，不但人的内在性（即第一人称体验的实在性）获得应有的地位——这解决了意识体验是什么的问题，而且心与物的分裂也被弥合了——这解决了实体二元论的困境。然而现在，"意识体验位于何处"这个问题还没有解决。既然二元论被摒弃了，那么也就否定了实体二元论所蕴含的意识体验"不在任何地方"的结论，也就是说意识体验应该"位于某个地方"（somewhere）。可是根据物理主义，以为"'在 S 的心智中'似乎有

[①]　Velmans, M. 2012. "Reflexive Monism Psychophysical Relations Among Mind, Matter, and Consciousness. *Journal of Consciousness Studies*, vol. 19, no. 9-10, pp. 143-165.

[②]　Velmans, M. 2009. *Understanding Consciousness* 2nd edition. Routledge. p. 133.

一只现象猫,但是这只不过是 S 脑的一种状态"①,如果实在要说关于这只猫的表征在哪里,物理主义会说是"在脑中"。因此,在物理主义的世界中有两只猫:一只现象猫与一只物理猫,并且这两只猫是分离的。威尔曼斯认为,事实上并不存在两只猫,因为"当 S 注视猫时,她对猫的唯一视觉体验就是'她在外部世界中看到的那只猫'。如果要求她指出这只现象猫(她的'猫体验'),她不应该指向她的脑而是应该指向超越身体表面的外部空间中如所知觉到的那只猫。在这方面,S 与 E 没什么不同。S 体验到的现象猫与 E 体验到的那只猫一样处在现象世界中的外部。换言之,世界中的一个物体被反身地体验为世界中的一个物体"②。这就是威尔曼斯称他的知觉模型是反身模型的原因,见图 7.3。

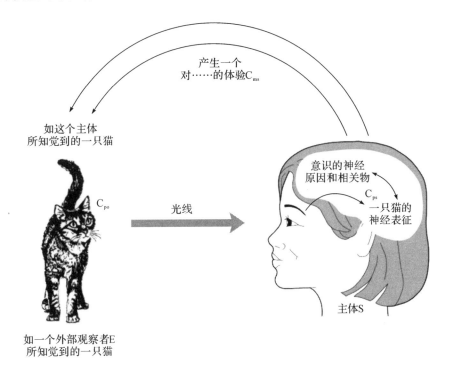

图 7.3　知觉的反身一元论模型

①　Velmans, M. 2009. *Understanding Consciousness* 2nd edition. Routledge. p. 129.

②　Velmans, M. 2009. *Understanding Consciousness* 2nd edition. Routledge. p. 129.

现在,我们来概括一下威尔曼斯为避免实体二元论和物理主义还原论在**意识体验是什么**和**意识体验在何处**问题上的困境所提出的解决思路:为避免实体二元论的心与物分离和物理主义对意识体验的实在性的否定,他采取了两面一元论;为避免物理主义的主体与客体的分离,他提出了知觉的反身模型。于是,威尔曼斯将他的方案称为"反身一元论"。

7.4.4 知觉投射

图7.3展示了一个反身交互作用导致了一只现象猫(C_{ms})的情形。C_{po}(即启动刺激)与主体S的视觉神经系统交互作用,在主体S脑内产生一个位于主体S身体之外的空间中的物体的神经表征(C_{ps})。C_{ps}在主体S的脑内但同时它指向的却是超出主体S身体之外的C_{po},正因为这一点,当你看到窗外的一只猫时,你的视觉体验才是——"我看见窗外有一只猫"。对这只猫的视觉体验当然是你的体验,但它并不因此就在空间性上完全限定在你的物理身体的空间内,因为这个体验是对那个由一个主体E也可看到的居于外部公共空间中的猫。为什么会有这种效应?威尔曼斯认为是由于"知觉投射"(perceptual projection)。知觉投射是体验内在的一种效应。如果没有这种效应,主体S与它感知的对象(C_{po})就不可能存在关联。对空间上外在于主体S的C_{po}的体验C_{ms}内在于主体S但同时却指向空间上外在的那个C_{po}——当人们要问体验为什么具有这种效应时,至少目前我们认为对这个"为什么"我们并不能给出任何有意义的回答。也许一个实事求是的回答是:事情原本就这样,即法尔自然。

也许能够有力地说明知觉投射效应的最好的例子就是虚拟现实(virtual reality,VR),见图7.4[①]。在虚拟现实中,尽管并不存在相应的实际世界,但一个人似乎在与外在于他身体的实际世界打交道。但我们对虚拟世界中物体的体验仍然具有三维的位置和广延,虚拟物体也似乎有经典的物理属性,如硬度,假如让参与者在手上带上一种金属手套,这种长手套被程序控制为阻止靠近一个虚拟物体,由此让参与者感觉这像一个固体,尽管事实上并没

---

① Velmans,M. 2009. *Understanding Consciousness* 2nd edition. Routledge. p. 144.

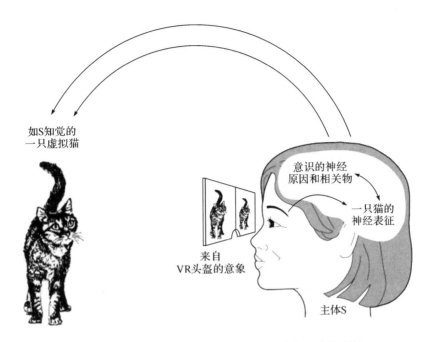

图 7.4 对知觉的反身性模型如何应用于虚拟现实的理解

有什么固体存在。反身模型很容易说明这一点,因为体验具有其内在的知觉投射效应。当来自 VR 头盔屏幕的视觉输入恰好与头和身体的动作相协调,它所提供的信息就与来自世界中实际物体的一样。参与者以正常方式在其脑内建构出这些信息所传递的物体的神经表征,因为知觉投射效应,这些表征很自然地指向那个位于三维空间中的物体,尽管在那个空间位置实际并不存在该视觉体验所投射的物体。[①]

7.5 意识的神经机制

作为心理学家和哲学家,威尔曼斯并没有实际从事意识神经机制的实证研究,但他广泛讨论了当代意识神经机制研究的实证进展和成果,我们也由此可以了解他在这个问题上的基本认识。在他的讨论中,我们大致可以看到意识的神经机制与如下一些"要素"的关系。

① Velmans, M. 2009. *Understanding consciousness* 2nd edition. Routledge. p. 144.

分析层次　对意识的物理机制的分析可以在不同的分析层面上进行,范围可以从用量子力学解释的微观事件到大尺度神经元群的宏观活动以及整个脑的整合活动。但威尔曼斯认为,尽管量子力学效应可能非常重要,但目前更值得探索的层面是与日常体验直接相关的信息加工机制和神经生物机制。

支持纯粹意识的神经条件与支持特定意识内容的神经条件之间的区分

在上面"意识的定义"一节中,我们已经谈到应在作为全局状态的纯粹意识与意识到某一特定事物的意识内容之间做出区分。这个区分不仅对理解意识的现象学至关重要,而且对探索意识的神经机制至关重要。因此,在意识神经机制的研究中,有必要将支持纯粹意识的神经条件与支持意识到特定内容的神经条件区分开来。威尔曼斯也不太准确地谈到这一点:"在人类脑中,有必要将支持意识体验的先行的神经原因(antecedent neural causes)与支持它们的最近的、当前的(co-temporal)神经相关物区分开来。同样,有必要在支配意识存在的系统和条件(例如,睡眠—清醒循环和选择性注意)与支持各种意识形式的条件区分开来。"①

如果这个区分是必要的而且是核心的,那么我们就可以建立这样一个理解意识神经机制的模型:(1)存在一个相对独立的支持作为全局状态的纯粹意识的神经条件,当一个人脑中的这些神经条件得到满足时,就可以说他处于有意识的状态,而不论他意识到什么或他是否意识到任何东西;作为全局状态,它与处于植物状态、无梦睡眠状态和昏迷状态的情形是区分开的。(2)在这个有意识的状态下,如果支持某个特定意识体验(例如,是看见梅花还是闻到梅花香)的神经条件得到满足,那么他就可以意识到特定的内容;而具体意识到什么内容,则依赖于它们在竞争中能否胜出,从而与支持作为全局状态的纯粹意识的神经条件形成特定形式的联系;支持特定内容竞争胜出的机制涉及注意、信息整合和时间因素②。

---

① Velmans, M. 2009. *Understanding Consciousness* 2ⁿᵈ edition. Routledge. p. 283.

② Libet, B. 2004. *Mind Time: The Temporal Factors in Consciousness*. Harvard University Press.

支持作为全局状态的意识的神经机制　清醒、做梦、深度睡眠、植物状态、闭锁状态、最小意识状态（minimally conscious state）[①]、昏迷、死亡等——这些状态之间的"切换"会使心智出现全局的变化。而这样的全局变化是研究生命、心智和意识的神经机制的重要窗口。

通常人们的有意识生活是在清醒状态下进行的。但清醒并非意识出现的必要条件，因为在睡眠的做梦阶段，也有意识体验；同时，清醒也不是意识出现的充分条件，因为处于植物状态的患者有明显的睡眠—清醒循环，他可以醒着，却没有意识。就此而言，尽管脑干中的网状激活系统（reticular activating system，RAS）是清醒—睡眠的调节器，但 RAS 并非意识的"所在地"。

希夫（Schiff）是研究意识障碍的神经病学家。他的基本想法是，当人们丧失对一切事物的意识时，脑究竟哪里出了问题。他的研究指向中央丘脑（central thalamus）及其输入和输出通路。希夫的假设认为，若要对无论什么东西产生意识，那么这要求丘脑中部的神经元带处于激活状态，而这种活动本身又受到脑干中的神经元的调节。中央丘脑也被称作丘脑髓板内核（intralaminar thalamus nuclei，ITN），它的神经元有通往每一部分皮层顶层的通路，虽说这种通路是稀疏的。这样一种组织是独一无二的，它暗示意识涉及中央丘脑与整个皮层之间的双向调节。丘奇兰德给出的总结性的观点是：构成中央丘脑的神经元带受脑干中的神经元活动的控制，接着这个神经元带又调节皮层神经元为意识的出现做准备；脑干＋中央丘脑＋皮层，这三个部分的协调是支持最终产生作为全局状态的意识所需的神经条件。[②] 希夫和伯根（Bogen）等人的研究表明，髓板内核即使很小的损伤都可以导致病人处于无法恢复的昏迷状态；相比之下，皮层病变，即使大到要进行脑半球切除术，也仅仅破坏了一些意识的内容，而不会破坏意识本身。当然，目前这些实证证据提供的都是支持作为全局状态的意识的必要条件，因为人们

[①]　Giacino, J. T. and Ashwal, S. 2002. The Minimally Conscious State Definition and Diagnostic Criteria," *Neurology*, vol. 58, no. 3, pp. 349-353.

[②]　帕特里夏·丘奇兰德：《触碰神经：我即我脑》，李恒熙译，机械工业出版社，2015 年，第 192 页。

还无法分辨这些证据"所指的究竟是产生意识的必要条件还是充分条件,也就是说,即使一个结构对于意识功能是必要的,这一点本身也并不使那个结构在造成意识体验上成为充分的"[①]。

7.6 结 语

威尔曼斯的反身一元论,哲学意蕴深厚,逻辑融贯,而且基于广泛的实证证据的支持。但它仍然面临一些争论和质疑。

有人认为威尔曼斯是新康德主义者,或"准康德主义"(quasi-Kantian)[②],即他的反身一元论与康德的理论没有根本不同。威尔曼斯在《理解意识》这本书中,承认他在某种意义上支持新康德主义的观点。但在其发表于《现象学与认知科学》的一篇文章[③]中,威尔曼斯辩护说,他同意康德关于"物自体与现象"的区分,也同意我们通常说的物理世界实际上是由人所体验到的各种事物组成,但是他不同意康德关于物自体的不可知论。因为康德的观点太极端,相反,虽然知识受到知觉的限制,但依旧是知识。所以我们应该接受知识是局部的、物种特异的(species-specific)、假设性的,但不能认为世界是不可知的。同样,基于常识和实践,我们也不能否认我们拥有关于物自体的知识,否则我们的任何行动及其反馈都将不可能实现。虽然这种知识不是设想中的那样"确定、绝对和客观的",但不能说这种知识不是关于"物自体"的知识。所以,没有理由放弃建立在反身一元论基础上的批判实在论。如同科学和常识感觉告诉我们的,我们的知觉和理论表征确实指向一个真实存在的世界。

[①] Libet, B. 2004. *Mind Time: The Temporal Factors in Consciousness*. Harvard University Press. p. 19.

[②] Hoche, H. U. 2007. "Reflexive Monism" versus "Complementarism": An Analysis and Criticism of the Conceptual Groundwork of Max Velmans's "Reflexive Model" of Consciousness. *Phenomenology and the Cognitive Sciences*, vol. 6, no. 3. pp. 389-409.

[③] Velmans, M. 2007. How Experienced Phenomena Relate to Things Themselves: Kant, Husserl, Hoche, and Reflexive Monism. *Phenomenology and the Cognitive Sciences*, vol. 6, no. 3. pp. 411-423.

　　反身一元论解决了意识"难问题"吗？或者说反身一元论能避免意识"难问题"吗？我们认为这要从威尔曼斯的"反身一元论"出发来理解。这种观点认为组成宇宙的基本事物本质上是即心即物的。在演化中,宇宙从最初的混沌的未分化状态,以连续或非连续方式分化为具有自我维持能力的系统,而这样的系统内在地具有了主体性,随着进一步的演进,这类主体性的系统因为新附加的神经结构而可能具有意识体验;这些从世界母体中分化出的主体性单元对宇宙的其他事物和自身都有一个第一人称的视角。于是,世界因为其分化出的主体性单元而反身地回指自身,这就是"反身一元论"中"反身"的含义。事实上,反身一元论在威尔曼斯那里也可以被称为"反身两面一元论"(reflexive dual-aspect monism)①,因为世界母体分化出的每一个单元都是自我维持的,它们内在具有主体性,因此都是主体,同时它们也是彼此视角中的客体。因为每个单元都是一元的,因此也就不存在"难问题",心与物之间不存在二元论假定的那种因果作用;心与物的分别是视角的分别,而不是实体的(substantial)分别。这样,威尔曼斯通过概念框架的变革使得"难问题"消解了。当然,威尔曼斯的这个解决方案会被很多研究者视为泛心论的一个变体,威尔曼斯本人也不完全否认这一点。②

　　最近威尔曼斯在学术网站 researchgate 上公布了其新近的研究,在其出版的新著《深入理解意识》③中,威尔曼斯更加明确地指出意识研究将会发生东方转向。他认为东西方思想的融合才是解决意识问题的有效途径。

　　我们之所以深切关注威尔曼斯的意识理论,根本的原因在于:一方面,

---

①　Pereira, A., Edwards, J. C. W., Nunn, C., Trehub, A. and Velmans, M. 2009. Understanding consciousness: a collaborative attempt to elucidate contemporary theories. *Journal of Consciousness Studies*, vol. 17, no. 5-6. pp. 213-219.

②　威尔曼斯:《理解意识(第二版)》,王淼、徐怡译,李恒威校,浙江大学出版社,2013年,第342-343页。

③　Velmans, M. 2017. *Towards a Deeper Understanding of Consciousness: Selected Works of Max Velmans*. Routledge.

他的反身一元论在形而上学方面与我们主张的"两视一元论"的一些方面①是一致的;另一方面,威尔曼斯也特别强调第一人称方法的重要性,并且同样认为东方思想中含有丰富的意识研究资源,在此意义上,我们认为研究威尔曼斯的意识理论将有助于深化当代意识研究中的东西方对话。

---

① 我们在这里之所以强调"一些方面",是因为它们二者在形而上学的另一些方面是不同的。它们一致的方面在于它们都是两面一元论的。但是我们认为,既然是一元的,那么其中的两面——心与物,或意识体验与神经活动——之间就不可能存在任何因果作用,就不能用因果作用的语言来描述这两面的关系。在这一点上威尔曼斯的某些表述是不彻底的,例如,他写道:"人类意识的现象学毫无疑问与人脑的活动密切相关。视觉系统中的一些活动对视觉体验具有因果作用;体感系统中的一些活动似乎会引发触觉体验等。其他活动似乎也与(与之同时出现的)体验相关联。根据许多理论家的看法,一旦体验产生,它们反过来又将对随后的脑活动产生因果作用,以及在这些脑活动中有一些功能。"(参见 Velmans, M. 2009. *Understanding Consciousness* 2nd edition. Routledge. p. 232.)我们认为,两面不过是对一元存在的来自两个视角的描述而已,它们是相应的或相关的,但不是因果的。

8 意识的时控理论[①]

8.1 引　言

我们所体验和所知的一切(即现象世界)是一个"唯心(智)所造和唯(意)识所现"[②]的世界,同时,意识也唯(意)识自现——意识是在有意识的状态中被提出、分析和理解的——在这个意义上,意识是一切现象中最不可思议的。正是在这个意义上,笛卡尔的"我思故我在"开启了近代哲学的主体性(生命、心智和意识)转向,即在研究"所知"(what is known)的时候,人们也必须转向理解"能知"或"如何知"(how to know)。认识论一直在哲学领域延续这个转向的事业,20世纪的认知科学则以更开阔和更全景的维度接手这项事业。

20世纪认知科学发展洪流的最后20年目睹了意识在哲学—科学界的

---

①　本章内容最初发表在《哲学分析》2013年第4期,第133-144页,以及《心理科学》2014年第4期,第1016-1023页。有改动。

②　这里,我们取佛教唯识学的"三界唯心,万法唯识"之义。我们将其中的"唯"理解为"不离"之义,"造"理解为"创造、建构"之义,"现"理解为"觉知"之义。因此,现象世界离不开心智的建构和意识的显现。

急速回归和全面发展。① 意识的形而上学、现象学②和实证科学的研究在过去 30 年以前所未有的交织态势在争锋和互惠中共进。尽管"意识研究"在形而上学的心—身关系上还未有一个一致的最终解决,在意识本性的界定上还存在种种看法甚至混淆,在意识的神经本性[即神经机制或神经相关物(NCC)]上还在很大程度上处于整理各类实验和病理数据以及提出假设的阶段,但一些全面性的意识研究框架已相继出现③。这里,所谓"全面性"是指一个意识研究框架必须涵盖三个层次的问题:(1)它必须就意识的本性做出界定,即对意识是什么给出恰当的描述和规定;(2)它必须就意识的形而上学(心—身关系)表明某个立场或态度,并给出相应的说明和论证;(3)它必须对意识的神经机制提出概念性设想,并至少提出可证实或证伪的实验假设。就全面性而言,里贝特(B. Libet)的意识研究独树一帜,尤其在实证性和预测性上,它堪称一个理论(尽管是局部的),正像他自己在《心智时间:意识中的时间因素》(*Mind Time*:*The Temporal Factors in Consciousness*)④这本总结其一生核心研究的著作中说的,"我们的发现是通过实验得到的。它们不是基于理论化的思辨,而是基于确凿的发现。这与哲学家和一些神经科学家、物理学家及其他人关于这一主题所写的著作和提出的见解形成了对照"⑤,"与绝大多数关于意识的其他书不同,即将呈现给读者的是直接

---

① 例如巴尔斯所说:"我认为,20 世纪科学和人文分裂的一个原因是,科学完全无视人文学科关于意识的一切美妙说法[詹姆斯·乔伊斯(James Joyce)就是一例]。情绪是另一个被忽视的主题。如今这两个主题正在以惊人的速度回归,我认为在未来十年内,我们将看到分裂的结束,看到一种极端分裂世纪的重新整合。"(Blackmore, S. 2005. *Conversations on Consciousness*. Oxford University Press. p. 22.)

② 在这里,我们从方法论的角度将意识的现象学研究界定为描述意识在第一人称体验上(experientially)是什么;意识的第一人称方法大致上包括现象学反思、现象学悬置、东方禅修体系中的止观等。本质上,体验的第一人称的描述都是交互主体性的。

③ Velmans, M. & Schneider, S. (eds.) 2007. *The Blackwell Companion to Consciousness*. Blackwell Publishing.

④ Libet, B. 2004. *Mind Time*:*The Temporal Factor in Consciousness*. Harvard University Press. 本书的中文简体字译本由李恒熙、李恒威、罗慧怡翻译,2013 年 1 月浙江大学出版社出版。

⑤ Libet, B. 2004. *Mind Time*:*The Temporal Factor in Consciousness*. Harvard University Press. p. xvii.

的实验证据和在这个问题上可以验证的理论,而绝非思辨的并且基本上未经检验的构想"①。

本章我们将简要地再现里贝特研究意识的思路、问题和结论,并对他的一些观点提出我们的批判和评价。

8.2 里贝特的意识问题

意识对有机体(即所谓的身—脑统一的物质系统)的依赖性(dependency)和相关性(correlation)是一个事实,这个事实也是现代科学世界观基础的一部分。我们姑且把这个事实称为"PF"(即 physical fact,物理事实)。但另外一个显然的事实是:那个将"一切"(包括身体和脑)显现出来的意识(即能显)并不同于这个"一切"(所显)。例如,看见一棵摇曳的、修长的、嫩绿的杨树的那个"看"显然并不摇动,也没有几十厘米粗和几米高,也不是绿色的。而这同一个"看"也能看见充满皱褶的大脑和网络一样连接起来的巨量的神经元。"看"不同于"所看",能显(意识)不同于所显——这是一个事实,我们姑且将这个事实称为"CF"(即 conscious fact,意识事实)。当这两个质性上不同的事实紧密纠结在一起时,它们引起了一些根本性问题。里贝特的意识研究就是从这里开始的。他写道:

> 你驻足欣赏深蓝的花朵;孩子滑稽的动作让你觉得愉悦;肩头的关节炎让你感到疼痛;聆听韩德尔的弥赛亚(Handel's *Messiah*),乐曲的宏伟庄严感染了你;你为朋友的病痛感到悲伤;你感到对一项工作你能做出自由意志的选择,即做什么和如何去做;你觉知到自己的思想、信念和奇思妙想;你觉知到自己的自我是一个真实的、有反应的存在。

---

① Libet, B. 2004. *Mind Time:The Temporal Factor in Consciousness*. Harvard University Press. p. 32.

所有这些感受与觉知都是主观的、内在的生活的一部分。在唯有正在体验到它们的个体才能通达它们的意义上，它们是主观的。它们在对物理大脑的观察中既非显而易见，也不能被这些观察所描述。

的确，我们知道物理的脑对于我们有意识的主观体验是不可或缺的，而且密切地参与了这些体验的显示。

这个事实引起了一些本质上重要的问题。[①]

在里贝特的眼界中，意识的根本问题当然是脑活动如何与有意识的体验相关联或如何产生有意识的体验，[②]但在他思考和研究这个根本问题的过程中，我们可以将他的研究和基本观点分解为五个既相对独立又内在关联的问题。它们分别是：(1)方法论问题；(2)意识的界定；(3)意识的时间机制；(4)自由意志；(5)意识"难问题"的解决。

8.3 方法论问题

能显(意识)在质上不同于所显("一切")，不论这种不同是在本体上(实体二元)还是在属性上(属性二元)。这种质的差别是实实在在的，因此，要理解意识的本性以及意识与脑的关系，那么方法论必然也有所不同。

对如何研究脑与有意识体验之间的关系，里贝特为意识的实验进路设定了两个必须遵守的认识论原则：一是，内省报告作为实验中确认有意识体验存在的操作标准；二是，不存在任何心脑关系的先验(*a priori*)法则。[③]

---

① Libet, B. 2004. *Mind Time*：*The Temporal Factor in Consciousness*. Harvard University Press. p. 1.

② Libet, B. 2004. *Mind Time*：*The Temporal Factor in Consciousness*. Harvard University Press. p. 28.

③ Libet, B. 2004. *Mind Time*：*The Temporal Factor in Consciousness*. Harvard University Press. p. 16.

1.作为操作标准的内省报告。首先,里贝特认为研究有意识体验的起点是这样一个铁的事实,即有意识体验的第一人称可通达性(accessibility):只有体验者本人才能直接通达那个有意识体验。对于外部观察者而言,确认一个主体的有意识体验的唯一证据只能来自该主体对体验的报告。例如,在对接收来自身体感觉信息的脑皮层施加电刺激以后,被试并没有感受到位于脑中的任何感觉;相反,他报告说,他在身体的某个部位(比如手部)感受到某种东西,即使实际上在手上没有出现任何状况;因此,如果最初不要求以如此方式被刺激的个体被试对他内在的第一人称体验做出内省报告,那么任何外在的第三人称观察者都无法确证这种体验的存在并描述这种体验。① 其次,任何缺乏令人信服的内省报告的行为证据都不能被认为是有意识体验的指示器。因为,广泛的证据表明,人们可以在没有有意识地觉知到一个信号的情况下识别这个信号,因此,不论行为的目的是什么,也不论认知和解决抽象问题的过程多么复杂,它们都有可能在主体没有觉知的无意识(unconscious)和非意识的(non-conscious)情况下发生。

2.没有心—身关系的先验法则。仅仅通过我自己的有意识体验以及对体验的内省,而不检查脑,我能展示出脑神经活动的过程和模式吗?仅仅通过检查我的脑神经活动的过程和模式,而没有来自我自己的任何有意识体验的报告,一个观察者对我脑事件的描述能够成为我所是的体验吗?对这两个问题的回答都是否定的。对于第一个问题,如果不打开脑这个黑箱,即使再精细的第一人称的体验报告在科学上也无法令人满意,因为它不能揭示有意识体验“背后”的脑的工作机制。反之,对第二个问题,即使你带着对脑的物理构成和神经细胞活动的精微完备的知识来观察脑,你所能看到的只有细胞结构、细胞之间的连接、神经冲动、其他电生理事件以及新陈代谢的化学变化,你不会有任何如我那般感受的意识体验。17世纪伟大的哲学

---

① Libet, B. 2004. *Mind Time*: *The Temporal Factor in Consciousness*. Harvard University Press. p. 17.

家和数学家莱布尼茨就已经强调了这一点。① 因此,里贝特多次指出,第三人称可观察的"脑神经"事件与第一人称体验的"意识"事件在现象学上分属相互独立的范畴——它们既不能相互还原也不能相互预测:"我们不得不将有意识的主观体验看作以某种方式从脑神经细胞活动的适当系统中涌现的现象。然而与物理的涌现现象不同,涌现的主观体验无法被任何物理方式直接观察或测量,因为只对拥有此主观体验的个体才能通达它。显然,这个系统的涌现的主观体验并不同于对此负有责任的神经细胞的属性;它不是这些神经活动的一个可预测的结果。涌现的主观体验展现出独特的不可预测的特征,这不该让人惊讶。"②由单纯的第一人称的意识体验,我们不可能先验地知道其"后面"的脑机制;反之,由单纯的第三人称的对脑活动的过程和模式的观察,我们也不可能先验地体验到被观察主体的意识体验。因此,要科学地研究有意识的体验与脑活动之间的相关性规则,就必须同时检查上述两个现象学上独立但相关的变量,以便发现哪类脑神经结构和活动模式对应哪类有意识的体验,或哪类有意识的体验对应哪类脑神经结构和活动模式。也就是说,"主观与物质之间的相关性必须通过同时研究这两个范畴才能被发现"③。

8.4　界定意识

　　意识是一个明确的现象,但一个常有的说法是,很难给意识下一个明确的定义。然而对一个意识的科学研究者而言,如果他在现象层面上不能对

---

　　① 莱布尼茨在《单子论》中以一种想象的方式论证道:"此外,人们必须承认,知觉以及依附于它的东西不可能通过机械原因,即借助图形和运动,来解释。假若我们设想有一台机器,它如此被建构以至于它能够思维、感受和具有知觉,我们可以想象一下,将这台机器按比例放大,以至于我们能够进入它里面,就像进入磨坊一样。以此为前提,当我们参观它时所发现的不过是相互推挤的机件,但绝不会发现得以解释知觉的任何东西。"(参见 Leibniz, W. G. The Monadology. http://home. datacomm. ch/kerguelen/monadology/monadology. html.)

　　② Libet, B. 2004. *Mind Time: The Temporal Factor in Consciousness*. Harvard University Press. p. 162.

　　③ Libet, B. 2004. *Mind Time: The Temporal Factor in Consciousness*. Harvard University Press. p. 182.

意识给出自己的界定和提出一个较为明确的主张,那么关于意识机制的更进一步的概念模型和神经机制的研究就会变成"无的放矢"。作为意识机制研究的前提,我们可以在当代意识科学的研究中看到关于意识界定的多家之言。一个简要的列表①包括:

1.除非一个心智过程是可内省或可反思的,它才是有意识的。哲学家丹尼特通常会持有这种观点。这种观点认为一个人或者对自己的心智状态有内省或反思的知识,或者他根本就没有意识。换言之只有当心智过程对它自身的痕迹存在一个二阶表征时,这个心智过程才是有意识的。对于丹尼特而言,"如果感觉过后什么也没有留下——没有任何以文本的方式留下的东西,比如像,'对自我的备忘:刚才有一种感觉'——那么它就没有发生过"②。

2.意识是前反思的自我觉知。这个观点在现象学传统中是普遍的,它出现在胡塞尔、萨特、梅洛-庞蒂、瓦雷拉、汤普森、扎哈维等人的思想中。这个界定突出了觉知对反思的优先性以及觉知的反身性结构。例如萨特认为:并非反思向自身揭示出被反思的意识,而完全相反,是非反思的意识使反思成为可能;前反思意识是自我意识(self-consciousness),这个自我意识不应该被视为一个新的意识,而应该被视为意识的内在反身性结构③。

3.意识是一种原生的感受或感觉(raw feeling or sensation)。汉弗莱不同意丹尼特的观点。他与现象学观点一致的地方是,他认为意识是前反思的:"意识在更低的水平上也存在,没有反思也存在,正如对原生存在的体验:对光、冷、气味、味道、触摸、疼痛的原始感觉;这个如是性(is-ness),这个感觉体验的现在时态对于我们的存在而言并不要求任何进一步的分析或内省的觉知,它仅仅是一个存在状态。当然,那就是作为我所像是的东西(that is what it's like to be me),或者作为一只狗所像是的东西,或者作为一个婴

---

① 当然,这个列表肯定是不全面的。

② Humphrey, N. "The Thick Moment", in Brockman, J. (ed.) 1996. *The Third Culture: Beyond the Scientific Revolution*. Simon & Schuster.

③ Jean-Paul, S. 2003. *Being and Nothingness*. Routledge. pp. 9-10.

儿所像是的东西。那就是作为有意识的存在所像是的东西。"①因此,汉弗莱认为,意识的基本构成是原生感受或感觉,它具有直接性(immediacy)、当下性(presentness)、品质模态性(qualitative modality)和属我性(ownership)。

4. 意识是一个加入自我过程的心智状态。达马西奥认为,对这个定义的进一步阐发还应该包括如下方面:(1)有意识的心智状态始终包含内容,即它们始终关于某事物;(2)被体验到的内容是统一的,例如,当我们看到和听到一个人说着话并向我们走来时,这些部分被知觉为一个统一的心智意象;(3)品质模态性,即不同的知觉模态会带来不同的品质体验,例如看或听、触摸或品尝在品质上是不同的;(4)有意识的心智状态包含一个必需的感受方面——对我们而言它们感觉像某种东西。

5. 意识是"记忆的当下",即产生一幅心智场景的能力,这幅场景把大量不同信息整合起来以指导当下或即将发生的行为。埃德尔曼的界定突出了意识体验内容的统一性和高度的多样性(可能体验到的内容多到数不胜数)。正是对意识的这个界定决定了埃德尔曼对意识神经机制的设想。他推测,丘脑和皮层中存在由大量神经元组成的一个高度复杂的既统一又多样的神经处理过程,即所谓的"动态核心"。

与上述观点都有所不同,里贝特对意识的界定有三个关键点:第一点,意识的本性是觉知;第二点,觉知是一种状态,它独立于觉知到的内容;第三点,觉知是一个独立的心智功能。

关于第一点,里贝特对意识本性的界定是从意识与无意识这个关键的对比的角度出发的。已有大量的实验和临床证据表明:人的心智活动有许多是无意识地完成的,它们并没有被人们有意识地觉知到。那么有意识与无意识的心智活动之间的根本差别何在呢?"有意识与无意识心智功能的最重要的区别在于在前者那里出现了觉知,而后者没有"②;"有意识体验的

---

① Humphrey, N. "The Thick Moment", in Brockman, J. (ed.) 1996. *The Third Culture:Beyond the Scientific Revolution*. Simon & Schuster.

② Libet, B. 2004. *Mind Time：The Temporal Factor in Consciousness*. Harvard University Press. p. 100.

基本特征是觉知。觉知是一个主观现象,只有拥有该体验的个体才能通达它"①。如果你离开第一人称体验的自明性,而从对比的角度来理解觉知,那么所谓觉知"就是在进入无梦的深睡,以及在深度麻醉或昏厥这类不太经常的情形中,你失去的东西。它也是你脱离这些状态后重新获得的东西"②。因此,"意识=无意识+觉知"。换言之,觉知就是有意识与无意识的相减成分。

关于第二点,里贝特的看法是:我们应当在"意识体验"与清醒和有反应的状态(换言之,处在一个"有意识的"状态)之间做出区分。意识作为状态与特定的体验内容是可以分离的,其中意识作为状态是常量,而被体验到的千变万化的内容是变量。对此,里贝特论证说:即使是一个相似的刺激,对它的体验内容在不同人那里也可能不尽相同。例如,一个人看见黄色也许与另一个人看见黄色并不相同,尽管他们都学会用相同的名称来命名他们的体验;然而可以更确信的是,在两个人那里的那种知道感(sense of knowing)是相同的,即他们都处于觉知状态,即使黄色的体验内容也许并不相同。因此,里贝特说:"我认为无需将意识或有意识的体验归入不同的种类或范畴来处理各种体验,所有情形的共同特征是觉知,差异只在于觉知的内容是不同的。"③关于这一点,我们可以在德克曼(A. Deikman)、福尔曼、瑞文苏(A. Revonsuo)等人那里发现相同的思想路线和更详尽的说明。精神病学家德克曼在《"我"=觉知》("I=Awareness")一文中,认为觉知就好似一个一切体验皆能在其中"上演"的"场地(ground)"。他同样认为,觉知是常量,而各种体验内容是变量。觉知是"那个进行关照(witness)的东西而不是那个被观察的东西……觉知是某种与我们觉知到的一切事物——思想、情绪、意象、感觉、愿望和记忆——不同的和可脱离的东西。觉知是一个场

---

① Libet, B. 2004. *Mind Time*: *The Temporal Factor in Consciousness*. Harvard University Press. p. 90.

② Edelman, G. M. 2006. *Second Nature*: *Brain Science and Human Knowledge*. Yale University Press. p. 13.

③ Libet, B. 2004. *Mind Time*: *The Temporal Factor in Consciousness*. Harvard University Press. p. 13.

地,心智内容在其中显现它们自己;它们出现其中并再次消失"①。对第二点的一个更精当和简明的表述来自一位二十世纪的瑜伽行者室利·克里希那·梅农(Sri Krishna Menon):"意识绝不能离开它的对象而被体验到——说此话的人只说到表层。如果他被问到'你是一个有意识的存在吗?'这样的问题时,他将会不由自主地回答'是的'。这个回答源于极深的层面。在这里他甚至没有提及那个作为意识对象的任何东西。"②福尔曼在《关于意识,神秘主义给我们的教益是什么?》("What Does Mysticism Have To Teach Us About Consciousness?")一文中详细考察了东西方神秘主义传统关于"纯粹意识"的广泛记录和描述。纯粹意识被认为是一种没有意向内容的觉知状态。这种状态对认为意识始终是关于某个内容的意识的观念形成了尖锐挑战。这种状态存在的真实性表明,觉知与心智内容之间的可分离性不仅是一种理智的推想,而且在实践上是可获得的——"这种现象不是任何文化人为制造出来的,而更接近于一种在各种文化背景中都合情合理的、常见的和可能的体验"③。瑞文苏认为,有意识也就是处于一种允许体验内容得以在其中发生的状态,而无意识也就是处于一种不允许这些体验内容在其中发生的状态;允许体验内容得以发生的状态本身并不是被体验到的东西,而是使得这一切体验内容得以出现的背景条件;因此,作为状态的意识不应与特定意识内容混淆。领会觉知本性的一个恰当隐喻是光。④ 对此,瑞文苏给出了一个非常形象的图示(见图 8.1)。

---

① A. Deikman. 1996. I=Awareness. *Journal of Consciousness Studies* 3, no. 4. pp. 350-356.

② A. Deikman. 1996. I=Awareness. *Journal of Consciousness Studies* 3, no. 4. pp. 350-356.

③ 特别详见 Forman(1990),Part I。

④ 达马西奥说,"我……将诞生和步入光亮作为关于意识的暗示性隐喻。……我们步入了心智之光,我们知道了我们自己"(Damasio, A. 1999. *The Feeling of What Happens*. William Heinemann. p. 315.);"进入光亮也是对意识、对有知晓力的心智(knowing mind)的诞生、对自我感简洁而又卓越地迈入心智世界的一个强有力的隐喻"(Damasio, A. 1999. *The Feeling of What Happens*. William Heinemann. p. 3.)。

图 8.1-a　意识"开启"。作为状态的意识使得所有不同种类的主观体验成
为可能。意识状态可以隐喻地描述为心智内在的现象灯光开启的状态。

图 8.1-b　意识"关闭"。作为状态的无意识使得所有种类的主观体验成为不
可能。无意识状态可以隐喻地被描述为心智内在的现象灯光关闭和意识暂时缺
席的状态。

　　关于第三点,这既与第二点紧密相关,同时它也与里贝特的实验研究的
发现有关。这个实验发现:一方面,广泛的实验证据表明,存在对感觉刺激
做出精确的识别和反应但却没有觉知到这个刺激;另一方面,里贝特的实验
发现,要在感觉刺激的正确识别的基础上产生对该感觉刺激的觉知,那么对
感觉皮层重复激活的延续时间必须增加 400 毫秒。也就是说,"对于相同的
内容(对刺激出现的正确报告),增加 400 毫秒的刺激延续时间是对该反应

有最微弱觉知(minimal awareness)的必要条件"[1];"一个无意识心智过程的内容(例如,对一个信号的正确识别却没有觉知到这个信号)可以与对一个信号的正确识别并且觉知到这个信号具有相同的内容。但是要觉知到同一个内容却要求对皮层下通路的刺激的持续时间延长大约400毫秒!"[2]这个发现既表明觉知是一个独立于内容的现象,又表明觉知本身所必须满足的这个独立的神经条件使其相异于其他的脑功能。此外,里贝特通过实验分析还得出的结论是:觉知并非是一个记忆过程的功能,它并不等同于一个已形成的、陈述性记忆的痕迹;陈述性的、外显的记忆对觉知是不必要的,而且记忆和觉知依赖独立的过程。[3]

8.5 意识的时间机制:时控理论及其蕴含

发现意识的时间因素以及对意识的时间因素的深入研究,是里贝特在意识的实验研究中做出的最为精彩也最为杰出的贡献。

神经外科医生怀尔德·潘菲尔德(Wilder Penfield)等人早期的研究发现:(1)刺激大脑皮层的初级感觉区,病人就会报告有关感觉,无论是体觉、视觉还是听觉;(2)对大脑皮层的许多其他区域施加电刺激并没有得到任何一种有意识的报告,但是在这些"静默"区域里的神经细胞的确对刺激做出反应。上述两种情况的对比以及其他证据表明大量的神经活动并不一定会引发任何有意识的体验。

里贝特关于意识的时间因素的发现也是通过直接对大脑的感觉皮层区施以电流脉冲的刺激获得的。为了研究"在产生有意识体验时脑必须做什么"这个问题,里贝特等人提出的研究策略是寻找两个条件——即输入刺激

[1] Libet, B. 2004. *Mind Time: The Temporal Factor in Consciousness*. Harvard University Press. p. 105.

[2] Libet, B. 2004. *Mind Time: The Temporal Factor in Consciousness*. Harvard University Press. p. 146.

[3] Libet, B. 2004. *Mind Time: The Temporal Factor in Consciousness*. Harvard University Press. pp. 63-66.

仍太低还不足以产生任何感觉觉知与输入刺激提升到了一个恰好开始诱发最微弱的可报告的感觉觉知——之间脑活动的差异。通过对大脑的感觉皮层运用各种刺激,里贝特的实验发现:对于强度(脉冲的电流强度)在某个阈限(liminal)水平的刺激而言,要引发有意识的感觉,那么该阈限刺激脉冲序列的持续时间或大脑皮层的激活时间不能少于 500 毫秒。之后,里贝特通过一系列实验证明,这个 500 毫秒的大脑皮层激活时间的条件也适用于大脑皮层下的上升感觉通道和皮肤的刺激。

基于意识时间因素的实验发现,里贝特提出了一个时控理论(time-on theory)来解释无意识心智功能与有意识心智功能之间的转变以及这个时间因素的各种蕴含。时控理论是指:(1)要引发有意识的感觉体验,那么(当刺激脉冲的强度接近阈值时)大脑皮层激活时长(duration)必须至少500 毫秒。(2)同样的大脑皮层激活,虽然它们的延时不足以造成觉知,但它们却可能造成没有觉知的无意识的心智功能,无意识功能所需要的时间只需 100 毫秒左右;在不足以造成觉知的这段更短的激活时间中,脑同样进行着可记录到的神经活动;因此,只需大脑皮层激活时间增加额外的400 毫秒(时控),无意识功能就可以转变成有意识功能。时控也许并非是影响无意识与有意识之间转换的唯一因素,但里贝特认为它是控制性因素。

照此时控理论,里贝特阐释了如下广泛的理论蕴含。[①]

(1)无意识的、持续时间较短的大脑活动先于延迟出现的有意识事件,因此,也许所有有意识的心智事件实际上在任何觉知出现以前就无意识地开始了。当将这个原则运用于内生的思想和情绪感受时,里贝特提出不同种类的思想、想象、态度、创造性的想法、问题解决等等最初都是无意识地发展的,只有合适的脑活动持续了足够长的时间,这样的无意识思想才可能进入一个有意识的觉知。

---

① Libet, B. 2004. *Mind Time: The Temporal Factor in Consciousness*. Harvard University Press. pp. 106-121.

(2)发声、说话和写东西也都有可能是无意识地启动的。以说话为例,这意味着开始说话的过程,甚至是要说的内容,在说话开始之前就已经无意识地被启动和准备了。如果人们试图有意识地觉知到每一个词语再说话,那么人们显然不可能以通常的方式迅速地说出一系列的词语。

(3)乐器演奏以及歌唱也包含着相似的无意识活动。如果在觉知到手指运动之前存在一个实质性的延迟,那么钢琴演奏者就不可能有意识地觉知到每一次手指的运动。实际上,演奏者报告说他们并没有觉知到要活动手指的意图。相反,他们倾向于将注意力集中于表达他们对音乐的感受。按照觉知产生的时控原则,甚至这些感受在他们的觉知发展之前也是无意识地生起的。演奏家和歌者知道:如果他们要去"思考"他们正在表演的音乐,他们的表现就会呆板而不自然。只有表演者排除任何刻意的成分(conscious specification)(即让它无意识地生起时),才会有真情实意的流畅的表演。

(4)所有对感觉刺激做出的迅速的行为运动反应都是在无意识的情况下发生的。这些反应在信号出现以后 100—200 毫秒之内就可以做出,而这完全早于对信号的觉知。一般来说,伟大的运动员在他们的运动中完全仰赖无意识活动而没有意识活动的干预。他们会说要是他们试图"去思考"(去觉知)瞬间的反应,他们鲜有能够成功的。实际上,我乐于认为对于所有创造性的过程无不如此,无论他们是艺术、科学还是数学。

(5)有意识体验的出现有一个特点:要么全有,要么全无。也就是说,即使合适的神经活动持续了实际阈限觉知所要求的 500 毫秒的 90%,也不会出现可以报告的有意识觉知。这个时控实验已经证明的是,阈限觉知是在大脑活动时间充分持续到所要求的 500 毫秒的时候突然出现的!

(6)人们有一个持续的意识流,这个流行的观念与有意识觉知的时控条件是矛盾的,也许不同心智事件的重叠(overlapping)可以解释我们这种对一系列思想的平滑流的主观感受(见图 8.2)。

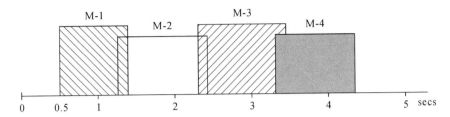

图示 8.2 间断心智事件的重叠与对平滑的意识流的感受。M-1 有意识的
心智事件是在无意识启动的过程经历 500 毫秒之后突然出现的。M-2 有意识心
智事件的开始是在它的无意识启动过程之后,但在 M-1 结束之前。M-3 与 M-4
与此类似。相续的有意识心智事件的重叠避免了意识流的中断。

(7)有意识体验的时控条件可以发挥一种"过滤功能"以限制在任一时间的有意识体验;在向脑传送的每秒数以千计的感觉输入中只有很少会获得有意识的觉知,尽管这些输入会无意识地导致有意义的大脑反应和心智反应;正是注意机制让一个被选择出的反应持续足够长的时间以产生觉知;但注意本身对于觉知并不是一个充分的机制,因此,对于觉知的时控条件就会提供一种机制来筛选出那些没有达到觉知的感觉输入。

(8)应该将对信号的无意识识别与对信号的有意识觉知清晰地区分开来。劳伦斯·维斯克朗茨(Lawrence Weiskrantz)对盲视的报告为区分无意识识别与有意识觉知提供了一个极棒的例子。盲视研究的是这样一些病人,由于视皮层损伤导致他们对其视域中的某部分丧失了有意识的视觉。当要求盲视患者指向他们盲视区域中的目标时,即使他们是在猜测,他们也可以以极高的精确性完成任务,但他们却报告他们没有看见那个目标。

(9)阈下知觉(subliminal perception):如果我们将阈下刺激定义为一个人没有有意识地觉知到的刺激,那么就存在无意识地识别到那个阈下刺激的可能性。有大量的间接证据都支持阈下知觉的存在。

(10)时控理论表明无意识与有意识的功能可能是在相同的脑区中由相同的神经元群调节的。

(11)在心理学和精神分析中,对有意识的体验的内容进行调整被看作是一个非常重要的过程。时控理论提供了一个体验内容的无意识调整能够出现的生理时机(physiological opportunity),在其中无意识的脑活动模式能够在觉知到体验的内容以前就改变这个体验的内容！任何对正在发展的体验的调整或修改对那个体验者来说是独一无二的。它反映了一个人的体验的历史以及他的情绪和道德构成。但调整确实是在无意识中完成的！由此,人们可以说,一个人独一无二的本性是在无意识过程中表达出来的。这与弗洛伊德以及许多临床精神分析和心理学的观点是一致的。

8.6　自由意志:有意识的否决

人有自由意志吗？或者人有何种意义上的自由意志？"自由意志问题深入到我们关于人类本性以及我们如何与宇宙和自然律相关联的看法的根源。我们是完全由自然法则的决定性界定的吗？神学上的注定命运富有讽刺意味地产生了一个与之相似的最终效应。无论在物理学的决定论上还是在神学的命定论上,我们本质上都是一个精微的自动机,我们有意识的感受和意图都被看成是没有因果力量的副现象。或者,我们在做出选择和行动时有某种独立性,并不完全由已知的物理法则决定？"[1]

通常,人们认为在自由的自愿行动(freely voluntary act)中有意识的行动意志会在导致行动的脑活动之前或开始的时候出现。如果是这样,自愿行动就将由有意识的心智启动和指定。但里贝特的时控理论部分暗示了这样一种可能性:如果对意志或行动的意图的内生觉知也要求由脑活动时间持续直到500毫秒,那么似乎有可能启动意志行动的脑活动会在有意识的行动意志被充分发展出来之前就出现。为此,基于科恩胡博(Kornhuber)和迪克(Deecke)的发现:(1)在自由的自愿行动之前550毫秒,脑中始终有规律地出现一个电变化,即准备电位(readiness potential,RP)。(2)里贝特通过精巧的实验设计表明:对实施那个行动的有意识意志的觉知只是在那个行动之前150—200毫秒才出现。(3)因此,自愿的过程是在被试觉知到她

---

① Libet,B. 1999. Do We Have Free Will? *Journal of Consciousness Studies*, vol. 6, no. 8-9, pp. 47-57.

的意志或实施行动的意图之前大约 400 毫秒无意识启动的(见图 8.3)①。

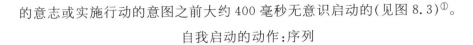

自我启动的动作:序列

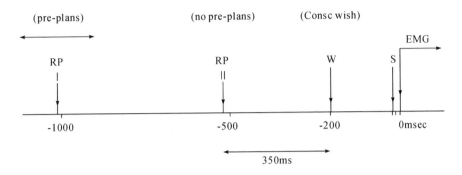

图 8.3　在自我启动(self-initiated)的自愿动作之前的事件序列:大脑活动(准备电位)和主观觉知(W)。相对于"0"时间(肌肉激活的时间),大脑的准备电位(无论是事先有计划,还是事先没有计划)首先开始。最早觉知到动作的欲望的主观体验(W)在"0"时间以前大约 200 毫秒,但却在类型 II 准备电位之后 350 毫秒出现。皮肤刺激(S)的主观时间平均为−50 毫秒,在实际刺激传递时间之前。

基于他的实验研究、现象学体会和合理推断,里贝特关于自由意志问题的最后思想可以表述为:自由的自愿行动的无意识启动和有意识否决。

如果导致一个自愿动作的过程是在有意识的动作意志出现以前由脑无意识启动的,那么就可以得出自愿动作并不是由有意识的动作意志启动的,而是无意识地启动的。这个结论就会导致这样一个问题:在自愿动作中有意识的意志还起作用吗? 对此,里贝特的解释是:

尽管有意识的意志(W)在大脑活动(准备电位)之后至少 400 毫秒才出现,但它在运动之前 150 毫秒就出现了。这一点潜在地为有意识的意志影响或控制意志过程的最终结果留出了空间。150 毫秒的间隔对有意识的功能影响意志过程的最终结果来说足够了。(实际上,对于任何这样的结果,只要 100 毫秒就够用了。在肌肉被激活之前剩下的 50 毫秒就是初级运动皮层激活脊髓运动神经细胞,并通过脊髓运动神经细胞激活肌肉的过程。

①　Libet, B. 2004. *Mind Time*: *The Temporal Factor in Consciousness*. Harvard University Press. p. 136.

在最后的这 50 毫秒,动作一定会被完成,大脑的其余部分已经不可能终止它了。)

有意识的意志可以决定是否让意志过程得以完成,最终造成运动行动本身。或者说,有意识的意志能够阻止或"否决"(veto)这个过程,而不使运动发生。

否决一个行动的冲动是我们所有人都有的共同体验。尤其是当投射(projected)行动被认为是不见容于社会或者与一个人自己整个的人格或价值观不相一致的时候,人们更容易经历这种否决。

我们可以将自愿动作看作开始于由大脑"发起"的一些无意识"倡议"(initiative)。接下来,有意识的意志会选择这些"倡议"中的一个继续发展成为一个行动或选择一个去否决和终止它,以便没有运动出现。①

通常,人们会有一种是他自己启动了一个行动的感受或体验。但如果启动一个自由的自愿动作的大脑过程是一个无意识过程,有意识地启动了这一过程的感受就会成为一个悖论。对此,里贝特的解释是:实际的身体运动之前,人们的确觉知到行动的冲动(或欲望),而这会造成一种感受,即我自己已经有意识地启动了这个过程。另一方面,在有意识的意志出现时,它有可能作为一个触发器使得在无意识状况下形成的"倡议"进一步发展而产生这个动作;在这种情况下,启动或造成一个自愿动作的有意识的感受就反映了现实;因此,在这个意义上,自由意志并不是一个幻觉。②

8.7 CMF:意识"难问题"的解决

里贝特关于心—身关系的立场与罗杰·斯佩里(Roger Sperry)极为相

---

① Libet, B. 2004. *Mind Time: The Temporal Factor in Consciousness*. Harvard University Press. pp. 136-138.

② Libet, B. 2004. *Mind Time: The Temporal Factor in Consciousness*. Harvard University Press. p. 144.

近①,属于涌现交互作用论。② 涌现交互作用论认为:(1)意识涌现自像脑这样的物理系统,只要该物理系统达到一定复杂层次。(2)涌现的宏观属性是非物理的,不可还原为脑神经的微观属性,并且是唯有第一人称才可通达的。(3)涌现的非物理的意识体验对脑活动有因果作用。

除了上面提到的涌现交互作用论的三个要点外,里贝特版本的涌现交互作用论的一些特有内涵反映在他提出的 CMF 的构想中。与哲学家不同,里贝特似乎不认为心—身或心—脑问题是一个后—物理(meta-physics)(即形而上学)的问题——可免于经验实证检验的纯概念问题,相反,他把它视为科学问题。与查默斯和麦金等哲学家对"难问题"的理解并不完全一致,在里贝特看来,"难问题"包含两部分:意识体验的统一性和意识体验具有影响或改变神经元活动的因果能力。要满足意识体验的这两个特征,里贝特认为可以将有意识的主观体验视为好像是一种场。

里贝特这样界定 CMF:(1)CMF 涌现自适当的皮层功能。(2)CMF 具有意识体验的属性,即它解释了意识体验的统一性,尽管意识体验涌现自大量的神经元以及它们的突触的和非突触的交互作用。(3)它能反向作用于某些神经活动,因此它能影响行为输出,这就为有意识意志作用于脑神经活动提供了途径。③ (4)CMF 在现象学上是一个独立的范畴,它无法用任何外部可观测的物理事件或用任何已知物理理论描述;只有拥有 CMF,才能通达 CMF,因此,它只能由第一人称检测,外部观测者只能从个体主体的内省报告中获得 CMF 的直接有效的证据。在这点上,CMF 区别于因此无法归入任何已知种类的物理场,比如电磁场、引力场等,简言之,CMF 是非物理

---

① 里贝特关于心—身关系的立场受到谢林顿(Sir C. Sherrington)、埃克尔斯和斯佩里的影响。

② 例如,威尔曼斯认为:"另一版本的涌现交互作用论,最近由神经生理学家本杰明·里贝特提出。对于里贝特而言,意识是一个涌现场,它有能力否决由脑前意识地计划和准备的行动。"(参见 Velmans, M. 2009. *Understanding Consciousness*. Routledge. p. 56.)

③ Libet, B. 2003. Can Conscious Experience Affect Brain Activity? *Journal of Consciousness Studies*, vol. 10, no. 12, pp. 24-28.

的(non-physical)。[1]

"任何科学的理论,尤其是像 CMF 这样的理论,必须要经过认真的检验。CMF 理论产生的重要预测至少在原则上可经实验检验。"[2]那么如何通过实验来检验 CMF 呢? 特别是鉴于 CMF 的属性,它要求一种颅内的交流模式,而这种交流的进行不需要神经通道。[3] 为此,里贝特提出了一个检验方案。该方案的思路如下:(1)如果大脑皮层的局部区域能够独立地贡献于或改变这个更大的、单一的 CMF,那么原则上可以获得一个隔离的皮层厚片[4],即将这个皮层区与脑的其他所有神经交流完全隔离开或断开,但保持它在原来的位置(in situ)并以某种完全类似于它正常行为的适当方式使之保持活力和发挥作用。(2)可以对实验的预测做如下检验:对这个隔离的皮层厚片进行适当的电或化学激活,如果它能产生或影响一个意识体验,那么就可以判定这种交流是以某种不依赖于神经通道的场的形式实现的。

根据这个方案,一个必须要回答的问题是:CMF 能影响神经元的活动吗? 对此,里贝特认为:(1)对这个推定的 CMF 影响神经功能的能力的检验已经暗含在上述对 CMF 存在的检验中。(2)如果刺激隔离皮层厚片能诱发被试的内省报告,那么 CMF 一定能激活产生口头报告的适当脑区;由此,这就对 CMF 能否影响神经元的功能提供一个直接答案。[5]

CMF 是为了验证"意识体验的统一性和意识体验具有影响或改变神经元活动的因果能力"而提出的,因此,如果关于 CMF 的实验结果是肯定的,

---

[1] Libet,B. 2004. *Mind Time:The Temporal Factor in Consciousness*. Harvard University Press. p. 168.

[2] Libet,B. 2004. *Mind Time:The Temporal Factor in Consciousness*. Harvard University Press. p. 171.

[3] Libet, B. 2003. Can Conscious Experience Affect Brain Activity? *Journal of Consciousness Studies*, vol. 10, no. 12, pp. 24-28.

[4] 里贝特提出,获得神经隔离有两种方式:一种是,通过外科手术切除与大脑其他部分的全部联系,但留下足够的血管连接和保持循环的完整性;一种是,临时阻断进出一个区域的神经传导(参见 Libet, B. 2004. *Mind Time:The Temporal Factor in Consciousness*. Harvard University Press. p. 171.)。

[5] Libet, B. 2004. *Mind Time:The Temporal Factor in Consciousness*. Harvard University Press. p. 178.

那么它就验证了"意识体验的统一性和意识体验具有影响或改变神经元活动的因果能力"。正如里贝特所说的,"假如实验结果被证明是肯定的;换言之,对神经隔离皮层的适当刺激诱发了一些可报告的主观反应,这些反应不能归因于邻近未隔离皮层或者其他大脑结构的刺激。这意味着,一个皮层区的激活有助于全体统一的意识体验,它是通过某种模式而不是通过神经传导的神经信息实现的。这个结果为所提到的场理论提供了至关重要的支持,场理论认为,皮层区能够有助于或影响这个更大的意识场。它能为主观体验的统一场和神经功能的心智介入提供实验基础。"①

如果抛开获得隔离皮层厚片的实际的实验困难,我们不禁怀疑与笛卡尔的二元论的交互作用论相比,作为涌现交互作用论的 CMF 是否真正摆脱了二元论的困境。根据上述 CMF 界定的第一点,CMF 是作为脑的涌现属性被提出来的;但根据第四点,CMF 不是任何一种形式的物理场,它是非物理的。我们知道笛卡尔的二元论交互作用论的困境是先验的(*a priori*),因为心、脑两种实体的异质规定性逻辑上否定了心与脑进行交互作用的可能性。同样,CMF 的困境也是先验的。正如威尔曼斯对此评价的那样,"在这一点上,一方面断言意识对脑的物理工作是必不可少的,可另一方面同时又认为意识并不是某种物理活动的东西——这种观点存在明显的困难。"②里贝特当然也意识到了这种先验的困境,例如,他提到,人们之所以会轻易地排斥所提实验取得的正向结果的前景,是因为 CMF 具有影响或改变神经元活动的因果能力的结果从基于物理联系和交互作用的脑功能的普遍观点来看是完全不可预期的。③ 然而,里贝特显然不接受将 CMF 归于笛卡尔的二元论的阵营。他反驳道,CMF 是作为脑涌现现象的一个"属性"被提出来的,因此,CMF 显然不属于笛卡尔二元论的分离的实体的范畴;如果没有脑,那么 CMF 就不存在。所以,里贝特说,如果人们要把 CMF 的界定视为

① Libet, B. 2004. *Mind Time*：*The Temporal Factor in Consciousness*. Harvard University Press. pp. 178-179.

② Velmans, M. 2009. *Understanding Consciousness*. London：Routledge. p. 54.

③ Libet, B. 2004. *Mind Time*：*The Temporal Factor in Consciousness*. Harvard University Press. p. 181.

二元论,"那么你应当认识到这种二元论并不是笛卡尔式"①。

里贝特试图想以 CMF 解释"意识如何从物质中产生"这个"难问题",但他在处理这个问题时,陷入概念的先验困局,这使他在很多地方表现出一些游移、不确定乃至异常的看法。里贝特不赞同两面一元论。尽管我们认为两面一元论能更恰当地应对心—身关系问题。两面一元论否定存在两种不同实体,它将心智和物质现象视为一个单一基质的两个方面:主观的只对该个体通达的"内在"方面,和代表外部可观察的物质结构和大脑功能的"外在"方面。里贝特对两面一元论没有给出明确的反驳理由,他只是依他的哲学性情(disposition)祭出科学的检验原则(证实或证伪),他说道:"这个理论[两面一元论]似乎无法检验,因为没有任何方法可以直接了解据称展示了如此两面的统一的基质。"②"不存在任何知道这个'基质'是什么的方式,而且也很难解释这样的两种品质如何由相同的基质展现。"③

"脑中的神经活动如何导致④有意识的主观体验"——这似乎是一个关于心—身或心—脑关系的不自觉的、根深蒂固的提问方式。经过深入的透视,我们得出:这种提问方式是科学物质主义和二元论共同作用的产物。怀特海认为科学物质主义是近代世界观的基石,科学物质主义"假定了一种不可还原的、粗鄙的(brute)物质的终极事实,这些物质遍及一个流变构形的空间。这样一种物质本身是无感觉的、无价值的和无目的的。它仅仅根据外部关系所施加的固定的惯例做它所做的一切,而这些外部关系并不是出自其存在的本性。"⑤另一方面,人类似乎不可避免地要将"心""身"视为两种异质的"东西"——无论这个"东西"是实体、属性还是事件。如果当科学物质

---

① Libet, B. 2004. *Mind Time:The Temporal Factor in Consciousness.* Harvard University Press. p. 181.

② Libet, B. 2004. *Mind Time:The Temporal Factor in Consciousness.* Harvard University Press. p. 181.

③ Libet, B. 2003. Can Conscious Experience Affect Brain Activity? *Journal of Consciousness Studies*, vol. 10, no. 12, pp. 24-28.

④ 人们也常常用另外一些术语,例如"生成"(generate)、"产生"(produce)、"引起"(give rise of)、"创造"(create)或"涌现自"(emerge from)。

⑤ Whitehead, A. N. 1948. *Science and the Modern World.* The Macmillan Company. p. 18.

主义界定的物质是终极事实时,那么"心"只能是物质世界以某种方式或产生,或导致,或创造,或引起的"东西"。现在的怪异之处在于:物质导致的是一种与它自己完全异质的"东西"。并且最终如果自由意志不是错觉的话,那么非物质的意识体验还会对神经活动有因果作用。面对这种由"心"和"身"的概念内涵所决定的先验困局,里贝特最终被迫说出这样的话:"我们也许不得不满足于有意识的主观体验如何与脑活动相关的知识,但我们可能无法解释主观体验为什么或如何从脑活动中涌现出来,正如我们无法解释为什么重力是物质的属性。我们接受每个根本的现象范畴存在,并且我们也接受这个现象范畴与其他系统的关系可以在不知道为什么这种关系存在的情况下就被研究。"①在另一处,他相似地说道:"重要的科学挑战就是为意识场与物理脑之间的这个被提到的双向交互作用提供实验证据,而不是试图去回答这样的交互作用为什么或如何存在。"②也许对种类问题——诸如,为什么质量有惯性?为什么质量表现出引力?为什么物质的行为具有波粒二象性?为什么水的成分是 H_2O?为什么带电导线周围环绕磁场?——我们只能揭示其中的关系,但不能对其中的关系项进一步做彼此的还原解释,即我们仅仅能将其中的关系项具有如此这般关系作为事物本性中给定的东西接受下来。

8.8 结　语

里贝特服膺科学必须可证实或可证伪的要求,因此,他对形而上学的立场是开放的。在他看来:无论是决定论的物质主义、非决定论、二元论还是一元论,它们都是人们持有的信念或信念体系。持有信念是一个人的自由(即便人们认为自己是在理性地持有一个信念),例如,他说"如果你想把主

① Libet, B. 2004. *Mind Time*: *The Temporal Factor in Consciousness*. Harvard University Press. p. 184.

② Libet, B. 1996. Conscious Mind as a Field. *J. Theor. Biol.*, 178, pp. 223-224.

观体验当作一个幽灵,你可以这样做"[1];"如果丘奇兰德夫妇想把他们自己看成是完全由神经细胞构成的物理主义事件所决定的,那么,他们有权得出他们的观点,即使其他人感到他们拥有一个真实的、并非自动机器的有意识的心智"[2]。但是,如果一个信念或信念体系无法加以科学地验证(证实的或证伪的),那么它仅仅是信念。但问题是,在科学最终证实或证伪一个观点、假说或学说之前,科学并非是一个完全免于信念的活动和过程。例如,当爱因斯坦说"我无法真正相信(量子理论),因为……物理学表示的是一种时间和空间上的实在,容不得超距的幽灵行为"[3],"我认为粒子必然是一个独立于测量的分立的实体。也就是说,电子即使没有被测量,它一样有自旋、位置等特性。我想即使我不看它,月亮也还是在那儿"[4]时,可以看出,爱因斯坦显然有一个作为他科学活动起点的信念系统——一个非超距作用的客观实在论。同样,在里贝特关于心—脑关系的科学研究中,我们也能分辨出其隐含的信念系统——他不自觉持有的物理主义信念,因为唯有这样的信念系统才会以"物质导致心智"这样的方式来提出问题[5]。我们认为里贝特对CMF的经验实证的检验不可能得到肯定的结果,因为他并没有澄清CMF所隐含的先验困局。也许,里贝特关于心—脑交互作用的最后反思更能反映出他对CMF的矛盾心情,在《反思心与脑的交互作用》一文的结语中,他写道:"心与脑之间的交互作用的本质显然很难理解,因为它涉及适当的神经活动产生非物理的主观体验。如果对CMF实行一个如上描述的实验检验,那它有可能证实或否证这种对心—身交互作用可能的替代选择。杰出的神经科学家多蒂(R. W. Doty)曾对我说,他不相信一个CMF的检验会产

---

① Libet, B. 2004. *Mind Time*: *The Temporal Factor in Consciousness*. Harvard University Press. p. 183.

② Libet, B. 2004. *Mind Time*: *The Temporal Factor in Consciousness*. Harvard University Press. p. 159.

③ 转引自罗森布鲁姆、库特纳:《量子之谜——物理学遇到意识》,向真译,湖南科学技术出版社,2013年,第1页。

④ 转引自罗森布鲁姆、库特纳:《量子之谜——物理学遇到意识》,向真译,湖南科学技术出版社,2013年,第182页。

⑤ Blackmore, S. 2005. *Conversations on Consciousness*. Oxford University Press. pp. 4-5.

生一个肯定结果。但是如果它确实带来一个肯定的证实,那么这将会在神经科学乃至一般科学中创造一个伽利略式的革命。"①的确,如果 CMF 被证实,那么物理世界的因果闭合原则就会被打破,这就为超自然的解释敞开了大门。例如,里贝特确实谈到有可能一些心智现象没有直接的神经基础,有意识的意志有可能不总是遵循物质世界的自然律②,"有证据表明一个完全的相关性也许不会出现;可能存在一些有意识的心智事件,它们的出现似乎没有关联神经事件或以神经事件为基础"③。当然,如果 CMF 确实打破了物理世界的因果闭合原则,那么它带来的结果的确堪称科学中的伽利略式的革命! 不过,我们并不认为这有可能发生!

① Libet, B. 2006. Reflections on the Interaction of the Mind and Brain. *Progress in Neurobiology*, 78. pp. 322-326.

② Libet, B. 2004. *Mind Time: The Temporal Factor in Consciousness*. Harvard University Press. p. 183.

③ Libet, B. 2003. Can Conscious Experience Affect Brain Activity? *Journal of Consciousness Studies*, vol. 10, no. 12, pp. 24-28.

9 意识的生命理论

9.1 引　言

  达马西奥是当代极负盛名的认知科学家,迄今,他已出版了 5 本著作——《笛卡尔的错误:情绪、理性和人脑》(*Descartes' Error : Emotion, Reason and the Human Brain*)、《感受发生的一切:意识形成中的身体和情绪》(*The Feeling of What Happens : Body and Emotion in the Making of Consciousness*)、《寻找斯宾诺莎:快乐、悲伤和感受着的脑》(*Looking for Spinoza : Joy, Sorrow, and the Feeling Brain*)、《赋以自我的心智:建构有意识的脑》(*Self Comes to Mind : Contructing the Conscious Brain*)和《事物的奇怪顺序:生命、感受和文化的形成》(*The Strange Order of Things : Life, Feeling, and the Making of Cultures*)。他的主要研究可以归于心智的生物学①这个一般领域,而他尤其有影响力的工作包括:(1)情感在社会认知和决策中的基础作用;(2)情绪、感受、意识和自我的神经科学;(3)文化的生物根源。

  心智——尤其是研究情绪、感受、意识和自我——的科学研究不可避免地要与现象学和哲学杂合在一起。纵观达马西奥的“五部曲”,我们可以看到在其整个心智研究中始终贯穿了两个基本观念:心智的生命观和层级演

---

  ① 埃里克·坎德尔:《新心智科学与知识的未来》,李恒威、武锐译,《新疆师范大学学报(哲学社会科学版)》2018 年第 1 期,第 7-24 页。

化观。心智的生命观本质上是一个关于心智的存在论,它内在地要确定一个关于心智—物质关系的哲学立场。首先,这个立场是自然主义的;心智是一个自然物质现象,更是一个生命现象,人们无法离开生命来谈心智,说得更确切一点,生命蕴含了心智,生命的起源也是心智的起源。其次,这个立场排除了二元论,它是一种一元论,说得更确切一点,是两面一元论。心智的层级演化观包含两点:(1)心智是演化的;(2)演化是有顺序和层级的。例如,就自我的演化而言,达马西奥就区分出三个层级:原自我(proto-self)、核心自我(core self)和扩展自我(extended self)。①

下面,我们就以这两个基本观念为"经",以达马西奥所研究的基本主题为"纬",尝试全面地呈现一幅通行达马西奥"五部曲"之要津的简图。我们先从"经"开始,然后到"纬"。

9.2 心智的生命观

二元论似乎是一种自然且朴素的直觉,因为"当我们不受现有科学知识的影响,让心智的一部分自然且朴素地观察心智的其余部分时,一方面,这些观察让我们认识到身体是由细胞、组织和器官这类有广延的物质构成的。另一方面,这些观察又让我们认识到一些我们无法触及的东西,即转瞬即逝的感受、视觉景象和声音等,正是这些东西构成了我们心智中的思想。在没有任何证据支持或反对的情况下,我们[通常会不自觉地]认为思想是另一种实体,一种非物质的实体"②。事实的确是,二元论这个直觉塑造了人类理解自身的概念系统;但这个根深蒂固的直觉又与人作为心—身一体的存在状况相冲突。哲学一直在花费巨大的努力来调和这个冲突,调和人的现象学方面与生理学方面的二元分裂。如果这两方面是完全分离的,那么科学所要求的自然主义就瓦解了,心智的科学研究——无论是分子层面的还是

---

① Damasio, A. 1999. *The Feeling of What Happens : Body and Emotion in the Making of Consciousness*. William Heinemann. p. 311.

② Damasio, A. , 2003. *Looking for Spinoza : Joy, Sorrow, and the Feeling Brain*. Harcourt. p. 188.

在神经系统层面的——就是不可能存在的。意识的"难问题"似乎是一个刺眼的昭示，它表明人的现象学方面与生理学方面根本无法一致地统一起来。也许问题不在于人的存在没有感受质或没有肉体，以及没有这两者的统一性，而在于我们还没有恰当的理论来完整地理解人性或"人的现象"①。也许"难问题"最终不再是一个无法逾越的阻碍而是一个"挑衅"或提醒，它刺激或要求我们必须重新确立我们关于心智、物质以及心—物关系的观念。

9.2.1 心—脑等价假设

在这个议题上，达马西奥的观点是"心—脑等价假设"（mind-brain equivalence hypothesis）。"当前，心智状态与脑状态等价应被视为一个有用的假设而不是一个定论。"②总体上，达马西奥对这个议题没有做专门的哲学论证，但他有充分的科学研究的实践理由来接受这个假设。

与各种类型的物理主义者不同，在尊重人的生理性（或更一般地，物理性）方面的同时，达马西奥始终赋予第一人称的现象学体验以应有的地位。在存在论上，人的现象学方面和生理学方面都是实在，无法彼此还原；感受质、意识体验、自由意志感不是还原论物理主义"独断论"之下的幻影或错觉。在认识论上，现象学和生理学（生物学、神经科学）是心智研究的两个互补的进路；即便在心智研究的科学实证阶段，科学仍然要以现象学为先导，因为正是现象学首先呈现出科学的机制研究所针对的"对象"，例如，"记忆"首先是一个现象学概念，没有这个概念，记忆的生物学和神经学研究就无从谈起。正因为这样，托诺尼和科赫在他们不断完善的整合信息理论（integrated information theory, IIT）中分别以"公理"和"公设"的概念再次表达了意识的现象学方面和物理学方面在认识论上的顺序。就认识论而言，现象学公理是首要的（人性的现象学方面之所以是首要的，其根本依据在于笛卡尔对"我思，故我在"所做的怀疑性论证）、先导的、自明的，而意识

---

① 德日进：《人的现象》，李弘祺译，新星出版社，2006 年。

② Damasio, A. 2010. *Self Comes to Mind : Constructing the Conscious Brain*. Vitage Books. p. 236.

的科学研究则是在现象学公理的引导下,找到与这种现象学公理相应的(corresponding)充分必要的物理学公设。传统的心—身关系或心—脑关系在 IIT 中被转变为公理—公设关系。

事实上,在达马西奥那里,现象学与生理学不过是关于"人的现象"的两个相应的描述角度或描述层次,但在对"人的现象"进行的两个层次的描述中并不蕴含实体二元论。"一方面是我们在分子、细胞和系统层次上对神经事件的认识,另一方面是我们试图理解其显现机制的心智意象……通过坚持这两种不同层次的描述,我并不认为存在两种不同的实体,一种是心智的,另一种是物理的。我不过是承认,心智是高层次的生物过程,因为它的显现是私人性的,所以它需要并值得给出一个针对其自身的描述,而且因为那种显现恰是我们希望解释的基本实在。"[①]达马西奥对于心—身关系的看法几乎就是两面一元论,但遗憾的是,在他的思想中仍然存在一些二元论和物理主义的残余。一方面,他将心智意象和神经模式看成等价的(甚至同一的[②]),而另一方面他又认为,心智意象与神经模式之间存在因果作用——心智意象来自神经模式:"意象来自神经模式或神经映射,它们是在构成回路或网络的神经元或神经细胞群中形成的。但是,意象是如何从神经模式中涌现的,却是个未解之谜。一种神经模式是怎样成为一个意象的,这是神经生物学依然没有解决的一个问题。"[③]再如,一方面,他认为意识的生物学研究要求一个内在的工作假设,即心智事件等同于某种脑事件,心智意象也就是神经模式;另一方面,他又认为"心智活动是由先于它的脑事件导致的"[④]。结果,达马西奥在有些地方似乎又陷入了"难问题"所凸显的概念困境:如果物质实体不同于并且先于心智实体,那么心智实体如何从物质实体中产

---

① Damasio, A. 1999. *The Feeling of What Happens : Body and Emotion in the Making of Consciousness*. Harcourt Brace and Company. p. 322.

② Damasio, A. 2010. *Self Comes to Mind : Constructing the Conscious Brain*. Vitage Books. p. 236.

③ Damasio, A. 1999. *The Feeling of What Happens : Body and Emotion in the Making of Consciousness*. Harcourt Brace and Company. p. 321.

④ Damasio, A. 2010. *Self Comes to Mind : Constructing the Conscious Brain*. Vitage Books. p. 15.

生呢?

在《寻找斯宾诺莎》这本书中,我们可以看到达马西奥对斯宾诺莎的异常亲近——不论是在科学的还是哲学的议题上。"斯宾诺莎处理了我作为一名科学家最关注的一些主题——情绪和情感的本质以及心智与身体的关系。"①在书中,达马西奥简明准确地谈到斯宾诺莎在这个议题上的若干要点:(1)思想与广延在现象学上是有区分的;(2)但它们仍然是同一实体——上帝或自然——的属性;(3)心智和身体并行地显现同一个实体,它们之间不存在因果作用,因此也就克服了笛卡尔所面临但未能解决的一个问题,存在两种实体,并且需要将它们整合在一起;(4)因此这种构想是"方面"二元论("aspect" dualism)或两面一元论,而否定了实体二元论。② 为了使两面一元论更加圆融,我们进一步地将它发展为"两视一元论"。这个观点的要义在于:物质不是惰性的,而是充满内在创造力的;每个合成个体(compound individual)是一团"有感知能力的、活的物质",是有机体,它既是自我实现的主体,同时也是其他自我实现的主体"眼中"的客体;心智概念和生物概念描述的不是两个异质的实体,而是对同一个实体出自两个视角(或层次)——第一人称视角(现象学视角)与第三人称视角(生理学视角)——的描述。

9.2.2　生命中的心智

"我"所体验和归属为心智范畴的一切——感知、情绪、意图、思想、决定、意识、自我等等——也归属于生命范畴、有机体范畴、生理范畴、生物范畴乃至物质范畴,人类的日常实践(尤其是医学实践)时时刻刻都在昭示这一点,但遗憾的是,在有关人性的观念发展史上,这并非是不言而喻的。达马西奥在《笛卡尔的错误》乃至其之后的所有著作中所要反对的就是这个阻碍人们现实地理解人性的二元论,即将心智与生命割裂开的二元论。不打破这种障碍,身体、情感、理性、自我和意识就无法回到它们应有的位置。

---

① Damasio, A. 2003. *Looking for Spinoza: Joy, Sorrow, and the Feeling Brain*. Harcourt. p. 11.

② Damasio, A. 2003. *Looking for Spinoza: Joy, Sorrow, and the Feeling Brain*. Harcourt. p. 209.

在达马西奥看来,所有的心智现象或功能都可以围绕生命、生命的起源、生命的适应和生命的演化来理解。对通常被视为主观品质(quality)之典范的感受来说,即便它似乎"惟恍惟惚"、无形无象,但它也是一种由"神奇的生理安排"实现的特定生命功能。事实上,仅仅将生命视为一种特定组织类型的物质系统从而对它进行生理和物理的分析和描述是不够的,因为如果不从价值的角度,不将生命视为一个本然的价值系统,那么生命就不可能被真正理解。生命是一个价值系统的意谓在于,生命是一个自我实现的努力。达马西奥在他的书中多次提到斯宾诺莎的"自然倾向"(conatus)。事实上,"自然倾向"这个概念抓住了一个有关生命本质的根本的现象学直觉,用斯宾诺莎的话来说就是,"'每个事物,只要在自己的能力范围内,都会努力保持自身的存在','每个事物竭力保持自身的那份努力就是那个事物的实际的本质'。用当今的观点来解释,斯宾诺莎的观念意味着,生命有机体的构建是为了维持其结构和功能的一致性,从而抵御威胁生命的诸多逆境"①。在生物学中,人们一直在探索用更严格的概念和理论来深化这种对生命本质的根本直觉。例如,马图拉纳和瓦雷拉用"自创生",罗伯特·罗森(Robert Rosen)用"代谢—修复系统"(M-R system)等概念来试图刻画生命的本质②。达马西奥喜欢用"自体平衡"(homeostasis)这个概念。尽管"自体平衡"在严格性和理论化程度上不及"自创生"和"代谢—修复系统",但就旨在深化"自然倾向"这个直觉概念的意义上,它们完全是一致的。事实上,达马西奥关于心智(直觉、情绪、感受、思想、意识、自我等等)乃至文化的整个研究都可以从自体平衡——这个理解生命本质的概念——的分析中找到根源。

正如劳伦斯·沃格尔(Lawrence Vogel)在乔纳斯的《生命现象:走向哲学生物学》的前言中写的:乔纳斯用海德格尔自己的生存范畴瓦解了这个现代信条——人是所有价值的来源。乔纳斯提供了"一个生物事实的'存在

---

① Damasio, A. 2003. *Looking for Spinoza: Joy, Sorrow, and the Feeling Brain*. Harcourt. p. 36.

② 李恒威:《意识:从自我到自我感》,浙江大学出版社,2011年。

性'解释",与海德格尔针锋相对,他让我们明白:"不仅仅是人,所有有机体都'关心自己的存在'。有价值和无价值并不是人类的创造,而是内在于生命本身的。每个生物都共享有生命的'有需要的自由'(needful freedom),并且'在自身中包含一个内在的超越视域',因为每个有机体为了生存都必须接触它的环境。"①乔纳斯自己在书中则开宗明义地说:"生命哲学包含有机体哲学和心智哲学。这本身就是生命哲学的第一命题,事实上是它的假设,这个假设在它的实行过程中必定能够成功。因为这个命题恰恰表达了这样一个论点:即使是最低级形式的有机体也预示了心智;而即使是最高程度的心智,也同样是有机体的一部分。这个论点的后一半而不是前一半与现代信念一致,它的前一半而不是后一半与古代信念一致:这两者都是有效的并且是不可分离的,这是一个哲学假设,它试图表达一个超越古代与现代争辩的立场。"②

乔纳斯所表达的一个双向立场——"即使是最低级形式的有机体也预示了心智;而即使是最高程度的心智,也同样是有机体的一部分"。显然,达马西奥展示了与乔纳斯完全一样的立场和思想路线,即追溯生命的自体平衡也是在追溯心智(例如,感觉、反应、目的性、动机、驱力、欲望、意志、原自我、自由等)的起源,同时,即便是最复杂的人类文化也同样是生物世界的一部分——一种社会文化的自体平衡(sociocultural homeostasis)。达马西奥将自体平衡分为基本自体平衡和社会文化自体平衡,但他认为,这并不意味着后者就是纯粹的"文化的"建构,而前者是"生物学的";他的看法是,生物学与文化完全是相互作用的。"社会文化自体平衡的形成是大量心智作用的结果,具有心智的脑首先是在特定基因指令下以某种方式构建而成的。有意思的是,越来越多的证据表明,文化发展会导致人类基因组产生重大改变。例如,由于乳品业的出现,牛奶成为膳食的一部分,导致基因产生了乳

---

① Jonas, H. 1966. *The Phenomenon of Life: Toward a Philosophical Biology*. University of Chicago Press. Northwestern University Press, 2000. p. xiv.

② Jonas, H. 1966. *The Phenomenon of Life: Toward a Philosophical Biology*. University of Chicago Press. Northwestern University Press, 2000. p. 1.

糖耐受性。"①

生命是自体平衡的,而一切在现象学上称之为心智的功能(无论是低级的还是高级的),都是在维持或实现更高水平自体平衡的过程中发展起来的。理解心智,必须从理解生命的本质和分析自体平衡的生物组织和过程开始——这就是达马西奥在其整个心智的生物学研究中贯彻的"心智的生命观"。例如,随着身体的发育、更新和老化,生命机体时时刻刻在经历着变化和转变,但生命的自体平衡保持了最基本的组织设计,从而维持了始终处于变化中的生命个体的同一性,这个同一性就是"自我"的生物学根源。

9.3 心智的层级演化观

世界处于永恒的迁流变化中——这是人类对世界本质的一个普遍判断。近代,"变化"的一般观念进一步发展为"演化";而演化是有序的,其中体现演化秩序性的一个基本方面就是演化是以层级的方式展开的。从宇宙演化的宏观层级来说,它遵循"物质→生命→心智"这样的顺序。我们可以在很多思想家的著作中看到对宇宙演化的宏大层级的划分,尽管他们使用的术语可能有差别,但大致的分层是一致的。

9.3.1 德日进

德日进在《人的现象》等一系列著作中以宏阔的笔触描摹了一个逐层演化的宇宙观。他认为宇宙是一个内禀创造性的整体,一个处在不断演化中的活的有机体;他将宇宙演化的层级划分为前生命、生命、思想和超生命。宇宙的演化由两种力量——切线能和向心能——推动,这两种力量相反相成、对立统一。宇宙的演化是一种以层级方式不断复杂化的过程——基本粒子到原子,原子到分子,分子到单细胞生物体,单细胞生物体到多细胞生物体,多细胞生物体到具有思想的生物体(即人)的诞生,人到人类社

---

① Damasio, A. 2010. *Self Comes to Mind ; Constructing the Conscious Brain*. Vitage Books. p. 221.

会。层级之间的演进依照三个程序:发散、收敛和涌现(divergence, convergence, emergence)。宇宙自大爆炸起始,发散而成最初的基本粒子(诸如质子、中子、电子、介子),它们收敛聚合而涌现出不同类型的原子(及其同位素),不同类型的原子形成多样性的原子之树;不同类型的原子发散和漫衍,它们通过种种反应收敛聚合而涌现出不同类型的分子,不同类型的分子形成多样性的分子之树;分子又依相同的程序演化为可以进行新陈代谢和繁殖的细胞;细胞的代谢和繁殖预示了在一个新层级的发散,在这个层级上漫衍而成的是多样性的生命之树;下一步的演化就是有思想的生命的诞生——高等灵长类动物出场了,文化和文明的曙光日渐高起。德日进认为,人类的文化和文明不是演化的终点,宇宙的演化还会向他所谓的"奥米加点"(Point Omega)前进。但人类的出现在整个宇宙的演化中意义非凡,因为它代表着演化的觉醒,因为意识和反思使得演化开始关心自己:"整个宇宙也是一场辩证式的演化。有它的发散,有它的收敛和终结奥米加点的浮现(emergence)。在人之前,宇宙是在一种发散的状态中,我们看到生命之树,枝叶扶疏,花果繁硕,有如扇形的开展,覆盖方圆。但是人类成了这一发展的主轴,处在这个树干的顶端,四顾瞻望,旁若无人,终于能自由地自我集结,从最优的地位突破反思的门槛,形成思想的自觉。这便是所谓演化的觉醒,演化开始关心自己。"[①]

9.3.2　熊十力

无独有偶,在宇宙论上,与德日进同时代的中国新儒家的开宗者之一的熊十力在《新唯识论》《体用论》等著作中提出了一个与德日进极为相似的层级演化论的宇宙观。

在熊十力的宇宙论中,他论及的主要思想包括:

(1)自现象上看,宇宙是永恒变化的。"心物诸行都无自体,宇宙唯是变化密移,变化二字,以后省言变。新新而起,故故不留。"[②]

---

① 德日进:《人的现象》,李弘祺译,新星出版社,2006 年,译序第 16 页。
② 熊十力:《体用论》,上海书店出版社,2009 年,第 10 页。

(2)自本体上论,宇宙是内禀创造性的能变。"余以为宇宙实体不妨假说为能变。云何为实体?以万变不是从无中生有故。……无能生有,理定不成。"①

(3)就变化的动力来论,熊十力提出了"翕辟成变"之说。熊十力认为,万千现象之变化都遵循一个基本的通则,即"相反相成":"因为说到变化,必是有对。易言之,即宇宙实体内部含有两端相反之几,而得以成变而遂其发展。变化决不是单纯的事情,单者,单独而无对。纯者,纯一而无矛盾。单纯,哪得有变化?然若两端对峙,惟互相反而无和同,即令此伸彼屈,而此之独伸,亦成乎亢穷,则造化将熄矣。所以说变,决定要率循相反相成的法则。"②宇宙内部所含的两端相反之几,熊十力称一者为"翕势",一者为"辟势"。

(4)就演化来论,宇宙是以层级的方式不断创进的。熊十力大致划分的宏观层级为:无机体层(即质碍层)和有机体层(即生机体层),而生机体层复分为植物机体层、低等动物机体层、高等动物机体层和人类机体层。"物界演进约分两层:一、质碍层。质即碍,曰质碍。自鸿蒙肇启,无量诸天体乃至一切尘,都是质碍相。尘字,本佛籍,犹云物质。质碍相,生活机能未发现故。昔人说物为重浊或沉坠者以此。即由如是故相,通名质碍层。二、生机体层。此依质碍层而创进,即由其组织特殊而形成为有生活机能之各个体,故名生机体层。此层复分为四:曰植物机体层,(生机体,省云机体。下仿此。)曰低等动物机体层,曰高等动物机体层,曰人类机体层。凡后层皆依据前层,而后层究是突创,与前层异类,此其大较也。"③

9.3.3 威尔伯

对于层级演化论的宇宙观,我们可以在威尔伯的《性、生态、灵性:演化之精神》(Sex, Ecology, Spirituality: The Spirit of Evolution)、《万物简史》

---

① 熊十力:《体用论》,上海书店出版社,2009年,第10页。
② 熊十力:《体用论》,上海书店出版社,2009年,第12页。
③ 熊十力:《体用论》,上海书店出版社,2009年,第15页。

(*A Brief History of Everything*)等一系列著作中看到一个表述更现代的理论。(在此,我们暂不谈论这个理论的主要构成和相关表述。)宇宙的层级演进是对新颖性的开拓,如熊十力所言,"宇宙万变,时有创出一新类型,而舍其旧类型。此突变之奇诡也"①。威尔伯也表达了对这种从物质到生命再到心智的层创之"奇诡"的惊异。"这是一个令人惊异的世界。大约在150亿年以前,只有一片彻底的虚空,然后,在不到一毫微秒的时间里,物质宇宙便轰然成形。更令人惊异的是,如此产生的物质并非随机和混沌一片,而仿佛自成一种越来越错综复杂的组织形式。这些形式如此复杂,以至于数十亿年之后,其中有一些找到了自我繁殖的途径,由此生命从物质之中诞生。甚至更令人惊异的是,这些生命形式显然不满足于仅仅自我繁殖,而是开始了漫长的演化,最终使得它们可以表征自己,可以产生手势、符号和概念,由此心智从生命之中诞生。无论这个演化的过程是什么,它仿佛受到难以置信的驱动——从物质到生命再到心智。"②

威尔伯在《性、生态、灵性》中援引了大量的事例表明层级演化观是诸多理论理解世界的一个根本思想。例如,他写道:从一般系统论的创立者路德维希·冯·贝塔朗菲(Ludwig von Bertalanffy)的"在现代观念中,实在表现为有组织的存在物的惊人的层级秩序"到罗伯特·谢尔德雷克(Rupert Sheldrake)的"形态发生场中嵌套的层级";从伟大的系统语言学家罗曼·雅各布森(Roman Jakobson)的"层级是语言的根本结构原则"到查尔斯·伯奇(Charles Birch)和科布的基于"层级价值"的实在的生态模型;从瓦雷拉在自创生系统的奠基性工作中谈到的"对自然系统丰富性的一般反思似乎就是……产生一个演化水平的层级"到斯佩里、约翰·埃克尔斯爵士(Sir John Eccles)和潘菲尔德的"非还原涌现物的层级",甚至到尤尔根·哈贝马斯(Jurgen Habermas)的社会批判理论中的"交流能力的层级"③,可以

---

① 熊十力:《体用论》,上海书店出版社,2009年,第15页。

② Wilber,K. 1995. *Sex, Ecology, Spirituality: The Spirit of Evolution*. Shambhala. p. 3.

③ Wilber,K. 1995. *Sex, Ecology, Spirituality: The Spirit of Evolution*. Shambhala. p. 15.

说,层级现象无处不在。

当"层级演化"成为理解世界的一个基本观念时,它也就成为我们理解不同事物和现象的基本视角和方法。就物质、生命和心智三个宏观层级的范畴而言,当我们分别对它们加以层级演化的显微透视时,我们可以理论地外推:在宏观层级中嵌套着中观层级,在中观层级中嵌套着微观层级。例如,在物质层级上,还可以区分出它所嵌套的亚层级:基本粒子、原子、分子、大分子。在生命层级上,还可区分出它所嵌套的亚层级:组织、器官、系统;在心智层级上,还可区分出它所嵌套的亚层级:无意识心智、有意识心智和反思心智。在社会层级上,还可区分出它所嵌套的亚层级:家庭系统、部落系统、国家体系和全球体系。

9.3.4 心智演化的层级

现在我们回到达马西奥。迄今为止,心智的神经生物学研究的大部分进展基于三个视角——现象学视角、行为视角和脑视角——的结合和互惠,但达马西奥认为,这还不够,我们还需要第四个视角,即演化的视角。演化的视角"要求我们首先考虑早期的生命有机体,接着逐渐跨越演化的历史,考虑当前时期的有机体。它要求我们注意神经系统日益累积的变化,并把它们分别与行为、心智和自我的渐进出现联系起来"[1]。同时,达马西奥也明确地认识到,心智的层级演化观与生命观是内在一致的,因为生命的复杂化与"行为、心智和自我的渐进出现"是对应的:从外在的视角看,就是生命机体(包括脑)的日益复杂化;从内在的视角看,就是心智的日益丰富化。这种演化上的对应,就是德日进所说的"复杂化—意识律"。事实上,生命与心智在演化上的对应性也要求"心—脑等价假设";演化视角"也要求一个内在的工作假设,即心智事件等同于某种脑事件……换言之,一些神经模式同时是心智意象"[2]。

---

[1] Damasio, A. 2010. *Self Comes to Mind: Constructing the Conscious Brain*. Vitage Books. p. 15.

[2] Damasio, A. 2010. *Self Comes to Mind: Constructing the Conscious Brain*. Vitage Books. p. 15.

至于生命机体的复杂化和与之对应的心智的层级，达马西奥大致区分为四个层级：前心智（意象）的感觉—行动、心智（意象）、有意识的心智、反思的心智（慎思）。"我们在细菌、简单动物和植物中发现的那种自体平衡要先于心智的发展，而心智后来又进一步发展出感受和意识。这些发展让心智能慎思地介入预置的自体平衡机制，甚至在之后它使得创新和智能的发明将自体平衡扩展到社会文化领域。然而，说来奇怪，始于细菌的自动自体平衡包括并且事实上需要感官和反应能力，而它们正是心智和意识的简朴先驱。"①见表9.1。

表 9.1　生命调节方式

①自体平衡（homeostasis）：感觉—行动和感觉—行动自我	
非心智的（non-minded）	②心智的（minded）：意象和原自我
无意识的（unconscious）	③意识的（conscious）：知道和核心自我
非反思的（non-reflective）	④反思的（reflective）：反思和扩展自我

随着生命机体的复杂化，在相应的心智层级上会出现前一层级没有的新颖能力并展现出具有不同能力和丰富程度的自我。（1）与无机物相比，生命是自体平衡的，自体平衡的调节由感觉—行动的程序实现和维持，并表现为感觉—行动的自我。（2）因为神经表征或神经映射的出现，自体平衡的调节开始获得意象的支持；在达马西奥的观点中，意象是心智的标志，这时生命是有心智的生命；达马西奥将具有意象能力的自我命名为"原自我"。（3）随着二阶表征的出现，意象开始被个体知道，意识出现了，自我开始获得了自我感；达马西奥将具有意识能力的自我命名为"核心自我"。（4）随着记忆和语言能力的扩展，个体开始有意识地"揣摩"他曾经历过但已转为长时记忆的意识活动，于是反思出现了，自我开始在记忆中被言语的意象串联起来；达马西奥将有反思能力的自我命名为"扩展自我"或"自传式自我"。此外，随着个体生命浸润在他们自己所造就的越来越复杂的社会文化环境中，

---

① Damasio, A. 2018. *The Strange Order of Things: Life, Feeling, and the Making of Cultures*. Pantheon Books. p. 48.

自传式自我开始具有日益丰富的社会文化性,这时自我也被达马西奥称为"社会文化自我"。

纲举而目张,在有了理解达马西奥的心智生物学研究的经线(即心智的生命观和层级演化观)之后,我们现在转到从其经线的不同点上拉出的纬线上,即达马西奥对生命—心智演化层级以及与之相应的新颖能力和特性的研究。我们从自体平衡开始。

9.4 自体平衡与生物价值

我们前面谈到过,关于生命本质的最根本的现象学直觉是:生命是一个自我维持的系统。事实上,当我们以"自我维持"这个概念来捕捉生命的本质时,这就已经蕴含了必须从价值、目的和规范的角度来理解生命。也就是说,既然生命是一个自我维持的系统,它也因此是一个自然价值系统和自然目的系统。"只有那些为目的而做并且表现出对手段的选择的行动,才能被称为心智的不容置疑的表达。"①

9.4.1 生物价值

活着(staying alive),是所有生命形态的第一现实(first reality),是最基本的生物价值(biological value),是一切生命活动和心智功能所围绕的关键。"生存的概念以及引申出来的生物价值的概念可适用于各种生物体,从分子和基因到整个有机体。"②不论人类社会中的价值多么复杂多样,它们最终都要直接或间接地与生存(即生物价值)联系在一起。有意识的感受就是生存品质的指示器,它忠实地表达和诉说着生物价值。

事实上,即便在理解最简单生命的活动时,我们也离不开诸如动机、欲望、驱力、态度、选择、意志等价值和目的范畴。例如,像阿米巴虫这样的单

---

① 詹姆斯:《心理学原理》,田平译,中国城市出版社,2003 年,第 14 页。

② Damasio, A. 2010. *Self Comes to Mind : Constructing the Conscious Brain*. Vitage Books. p. 45.

细胞生物对不同的刺激物会表现出不同的趋避反应。很显然,这些反应表明了它们对刺激具有的"态度"和"选择",尽管它们尚未意识到自己在做什么。作为一种无神经系统、无心智的生物,阿米巴虫并没有人类有意识体验水平上的意图,但某种形式的意图是存在的,它是由这个低微的生物在设法维持其系统组织的完整性的机体反应中表现出来的。维持系统组织的完整性,从现象学上说就是最根本和最原始的欲望。

在达马西奥看来,所有的心智功能都服务于生物价值的实现;在科学地理解心智的生物过程中,生物价值和功能的观点无处不在。"在对脑的演化、发展以及每时每刻发生的真实脑活动进行理解的过程中,价值的概念具有核心地位。"①生物价值是生物演化的指南,它指引着脑结构的演化和发育,"它既简单地表现在与奖惩有关的化学分子释放中,也精巧地表现在我们的社会情绪和复杂的推理中。也就是说,生物价值自然地引导和渲染着发生在我们富有心智和意识的脑中的一切"②。情绪和感受就是生物价值的强烈表现,意识也因生物价值而诞生。要研究情绪和感受,就不得不提到驱力和动机、匮乏和满足、奖赏和惩罚、难受和舒适,甚至生存与死亡,等等,而这一切都不能避开生命的价值分析。"情绪是价值原则尽忠职守的执行者和仆从……情绪滋生的产物是情绪感受,在我们从出生到离世的过程中,它丰富了我们的一生,我们要保证情绪未被忽略,这样才能突显出人性的存在。"③意识赋予生物体一种管理或扩展生物价值的更通用、更灵活的方式,但意识并未发明生物价值,尽管它"照亮"了生物价值。

9.4.2　自体平衡

活着,这一生物价值的生物学过程就是自体平衡。达马西奥将自体平

---

①　Damasio, A. 2010. *Self Comes to Mind: Constructing the Conscious Brain*. Vitage Books. p. 32.

②　Damasio, A. 2010. *Self Comes to Mind: Constructing the Conscious Brain*. Vitage Books. p. 26.

③　Damasio, A. 2010. *Self Comes to Mind: Constructing the Conscious Brain*. Vitage Books. p. 87.

衡视为理解所有心智功能——无论是非意识的、无意识的还是有意识的——的生物学关键。从生物学上看,心智就是生物体维持和调节其自体平衡的方式。正如表9.1所列,随着生物体复杂性的增加,其自体平衡的调节方式也相应的更加灵活和具有一般性。现在我们来看达马西奥谈到的生命自体平衡的基本含义。

(1)自体平衡是维持生命内环境(internal milieu)稳定的一类协调的调节过程。自体平衡观念归功于法国生理学家克劳德·伯纳德(Claude Bernard)在19世纪末做出的开创性观察:生命系统需要将其内环境的很多变量维持在很窄的范围内,这样生命才能持续。内环境中的化学和一般生理参数如果偏离维持生存所需的水平,就会出现通常所说的疾病,除非在有限的时间内得到修正,否则极端的结果就是死亡。

(2)自体平衡是自治的。尽管达马西奥几乎未曾明确地谈到自体平衡与自治的关系,但他对自体平衡的描述一再表明:在维持内环境的稳定上,生命是自治的、自我维持的、自我调节的。

(3)自体平衡过程通常是自动的、非意识的。这个过程——生理反应和机能控制——无须生物体有意识地思考和计算就能自动运行,即使在没有神经系统的生物体中它也能恰当地运转。"不管多么艰难困苦,生命都有一种存活和发展的欲望,这种欲望既不是思考过的也不是有意为之的,而执行这个欲望所需要的那组协调过程被称为自体平衡。"[1]所有生物体,从低等的变形虫到人类,都具有遗传预置好的、无须借助任何有意识的推理就可以自动解决生命基本问题——这些问题包括寻找能量源、合成和转化能量、维持与生命过程协调的内部的化学平衡、通过修复损耗来维护有机体的结构、避开致病成分和身体伤害等等——的机构。[2]

关于自体平衡,我们还想重复一下,那就是:在谈到基本自体平衡时,达马西奥从来没有忘记自体平衡在生物界演化的多样性和在演化中出现的层

---

[1]　Damasio, A. 2018. *The Strange Order of Things : Life, Feeling, and the Making of Cultures*. Pantheon Books. p. 32.

[2]　Damasio, A. 2003. *Looking for Spinoza : Joy, Sorrow, and the Feeling Brain*. Harcourt. p. 30.

级秩序;他也没有忘记心智的生命观,即他所说的"自体平衡是意识的生物学关键",所有心智功能的秘密都应该从生命调节的适应性的演化史中去寻找。"脑的存在是为了管理身体内的生命。当我们以这种观点为滤镜来审视脑功能的任一方面时,心理学的某些传统范畴(诸如情绪、知觉、记忆、语言、智力和意识)中的那些奇特而神秘的成分就变得不那么奇特和神秘了。"①

9.4.3 细胞自我

心智的生命观为更一般地理解自我开辟了道路。通常,人们在谈论自我问题时,是从有意识的体验开始,是从思想的世界开始。自我要么被设想为类似小矮人(homunculus)的一种实体,要么会因为发现没有这种实体转而认为自我是一种错觉。但事实上,如果这两种观点都是错误的,那么我们可以有这样一种自我观,即自我是实在的,但其存在形态并非是一种如小矮人一样的实体。当我们不再固守于有意识的、思想的层面,当我们回到更简单的生命形式,我们发现,事实上,自体平衡或生命概念本身就隐含或蕴含了自我概念。如果细胞是最简单的生命形式,那么对自我的理解也应该从对生命本质的理解中去寻找。

达马西奥以意象的出现作为生物体有心智的标志。在这一点上,我的心智概念与德日进和熊十力的观点更为接近,而与达马西奥有所差别;不过,我现在不会偏离主题去讨论这个差别。依达马西奥的体系,他对具有意象能力之上的生命,区分出三个自我层级:有意象能力的生命蕴含的是原自我,但这时还没有意识;有意识能力的生命蕴含的是核心自我,但这时还缺乏反思能力;有反思能力的生命蕴含的是扩展自我或自传式自我。有时,达马西奥还将浸润在复杂社会文化生活中的扩展自我称为社会文化自我,不过社会文化自我并不构成一个独立层级的自我,因为扩展自我与社会文化自我的差别类似于少年人与成年人的差别,而不是大猩猩与人类的差别。

---

① Damasio, A. 2010. *Self Comes to Mind: Constructing the Conscious Brain*. Vitage Books. p. 54.

确实,达马西奥没有明确地赋予无意象能力之下的生命所蕴含的自我以特定术语。不过,既然我们试图从最简单的生命形式——细胞——来理解自我,那么这个层级的自我也就是最基本的自我,它没有心智、没有意识、没有反思,但它有通过一系列协调的生理过程来维持基本自体平衡的能力,有通过感觉和身体反应(行动)来表达它作为主体(自我)的辨别、态度、选择、好恶等的能力。事实上,我们可以将最简单形式的生命所蕴含的自我称为"最简自我""最小自我""身体自我"或"感觉—行动自我"。

当我们从生物学、解剖学的角度观察细胞,我们看到每个细胞由大量的分子组成,这些分子以动力学的时空顺序排列、关联和作用,它们形成了细胞的构架(细胞骨架)、细胞核(储存 DNA 的指挥中心)、细胞质(在线粒体这样的细胞器的控制下,养料会在这里转变成能量)以及一个整体边界(细胞膜)。当我们观察某个正在活动的细胞时,其结构和功能的复杂性相当令人惊异。在许多方面,单细胞与人类这种多细胞有机体是类似的:细胞骨架相当于人的身体支架,细胞质相当于身体内的所有器官,细胞核相当于脑,而细胞膜就相当于皮肤,这些单细胞中有些甚至拥有相当于四肢的纤毛,它们协同运动使得这些细胞能够游动。①

如果以小矮人的实体观为标准,显然在细胞组织的任何解剖结构中都找不到代表自我的成分——没有小矮人,也没有稳固不变又蕴含本质的单一实体。但我们看到,作为整体的细胞,它的行动反应表明,细胞膜的内与外确实存在质的差别。我们很难不以主体与环境或自我与环境的差别来看待这种内与外的差别。现在,我们可以不再以极点(polar point)(即以无任何内在构成的、稳定不变的小矮人)的方式来构想自我,相反,自我是一个自治的、有组织的过程,一个自治的动力学系统。它既具有时间性——自我是一个动力学过程;也具有空间性——它由一些结构化的生物化学成分构成。自我是一个始终处于变化中的过程,但这并不表明自我是错觉,是虚幻的,

---

① Damasio, A. 1994. *Descartes' Error: Emotion, Reason, and the Human Brain*. G. P. Putnam's Son. p. 84. Damasio, A. 2010. *Self Comes to Mind: Constructing the Conscious Brain*. Vitage Books. p. 32.

因为我们知道细胞的自体平衡就在于将生命的内环境保持在其参数限定的范围内,更重要的在于,在整个生命周期中,调节内环境的自体平衡"程序"始终是完整的,显然这种完整性是真实的,而这个完整性蕴含了自我概念对于同一性、统一性和不变性的要求。现在,我们可以这样来理解,自我就是细胞整体实现其组织完整性的过程——一个保持特定组织类型的结构化的动力学过程。

一个生命,一个自我;一个自体平衡的机体,一个自我。当我们说,自我是一个贯穿于变化过程中的组织完整性时,自我似乎处于矛盾的状况中:"虽然建造我们有机体的这些建筑材料经常被替换,但有机体的建筑蓝图却被悉心地保存着。"①没有任何成分能长时间的保持不变,构成我们今天身体的大多数细胞和组织可能在一周或更短的时间内被更替了,保持不变的是机体结构的建构计划,即机体的组织或功能形式。尽管生命受一个永不止息的变化过程支配,但令人惊异的是,我们仍然有一种现象学上实在的自我感。自我的这种矛盾性,不是我们要从自我中消除的东西,而是我们要面对的实在性;如果我们无视自我的这种矛盾性,那么我们对自我的理解将不可避免是扭曲的,并且最终成为某种根深蒂固的观念——自我实体论或自我错觉论——的牺牲品。

9.4.4 情绪

当细胞对刺激做出反应时,这个行动反应不是价值中立的机械式回应,而是细胞自我对刺激物的价值表达。达马西奥就是在这个一般的意义上理解情绪的。在人类有意识的体验中,情绪与感受如影随形,但从自体平衡的调节来看,将情绪与感受区分开来是非常重要的。"情绪和感受,尽管是彼此相扣的一个循环的一部分,但它们是两个可以区分开的过程。"②达马西奥认为,情绪和感受都是生命自体平衡的调节方式,但它们反映的是不同水平

---

① Damasio, A. 1999. *The Feeling of What Happens : Body and Emotion in the Making of Consciousness*. William Heinemann. p. 144.

② Damasio, A. 2010. *Self Comes to Mind : Constructing the Conscious Brain*. Vitage Books. p. 87.

的调节。

达马西奥将情绪定义为机体反应的集合,它是机体为向他者公开自己的态度而做出的行动反应,因此通常是他者可观察到的。就此意义而言,细胞的反应也是情绪,因此情绪无须生物体具有神经系统也存在;但在达马西奥的观念中,感受则不同,它的诞生需要生物体发展出能够映射自身机体状态的神经表征,依现象学的术语来说,就是生物体需要具有形成意象的能力。

既然感受要等神经映射的出现后才在演化中登场,因此在这里我们集中于达马西奥关于情绪的主要观点。

(1) 情绪是一种简单或复杂的评价过程,以及对评价过程产生的倾向反应两者的组合。

(2)情绪通常是自动的、反射的、遗传的,以固定方式进行。

(3)情绪通常是公开的和可见的。尽管一些情绪过程的成分不是肉眼可见的,但借助科学的探测器,它们也是可见的,例如,对激素的化验,对电生理波形的检测。

(4)情绪反应具有明显的功能,例如,避开危险的刺激和接近有利的刺激,或向他者传达愤怒、恐惧、厌恶等态度和反应,从而影响他者的态度和反应。

9.5 心智

达马西奥对心智的理解是独特的,也是狭义的。我倾向于心智与生命同义这一广义的理解。熊十力就持有这一广义的观点:

> 有问:"生命将为非物非心的物事乎?"(此中物事一词,但虚用之,即回指句首之生命也。)答曰:此亦不然。余所体会生命与心灵殆无性质上的区别。惟生命未发展到高级,即心灵不能显发盛大。亦可说,心灵不曾发展到极高度,即是生命发达之条件犹未备故。如生机体之组织未完善,(神经系统或脑的组织未发展到好处,即

生命所待以发达的条件未曾备足。)则生命、心灵皆不获发达也。余以为,生命、心灵不妨分作两方面来说,而实无异性,(即不可分作两种性质。)实非两物。(心灵、生命毕竟是一,不可当作两物来猜想。)……植物出,始发现生命,然其机体太简单,最低级的心作用(如知觉等。)尚且未甚吐露。(言未甚吐露者,以非全无故。学人发见植物有知觉者,亦不无征。)但植物学家承认植物有心者,颇非多数。学者遂有以为,物质层成就之后,生命层方接踵而起。迨动物演化至人类,才有心灵层出现。依此说而玩之,将以生命与心灵不同层级,自不得不判为两性。果如此,则铸九州铁不足成此大错。离生命而言心灵,心灵岂同空洞的镜子乎? 离心灵而言生命,生命其为佛氏所谓迷暗势力乎? ……余诚不信生命、心灵可离而为二也。[1]

这一广义的理解也可以在生命—心智连续性论题的当代讨论中找到[2]。但我们现在还是回到达马西奥的狭义理解上来。在达马西奥的理论中,心智的诞生源于生物体演化发展出能映射环境状况和机体自身状态的神经系统。没有神经映射(或神经表征)和与之相应的现象学上的意象,就没有心智。"具有心智意味着有机体形成了神经表征,这种表征可以形成意象,可以在一个被称为思想的过程中进行操作,最终通过有助于预测未来、制定相应计划以及确定下一步行动来影响行为。"[3]

9.5.1 神经映射、神经表征与意象

在纷扰的环境中将生命状态维持在自体平衡所允许的范围,是生命调节最根本的使命。然而,最初的生命调节并不依赖神经系统,更别说依赖人类这种复杂的脑了。对于可以游动的阿米巴虫来说,它所依赖的"工具"只

---

[1] 熊十力:《体用论》,上海书店出版社,2009 年,第 115 页。

[2] 李恒威、肖云龙:《论生命与心智的连续性》,《中国社会科学》2016 年第 4 期,第 37-52 页。

[3] Damasio, A. 1994. *Descartes' Errors*. G. P. Putnam's Son. p. 90.

有感觉和反应。仅仅通过感觉和反应这个简朴的机构,它也能调节其自体平衡,适应其所处的环境以达成其生命欲求,并表达一种细胞水平的自我。那么生物为什么还要演化出神经系统,演化出高度发达的脑呢? 在达马西奥看来,神经系统(以至脑)是为了更好地调节生命、调节自体平衡而诞生的;生命调节是神经系统的基本功能和使命。与无脑乃至无神经系统的生物相比,脑或神经系统能够管理更分化、更复杂从而价值更丰富的生命系统,并使得具有神经系统的生命适应更复杂的环境。正如表 9.1 所划分的,在神经系统出现之后,相继有三个层级相对明确的生命调节方式,即意象、意识和反思。与"意象"等价的神经科学术语就是"神经映射"或"神经表征"。

在神经系统演化中,一个最为引人注目的结果就是出现了神经映射。"脑的鲜明特征就是具有一种创造映射的不可思议的能力。"[①]既然神经系统的演化是为了更好地服务于生命调节,那么神经映射肯定在生命调节上引入了一种质的、焕然一新的生命调节方式。我相信,在生命调节上引入质的创新同样可以用来说意识和反思这两个后来阶段。

要进行更复杂的生命调节,神经映射是不可或缺的,因为神经映射是对外部环境状况和内部机体状态的模式信息(patterned information)的"凝聚"。有了神经映射,生物体就可以形成对环境状况和机体状态的"抽象",并为离线(offline)地利用这些"抽象"开辟了道路。当意识登场的时候,神经映射在第一人称的视角中就成为现象学上的"意象"乃至通常所谓的思想。关于神经映射和意象,达马西奥说了哪些呢? 我们在这里概括一下要点。

(1)神经映射是关于环境状况和机体状态的"绘图""模拟"和"抽象"。脑内的神经网络会不可抑制地模拟脑之外的任何事物——身体本身,从皮肤到内脏,以及周围的世界,诸如物体、声音、冷热、处所、纹理、味道、软硬、动作等等。换句话说,脑有能力对脑之外的事物和事件的结构的各个方面进行表征,包括机体及其组成部分所执行的行动。

---

① Damasio, A. 2010. *Self Comes to Mind : Constructing the Conscious Brain*. Vitage Books. p. 55.

(2)对神经映射的理解必须要有环境观和互动观。事实上,心智的生命观蕴含了心智的环境观,因为生物体的生存始终处于与环境的互动中,必须从与环境互动的角度来理解生命的演化、神经系统的演化以及心智的演化。神经映射是在生物体与环境互动的过程中建构起来的。神经系统要实现更灵活、更有效、更高水平的生命调节,它就必须发展出处理环境的新的能力。"映射是在我们与客体(诸如人、机器、地方,其范围从脑的外部到内部)互动时建构起来的。我再怎么强调'互动'这个词也不为过。它提醒我们,形成映射对改善行动至关重要,如上文所述,这通常发生在一组行动开始时。行动与映射、运动与心智是一个无休止的循环的一部分,当鲁道夫·林纳斯(Rodolfo Linás)将脑的诞生归因于脑对有组织运动的控制时,这表明他已经抓住了这个想法。"①

(3)对外部环境中事物的映射,是知觉的基础;对内部机体状态的映射,是感受的基础。知觉,指向外部环境;感受,指向机体自身的状态。如果说知觉突出了外部环境,即突出了客体,那么感受就突出了生物体自身,即突出了主体。无论是知觉还是感受,它们的本质都是映射或意象,因此就它们同为意象这个意义而言,知觉和感受是统一的。通过意象,生物体既可以获得环境的信息,也可以获得与环境互动时受到影响的生物体的机体状态的信息。

(4)当生物体的神经系统演化发展出神经映射的能力,即形成意象的能力时,生物体就有了心智。这就是达马西奥所持的狭义上的心智概念。"脑持续不断地进行着动态的映射活动,这些映射活动的一个惊人结果就是心智。"②意象是心智的通货(currency),它是观念、思想和知识的基石。"从简单到复杂的各种类型的意象均源自神经装置的活动,这些神经活动形成映射,并且之后还允许映射相互作用,以至于不同的意象组合在一起能产生更复杂的意象集,从而表征神经系统之外的丰富世界,即生物体的内部世界和

---

① Damasio, A. 2010. *Self Comes to Mind: Constructing the Conscious Brain*. Vitage Books. p. 55.

② Damasio, A. 2010. *Self Comes to Mind: Constructing the Conscious Brain*. Vitage Books. p. 56.

外部世界。"①这些表征就是关于世界和机体的知识。当生物体将有序的意象集(即知识)与行为有意向地结合在一起时,就可以赋予生物体以解决问题的通用、灵活和高效的手段。

(5)在意识登场前,神经映射是非意识的。"心智可以是非意识的,也可以是有意识的……许多意象从未受到意识的青睐,也没有在意识的心智中被直接听到或看到。可是,在许多情况下,这些意象能够影响我们的思维和行动。在我们意识到其他事情的时候,一个与推理和创造性思维有关的丰富的心智过程仍可以进行。"②所谓思想就是一串语义关联的意象流,意象可以是无意识的,那么思想也可以无意识地进行。思维活动是智能活动,而意象显然是基于推理的复杂智能的基础。事实上,计算机最擅长的就是操纵意象和基于意象的推理过程,而这种操纵或计算显然可以非意识地进行;因此具有基于意象的复杂推理能力的智能机器,并不表明它必然是有意识的。我们说,生命是一个价值系统,但能够模拟调节生命系统的神经映射及其操作的程序,并不代表这样的程序系统有生命!

9.5.2 感受

在人类有意识的现象世界,感受因为其蕴含的强烈主观色彩而似乎与科学追求的客观性格格不入。人类每时每刻都浸润在感受中,"如果人类没有了可以感受痛苦或愉快的身体状态这一与生俱来的能力,就不会有人世间的苦难或福佑、欲望或慈悲、悲惨或辉煌……感受千百年以来一直被描述为人类灵魂或精神存在的基础"③。事实上,没有感受,人性的概念就没有内涵。但既然感受是生物体的感受,是生命世界的现象,那么感受就无法被心智的生物学遗落。(不过,反讽的是,科学在很长的时期内却在回避这个人

① Damasio, A. 2018. *The Strange Order of Things : Life, Feeling, and the Making of Cultures*. Pantheon Books. p. 68.

② Damasio, A. 2010. *Self Comes to Mind : Constructing the Conscious Brain*. Vitage Books. p. 61.

③ Damasio, A. 1994. *Descartes' Error : Emotion, Reason, and the Human Brain*. G. P. Putnam's Son. p. xvi.

性中最根本的实在方面。)值得庆贺的是,感受在达马西奥的科学世界中一直处于中心的地位。我们现在梳理一下达马西奥关于感受的主要观点。

(1)尽管在人类体验中,感受总是伴随着情绪,但在演化发展中,感受与情绪是不同的。达马西奥明确地区分了这一点:"我也没有将情绪和感受这两个术语互换使用。总的来说,我所谓的情绪指的是存在于脑和身体之内,通常由某个特定的心智内容所激发的一系列变化。感受是对这些变化的知觉。"①既然情绪是身体性的行动表达,因此在视觉上情绪通常是可见的和公开的;然而,感受是由存在于脑内的神经映射表达的,因此在视觉上感受通常是不可见的、隐蔽的。

(2)感受是神经系统对情绪所代表的机体状态进行的映射。"感受的本质可能并不是与某个客体系缚在一起的艰涩难懂的心智品质,而是对身体的某种特定状态的直接知觉。"②既然感受也是意象,也是知觉,因此感受与通常的知觉一样具有认知性,只是感受是对机体自身状态的认知,是身体状态的"听众"。感受"是一种很神奇的生理安排的结果,这种安排将脑变成身体的忠实听众"③。

(3)感受是对生物价值的表达和反映。我们一再说过,生命是一个价值系统,情绪通过行动反应表达早期生物体的简朴的价值取向,现在感受则以意象的方式实现着与情绪相同的功能,即表达生物体的价值,"感受是自体平衡的心智表达(mental expressions)"④,并无时无刻不给与之相遇的环境事物打上价值的标签。感受服务于生命调节,它是我们生命的基础自体平衡或社会状况的信息的提供者,因此感受是警示信号,它提醒我们需要回避的风险和危机,从而引导生物体做出有利于其自体平衡的调节行为。

---

① Damasio, A. 1994. *Descartes' Error: Emotion, Reason, and the Human Brain*. G. P. Putnam's Son. p. 270.

② Damasio, A. 1994. *Descartes' Error: Emotion, Reason, and the Human Brain*. G. P. Putnam's Son. p. xvi.

③ Damasio, A. 1994. *Descartes' Error: Emotion, Reason, and the Human Brain*. G. P. Putnam's Son. p. xvi.

④ Damasio, A. 2018. *The Strange Order of Things: Life, Feeling, and the Making of Cultures*. Pantheon Books. p. 12.

(4)感受与生物体的生命展开活动相伴而行,无论这些活动是感知、学习、记忆、想象、推理、判断、决定、筹划还是心智创想。"脑不仅要忙于映射和整合形形色色的外部感觉源,同时还要忙于映射和整合各种内部状态,而这个过程的结果便是感受。"[1]正因为如此,人类的所有认知活动都带有情感的色彩。当身体与环境交互时,生物体的感官(眼、耳、皮肤等)乃至机体的其他部分都会发生变化,而脑会对这些变化进行映射,于是身体外部的世界也间接地在脑中获得了某种形式的表征。[2] 这就是"为什么看,总是我看"的根本机制,这也是任何知觉的主观性(或者任何心智活动的主观性)的根源。

9.5.3　原自我

一个细胞,也是一个自我。这个自我,不是由细胞的某一个部分,而是由构成细胞的有组织的过程整体来表达的——这个层级的自我是细胞自我、身体自我或最小自我。然而,随着具有神经系统——特别是具有神经映射能力——的多细胞生物体的出现,自我的表达或形态也上升到一个新的层级。达马西奥将具有神经映射能力的多细胞生物体表达的自我称为"原自我"。

达马西奥是这样定义原自我的:"原自我是一组相互关联且暂时一致的神经模式,它们在脑的多种水平上,时刻不停地表征着机体的状态。我们对这种原自我是无意识的。"[3]在身体映射结构中产生的关于身体稳定方面的特殊类型的心智意象构成了原自我,它就是最终成为令人难以琢磨的自我感的那些东西的生物学先兆。我们通常所说的自我——包括那个包含着同一性和人格在内的精致的自我——的深刻根源都可以在表征原自我的整个脑装置中被发现,这个脑装置持续不断地、非意识地在狭窄的范围内维持着

---

① Damasio, A. 2018. *The Strange Order of Things: Life, Feeling, and the Making of Cultures*. Pantheon Books. p. 69.

② Damasio, A. 2010. *Self Comes to Mind: Constructing the Conscious Brain*. Vitage Books. p. 39.

③ Damasio, A. 1999. *The Feeling of What Happens: Body and Emotion in the Making of Consciousness*. William Heinemann. p. 174.

身体状态,维持着生存所要求的相对稳定性。原自我的机体状态的来源可以使我们摆脱小矮人的自我观,因为原自我并不是对机体的某一优选的、孤立的、稳定不变的点的映射,而是持续不断地、动态地映射处于自体平衡范围内的身体状态。①

原自我与感受密切相关,二者的共同根源都是生物体的机体状态。原自我所聚集的意象描绘的是身体相对稳定的方面,它产生了关于有机体的自发感受,即原始感受(primordial feeling)。为什么感受具有强烈的个体性和主观性,其根源在于一个生物体一个身体,而感受总是对特定身体状态的反映。"原始感受是一种自发产生的对机体状态的反映。如果不知道感受的起源,不承认原始感受的存在,那么人们就无法完全解释主观性。"②

9.5.4 脑与身体的关系

身体是心智的主题:没有身体,就没有心智。这是达马西奥论证过的最重要的思想见解之一。某种意义上,这也是他对心—身问题的回答。如果这个回答是成功的,那么它包含两个环节:第一个是心(智)—脑关系;第二个是脑—身体关系。我们前面已经介绍过,关于心(智)—脑关系,达马西奥的观点是"心—脑等价假设",其核心就是心智意象等价于神经映射。在这个问题上,我持有的观点是,心—脑的二元性是认识论上的视角二元性,而不是存在论上的实体二元性;当从第一人称视角(即现象学)出发时,是心智意象,当从第三人称视角(即生物学)出发时,是神经映射。当有了心—脑的等价关系,心—身关系就转变为脑—身关系。

达马西奥关于脑与身体的观点仍然需要从生命及其演化中去寻找。脑在生物世界中是后来者。细胞没有脑,但它是最初的生命。"生命调节是需

---

① Damasio,A. 1999. *The Feeling of What Happens:Body and Emotion in the Making of Consciousness*. William Heinemann. p. 154.

② Damasio,A. 2010. *Self Comes to Mind:Constructing the Conscious Brain*. Vitage Books. p. 82.

要,也是动机。"①神经系统在演化上是为了促成更好的生命调节而出现的,但它不是为了调节和管理生命而附加于生命机体之外的一个独立的管理机构。生命是自我调节和自我管理的,因此神经系统自始至终都是生命机体完整性的一部分。当我们在演化上理解了脑—身的统一性,我们也就理解了心—身的统一性,从而在脑—身统一的意义上解决了心—身问题。于是,我们要阐述的问题就是,达马西奥是如何谈论脑—身统一性的。

(1)生命调节和管理是演化的基本主题,神经系统是服务于这个主题而在演化中出现的,但首先出现的是无神经系统的生命。

(2)既然神经系统以至脑的出现是服务于整个有机体的生存,那么神经系统首要关注的就是一刻不停地与环境进行互动时的机体的状态,这种关注的演化结果就是神经映射或神经表征。"如果没有对其解剖和生理结构的基本和当前细节的表征,脑就无法调节和保护机体。"②"我们所拥有的复杂的脑自然而然地对组成身体本身(body proper)的各个结构形成清楚明白、详略不一的映射,也必然会对这些身体自然呈现出来的功能状态产生映射。这是因为脑映射是心智意象的基质,产生映射的脑就有一种能力,能够把身体作为心智加工的内容,纳入加工过程。得益于脑,身体自然成了心智的一个主题。"③机体是脑的主题,从现象学上看,机体也是心智的主题。

(3)脑与身体休戚与共而成的完整机体才是生命本身。映射并不是终点,神经系统的调节要完成它的使命就不能只停留在映射上,不能只据守在脑内,它还必须基于映射形成能够回应环境的行动才是有价值的。如果说映射是由机体状态到神经系统,那么行动则是由神经系统到身体。神经系统的调节需要一个完整的循环才能最终实现,而正是这个共鸣循环使得神经系统与身体构成了一个在绝对意义上无从分割的完整的统一体。心—身

---

① Damasio, A. 2010. *Self Comes to Mind : Constructing the Conscious Brain*. Vitage Books. p. 86.

② Damasio, A. 1994. *Descartes' Error : Emotion, Reason, and the Human Brain*. G. P. Putnam's Son. p. 229.

③ Damasio, A. 2010. *Self Comes to Mind : Constructing the Conscious Brain*. Vitage Books. p. 74.

的统一性就体现在这个脑—身循环的生命调节的完整性上。这个观点建立在如下基础之上:首先,"身体与脑跳着持续不断的相互作用之舞"①,脑与身体通过相互将对方作为生物化学和神经系统回路的靶器官,结合成一个不可分割的生命整体;其次,有机体作为一个整体与环境相互作用,这种相互作用既不只与身体有关,也不只与脑有关;第三,我们称为心智的生理运转过程来源于这一结构和功能的联合体而非只来自于脑,只有考虑了有机体与环境的相互作用的情况,心智现象才能得到完全理解。② 对身体外部世界的表征只能通过身体才会进入脑,当身体与周围环境相互作用时,那个由相互作用在身体内导致的变化也会被映射在脑中。脑映射了外部世界,这一点千真万确,但只有通过身体,脑的神经映射才是可能,这一点同样千真万确。③ "神经系统与生物体的非神经结构之间紧密的双向互动是感受产生的必要条件。神经系统与非神经的结构和过程不仅是毗邻的,而且是持续互动的合作伙伴,它们可不是一些像手机中的芯片那样彼此进行信号交流但却态度冷淡的实体。说得直白点,脑和身体共同浸泡在熬制心智的同一锅汤中。"④

　　对人类这种高度发达的生物体而言,身体与脑在解剖结构上确实具有一定程度的相互独立性,达马西奥也做了相应的区分,他将整个机体中除去神经组织(中枢神经系统和外周神经系统)的那部分机体称为"身体本身"。日常中,这种解剖学上的区分确实有其方便之处,但我们必须时刻谨记,这种区分有时会掩盖脑与身体的不可分割的整体性和完整性的本质。"缸中之脑"就受到这种区分的深深误导,而以为离开身体,不以共鸣循环的方式,脑独自也能建立起一个丰足的心智世界。

---

① Damasio, A. 2010. *Self Comes to Mind*:*Constructing the Conscious Brain*. Vitage Books. p. 78.

② Damasio, A. 1994. *Descartes' Errors*. G. P. Putnam's Son. p. xvi.

③ Damasio, A. 2010. *Self Comes to Mind*:*Constructing the Conscious Brain*. Vitage Books. p. 75.

④ Damasio, A. 2018. *The Strange Order of Things*:*Life*,*Feeling*,*and the Making of Cultures*. Pantheon Books. p. 173.

9.6 意识

与无意象的生命调节相比,意象显然为生命调节引入了一种超越纯粹本能的应对环境的方式,它为学习开辟了一个真正的空间。但如果意识没有出场,那么非意识的意象就无法彻底摆脱本能和被基因预置的命运,因为生物体如果未觉知到意象,它就不会有真正的主体感,就不会有自我感,就不能开启从多种可能性中加以权衡的自由。

意识在自然界的诞生引入了一个最难解索的现象。在意识之前,演化所开辟的道路即使再辉煌,它们仍然是在黑暗中逶迤。一旦意识登场,就像黎明之光照破了黑暗,自然界第一次看见了自己——现在它可以环顾自己,它可以在环顾后获得关于一个具有自我感的全景"形象"。"我"现在不只是感觉和反应,"我"还有一种"我知道……"的默默在场的感受;"我"有了在丰富"知识"的基础上做出自主的行动选择的可能性,这就是意识的价值和意识的功能,它第一次将强烈的自我感引入自然界本身中。

意象不是对环境产生足够反应从而实现自体平衡的唯一方式,意识也不是,但意识却是生物体实现一种通用生命调节方式的基础,它可以在基因预置的自动化方式从未匹配过的环境中为生物体开辟一条新颖之路。当然,这条道路不是一次性完成的,也不是意识独自就能完成的。意识要完成它的伟业需要两步:第一步是觉知或知道意象;第二步是在心智空间中有意识地操作它之前知道的种种意象,而这一步的实现还需要演化为它提供记忆、语言等能力的襄助。达马西奥把其中的第一步称为核心意识,而与这种能力相应的是核心自我,他把其中的第二步称为扩展意识(或自传体意识),而与这种能力——事实上,这种能力就是反思能力——相应的就是扩展自我(或自传式自我)。我们先来看核心意识和核心自我。

9.6.1 核心意识

神经映射机制显然是有机体迈向意识的关键一步,但还不是最后一步。演化还需一次努力才能使意识在世界中诞生。尽管将意识问题集中于自我问题是关键的一步,但达马西奥认为直到他开始根据有机体与客体交互作用的关系来看待意识时,才使意识机制的研究变得更加清楚。他说,"我猛然想到,意识就在于建构有关两个事实的知识:有机体关系到某一客体;并且此关系中的这一客体正引起有机体发生某些变化。"①在有机体与客体进行交互作用的时间进程中有这样一个时序:"一个开端、一个中间过程,以及一个结尾,开端与有机体的初始状态相对应,中间是客体的介入,结尾则由一些导致有机体状态发生改变的反应组成。"②达马西奥认为,意识诞生于这个时序的第三个阶段。意识的神经动力学要求在这个阶段建构一个组合的神经映射,它在时间进程中将客体映射与有机体身体状态的映射结合在一起,并且建立了二者之间关系的映射。

当有机体与客体交互作用,在建构客体意象的同时,有机体的身体状态也被建构客体意象的过程改变了,当有机体的神经系统再次映射这个被客体意象的建构活动所改变的身体状态,并在此映射的同时将客体意象加强且突出地显示在这个映射过程中时,达马西奥认为知道和自我感就在这个组合的映射中出现了。他把这个与客体发生交互作用时被客体改变的原始自我的再次映射称为核心自我,核心自我是由一个二阶映射建构起来的。由此,达马西奥提出如下假设:"当脑的表征装置对有机体自身的状态如何受有机体对某一客体的加工活动的影响做出意象的、非言语的说明时,以及当这一过程增强了作为原因的(causative)客体并因此把它突出地置于某一时空背景中时,核心意识便产生了。"③

这个假设蕴含了一个意识机制所依赖的时序(见图 9.1):

(1)生物体的处于自体平衡要求范围内的机体状态被映射在生物体的脑中,这个被映射的稳定的机体状态的方面就是原自我。

(2)与生物体发生作用的客体也被映射在脑中。

(3)与客体相关的一阶(first-order)客体映射导致与有机体相关的一阶

---

① Damasio, A. 1999. *The Feeling of What Happens*. William Heinemann. p. 133.

② Damasio, A. 1999. *The Feeling of What Happens*. William Heinemann. p. 168.

③ Damasio, A. 1999. *The Feeling of What Happens*. William Heinemann, p. 169.

原自我映射发生改变。

（4）"（3）"所描述的映射变化还可以再表征在其他映射（二阶映射）中，因此这些二阶映射表征的是客体与有机体的关系。

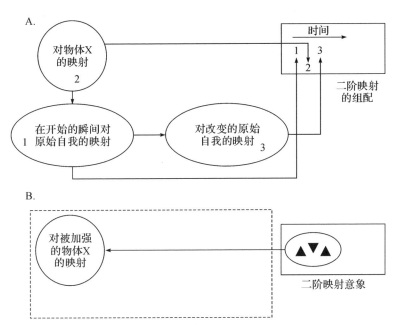

A.被组合在二阶结构的时间序列中的二阶神经模式的成分。

B.成为意象的二阶映射的出现，同时客体的映射被加强。

图9.1　意识机制的时序。①

经历上述时间进程，最初的原自我现在成为一个具有自我感的核心自我。与原自我不同，具有自我感的核心自我是通过表征被客体改变的原自我的状态而建构起来的，它是一个二阶映射或二阶意象。"为什么是二阶的呢？因为它基于两个一阶观念——一个是关于我们正在知觉的客体的观念；一个是关于因该客体的知觉而被改变的我们身体的观念。这个自我的二阶观念就是关于两个其他观念——被知觉的客体和被知觉改变的身体——之间关系的观念。"②这也正好印证了意识体验的基本现象学结构，即

---

① Damasio, A. 1999. *The Feeling of What Happens*. William Heinemann . p. 177.

② Damasio, A. 2003. *Looking for Spinoza: Joy, Sorrow, and the Feeling Brain*. Harcourt, p. 215.

"我—意识到—X"①。意识体验的基本结构就是上述映射的时序实现的。

意识体验在显现体验内容(即客体)的同时,它也隐含地显现出主体——"我"——在体验。我认为,将主体,将"我",将自我嵌入在对意识的理解中,是达马西奥意识研究的一个最有价值的贡献:"意识的神经生物学至少面对着两个问题:人脑中的电影是怎样产生的问题,以及人脑又是怎样产生一个电影的拥有者和观察者的感觉的问题。这两个问题紧密地联系在一起,以至于后者镶嵌在前者之中。"②他写道:"意识,从最基本层次到最复杂层次,就是把客体与自我聚集在一起的那个统一的心智模式。"③这个统一的心智模式就是通过上面描述的时序过程最终在二阶映射中实现的。

关于核心意识,达马西奥提出它有这样一些特点:

(1)在神经机制上,核心意识是由二阶映射实现的。感受某种情绪是一件简单的事情,它是由源于神经映射的意象构成的,这些神经映射反映了构成某种情绪的身体和脑的变化;但是,只有当建立核心意识所必需的二阶映射就位后,生物体才知道那个感受,即"感受到"那个感受。

(2)核心意识在生物体的整个一生中都是稳固的;它并不完全是人类才有的;它也不依赖长时记忆、工作记忆、推理或语言。

(3)核心意识的范围就在此时此地,对于生物体意识到的每个内容而言,核心意识是以类似脉冲的方式产生的;核心意识并不能阐明未来,它模糊地让我们瞥见的唯一的过去,就是在此前的瞬间所发生的事情。

9.6.2　核心自我

在核心意识中产生出来的自我感是核心自我,这是一种转瞬即逝的实体,不停地被脑和与之相遇的每一个客体在相互作用的当下(present)重新创造出来——核心自我就存在于当下。核心自我内在于非言语的二阶神经

---

① 李恒威:《意识:从自我到自我感》,浙江大学出版社,2011年。

② Damasio, A. 1999. *The Feeling of What Happens: Body and Emotion in the Making of Consciousness*. Harcourt Brace and Company. p. 11.

③ Damasio, A. 1999. *The Feeling of What Happens: Body and Emotion in the Making of Consciousness*. Harcourt Brace and Company. p. 10.

表征中,每当一个客体改变原自我时,这种二阶神经表征就会出现,它反映的是对被客体影响的原自我的映射。

9.7 反思

核心意识赋予生物体以超越预置的反应模式和本能的可能性,但要让意识的威力强大的可能性转变为现实性,演化还要完成一步,那就是给意识配备记忆和语言的能力,从而给意识提供可不断调用的丰富的意象库,而且是更加抽象、语义能力更强的言语意象,乃至以概念形式存在于语言系统。有了记忆和语言的助力,意象可以在被核心意识瞬间觉知到之后再次进入意识照亮的心智空间,形成新的语义组合,从而为通用性智能的创造性开辟出现实的道路。我们将基于核心意识并在记忆和语言的帮助下实现的创造性智能过程称为反思,它的核心就是通过记忆对在核心意识的光照下出现的语义意象进行再一次操作,形成应对复杂问题的方案。反思,在达马西奥的体系中就是扩展意识;因为记忆的参与,每一次当下的核心自我也被连贯起来,这些被记住的核心自我集,就是扩展自我或自传式自我。

9.7.1 扩展意识和扩展自我

从原始自我到赋予生物体以自我感的核心自我,这是生命调节方式的一个巨大转折。然而核心意识带来的转变仍然是有限的,因为核心意识只给有机体提供了关于某一时刻(此时)、某一地点(此地)、针对某一客体的自我感,因此"核心意识的范围就是此时此地。核心意识并不能阐明未来,它模糊地让我们瞥见的唯一的过去,就是在此前的瞬间所发生的事情。没有任何别的地方,没有任何从前,也没有任何以后"[①]。达马西奥认为,人类真正的荣耀是以核心意识为基础的扩展意识,它是综合了其他能力而发展起来的,它依赖于常规记忆和工作记忆,并最终是通过语言来提高的。"在扩

---

① Damasio, A. 1999. *The Feeling of What Happens*. Harcourt Brace and Company. p. 16.

展的意识中,过去和可预见的未来是在一种像史诗故事那样宽广的、一览无遗的远景中和此时此地一起被感知到的。"①扩展意识为有机体提供了一种复杂的自我感———一种同一性和人格。这种同一性或人格也被达马西奥称为自传式自我,它对一个有机体的人生经历的主要方面进行有组织的记录。"传统的自我观念是与同一性观念相联系的,并且是与一系列并非转瞬即逝的独特事实以及标志一个人的特征的存在方式相对应的。我对这一实体所使用的术语是自传式自我。这个自传式自我依赖于对情境的系统化的记忆,在这些情境中,扩展意识就包含在对一个有机体生命的那些最稳固特征的知道活动中———你一生下来就是一个什么样的人,在哪里出生,什么时候出生的,你所喜欢和不喜欢的东西,你通常对问题或冲突做出的反应,你的姓名,等等。我用自传式记忆(autobiographical memory)这个术语来表示对一个有机体的人生经历的主要方面进行有组织的记录。"②

9.7.2　情绪、感受与理性

从最初生命的基于感觉—行动的自体平衡调节(包括情绪),到非意识的意象(包括感受),到核心意识,到扩展意识(反思意识),至此,人类站在了地球生命的最高的演化层级上。反思为理性奠定了基础,但在反思的层级上,非意识的感觉—行动、情绪和感受并没被演化当作低级的东西剔除在人类的生活之外。相反,层级演化遵循着嵌套原则,也就是说,高一层级既包含又超越了低一层级。演化是一个既超越又包含的过程。③

意象、意识、记忆和语言,这四者的结合使人类获得了一种前所未有的、通用的问题解决能力,即基于符号(意象的语言形式)的推理智能。这种智能就是理性。在生物演化中,体现理性的生物装置确实主要集中于新皮层,

---

① Damasio, A. 1999. *The Feeling of What Happens: Body and Emotion in the Making of Consciousness*. Harcourt Brace and Company. p. 17.

② Damasio, A. 1999. *The Feeling of What Happens: Body and Emotion in the Making of Consciousness*. Harcourt Brace and Company. p. 17.

③ Wilber, K. 1995. *Sex, Ecology, Spirituality: The Spirit of Evolution*. Shambhala. pp. 51-53.

"新皮层是一种生成复杂认知能力以及文化的器官,并且它对于复杂的知觉、学习和认知极为重要。人类所能达到的一切文化里程碑都是因为有新皮层"①。然而,如果离开了在脑深处已高度演化的脑干(表现为情绪的生命调节方式)和边缘系统(表现为感受的生命调节方式),那么皮层就不可能取得任何成就。那些新皮层下的古老神经领域构成了雅克·潘克塞普(Jaak Panksepp)所说的情感心智(affective mind),它在演化上有专门的功能,而且也是我们与其他许多动物共有的功能。它是一些我们最强烈的感受的来源。这些古老的皮层下的脑系统,对于任何想要理解所有我们已知并在生命中将要体验的基本价值的根源来说,都是珍贵而多彩的"宝石";这些情感是形成生命中美与丑的基础,情感还会随经验而改变,但更多是量变而非质变。② 然而,遗憾是,历史上(尤其是在西方的一些主要历史时期)理性的力量被夸大了,尤其是将理性与感受和情绪对立起来。达马西奥在其研究中的一项重要工作就是以科学实证的方式重新检视情绪和感受与理性的关系。历史上,大卫·休谟(David Hume)认为,人类行为在很大程度上受到情绪感受的影响。尽管这种观点在他所处的理性主义时代在很大程度上潜行于水面之下,并且持续了几个世纪,但达马西奥在《笛卡尔的错误》中重新让这种观点复活了。③

在达马西奥的研究中,所有被人们认为是纯粹的认知活动都包含感受,因为如果没有感受,认知活动就没有一个可归属的"我",认知就好像变成了一种完全独立飘荡的东西,一种可以与生命完全相分离的东西。当然,就演化的层级来看,集中代表感受(情绪)和理性的脑机构在解剖上具有相对的分离性,事实上人类也确实利用了这种相对分离性,而将认知的方面单独提取出来,并人工地模拟它们——这就是基于符号计算的人工智能系统。但

---

① Panksepp, J. & Biven, L. 2012. *The Archaeology of Mind: Neuroevolutionary Origins of Human Emotions*. W. W. Norton & Company, Inc. p. x.

② Panksepp, J. & Biven, L. 2012. *The Archaeology of Mind: Neuroevolutionary Origins of Human Emotions*. W. W. Norton & Company, Inc. p. x.

③ Panksepp, J. & Biven, L. 2012. *The Archaeology of Mind: Neuroevolutionary Origins of Human Emotions*. W. W. Norton & Company, Inc. p. 476.

是这种人工智能系统之所以有价值,是因为它们最终要服务于有感受的人类个体,感受体现了人类价值并决定了价值的方向。现在,我们来概括一下达马西奥关于情绪和感受与理性关系的观点。

(1)没有情绪和感受,理性策略就无法在演化中发展起来。"如果没有生物调节机制——情绪和感受是生物调节机制的明显表达——的引导,那么,无论是在演化过程中,还是对任何独立个体而言,人类的理性策略都不可能发展起来。此外,即使推理策略在早期发育阶段被建立起来,其有效利用在很大程度上可能还要依赖之后发展出的感受能力。"①

(2)理性并不像某些观点所认为的那样纯粹,相反,无论情绪和感受是正向的还是负向的,是强烈的还是微弱的,理性总是在与它们的交织中运行的。达马西奥在对患有决策缺陷和情绪障碍的神经病患者进行研究的基础上提出一个躯体标识器假设(somatic-maker hypothesis),这个假设认为:"情绪是理性过程的一个组成部分,情绪可以协助理性过程,而不是像很多人以前所认为的那样,一定会干扰这一过程。"②生命是一个价值系统,因此,与生物体互动的情境以及生物体做出的行动反应都与反映自体平衡调节的基本价值的情绪和感受联系在一起。当意识出现后,感受有了它们的最大影响力;当反思出现后,尽管理性可以通过控制情绪来优化自体平衡的调节,但理性的引擎仍然需要感受来启动,这意味着在生命活动中理性永远不可能是纯粹的、自足的。"实际上每个意象,不论是实际上感知到的还是回想起来的,都会伴随着一些来自情绪装置的反应。"③

(3)情绪和感受本身就具有认知的功能。情绪可以直接传达认知信息,或者通过感受传达认知信息。在很多情况下,情绪可以替代理性。例如,恐惧的情绪反应可以使生物体不经过有意识的推理就能快速做出规避危险的

---

① Damasio, A. 1994. *Descartes' Error: Emotion, Reason, and the Human Brain*. G. P. Putnam's Son. xii.

② Damasio, A. 1994. *Descartes' Error: Emotion, Reason, and the Human Brain*. G. P. Putnam's Son. ii.

③ Damasio, A. 1999. *The Feeling of What Happens: Body and Emotion in the Making of Consciousness*. William Heinemann. p. 58.

行动。事实上,在一些需要在极短时间内迅速做出决策的情境中,快速的情绪反应似乎要比慎思的推理更有利。但在一些更复杂的社会文化情境中,理性的决策就更为优化。但无论怎样,情感和理性都是服务于生命调节而演化发展起来的。达马西奥提出,推理系统是作为自主情绪系统的延伸演化而来的,而情绪和感受在生命调节中从未退场。

(4)情感(情绪和感受)与理性可以彼此影响。情感引导着理性决策的方向并为理性提供有效决策的身体状态,而理性也能优化生物体的情感表达。情感过程的某些方面对于理性来说是必不可少的:首先,感受可以为我们指出正确的方向,引领我们做出适当的决策;其次,情感也反映了积极或消极的身体状态,当身体状态舒适愉快时,人们的思维更迅捷、流畅和高效,而当身体状态不适痛苦时,人们的思维会缓慢、淤滞和低效。不自主的情感反应会削弱自体平衡调节,反之,理性的看法会优化情感表达,情感经理性的调节会上升到一个新的境界。我认为《庄子》中的这两则故事就反映出这样一种情感经理性调节后的自体平衡的改善。

> 惠子谓庄子曰:"人故无情乎?"庄子曰:"然。"惠子曰:"人而无情,何以谓之人?"庄子曰:"道与之貌,天与之形,恶得不谓之人?"惠子曰:"既谓之人,恶得无情?"庄子曰:"是非吾所谓情也。吾所谓无情者,言人之不以好恶内伤其身,常因自然而不益生也。"惠子曰:"不益生,何以有其身?"庄子曰:"道与之貌,天与之形,无以好恶内伤其身。今子外乎子之神,劳乎子之精,倚树而吟,据槁梧而瞑,天选子之形,子以坚白鸣!"[①]

> 庄子妻死,惠子吊之,庄子则方箕踞鼓盆而歌。惠子曰:"与人居,长子、老、身死,不哭亦足矣,又鼓盆而歌,不亦甚乎!"

> 庄子曰:"不然。是其始死也,我独何能无概!然察其始而本无生;非徒无生也,而本无形;非徒无形也,而本无气。杂乎芒芴之间,变而有气,气变而有形,形变而有生。今又变而之死。是相与

---

① 庄子:《庄子·德充符》,方勇译注,中华书局,2010年,第92页。

*为春秋冬夏四时行也。人且偃然寝于巨室,而我嗷嗷然随而哭之,自以为不通乎命,故止也。"*①

9.8 社会文化的自体平衡

我们用达马西奥自己的话再重述一下他所勾勒的生命调节的层级(或顺序):"我们在细菌、简单动物和植物中发现的那种自体平衡要先于心智的发展,而心智后来又进一步发展了感受和意识。这些发展让心智能慎思地介入预置的自体平衡机制,甚至在之后它使得创新和智能的发明将自体平衡扩展到社会文化领域。然而,说来奇怪,始于细菌的自动自体平衡包括并且事实上需要感官和反应能力,而它们正是心智和意识的简朴先驱。"②

在《事物的奇怪顺序》中,达马西奥首次将自体平衡概念全面地引入对社会文化的讨论中,并提出了"社会文化自体平衡"的概念,通过这个概念他试图理解文化现象的生物学根源。他将自体平衡分为广义的两类,即基本自体平衡和社会文化自体平衡,但他认为,"这并不意味着后者就是纯粹的'文化的'建构,而前者是'生物学的'。生物学与文化完全是相互作用的。社会文化自体平衡的形成是大量心智作用的结果"。③ 将社会视为一个超级生命或超级有机体(super-organism),这并非是一个不恰当的类比,而将自体平衡引入对社会的分析也并非是个不恰当的延伸。

事实上,社会不是在与人类相似水平的生物体中才出现,即使简单如单细胞一般的生命,也自然地存在一个由诸细胞构成的细胞社会,而细胞的自体平衡必然要面临两个环境的问题,即自然物质环境和社会环境所施加的问题。既然有社会,生物体就会演化发展出应对社会环境问题的策略,就会

---

① 庄子:《庄子·至乐》,方勇译注,中华书局,2010年,第285页。

② Damasio, A. 2018. *The Strange Order of Things: Life, Feeling, and the Making of Cultures.* Pantheon Books. p. 42.

③ Damasio, A. 2010. *Self Comes to Mind: Constructing the Conscious Brain.* Vitage Books. p. 221.

有在维持单个生命体的自体平衡的同时维持诸生命体所构成的社会的自体平衡的策略,因为自然和社会共同构成了生物个体的自体平衡所依赖的环境,而维持社会自体平衡的策略就构成了生物体的文化。就这个意义而言,文化也不是突然降临在人类世界中,它同样有一个伴随早期生物体的更早的起源。"第一个事实是,即使与人类的社会成就相比,我们也可以恰如其分地将早在1亿年前某些种类的昆虫所发展出的那套社会行为、实践和工具称为文化。第二个事实是,甚至更早,很可能是几十亿年前,单细胞生物体就已经展现出符合人类社会文化行为某些方面的社会行为图式。"①

如果生物体之间对彼此的需要不能带来更好的生命调节,那么社会就不可能出现,文化也就不可能出现。事实上,生物体之间的合作和竞争的平衡是生物体基于社会自体平衡而维持个体自体平衡的结果。因此,社会性与个体性一样都是生命本质的一部分,也正因为如此,社会性必然在生物体中有其生物学根源,于是,文化也有其内在的生物学根源。

社会文化发展背后的推动力当然是生物体的自体平衡。自体平衡在人类扩展自我的水平上是通过高度发展的、丰富细腻的各种各样的感受来表现的。达马西奥提出,感受从三个方面推动着文化的发展。第一,感受是对自体平衡缺陷的侦测和诊断。第二,感受的侦测和诊断促使生物体调用和开发创造性智力去修复自体平衡的缺陷;"感受以心智的方式表征了当前自体平衡的一个显著状态,并产生强烈的扰动,因此,感受就能作为激励创造性智力的动机,而创造性智力是文化实践或工具的实际建构链条中的重要一环。"②"一旦探测到危害个体及群体平衡的社会行为,复杂周密的道德规范和法律法规,以及司法体系就开始起反应。为应对这种失衡而产生的文化手段是在恢复个体和群体的平衡,例如,经济和政治制度的贡献、医学的发展,都是为了对社会空间中出现的需要修正的功能问题进行反应,以免它

---

　　① Damasio, A. 2018. *The Strange Order of Things: Life, Feeling, and the Making of Cultures*. Pantheon Books. p. 169.

　　② Damasio, A. 2018. *The Strange Order of Things: Life, Feeling, and the Making of Cultures*. Pantheon Books. p. 123.

们危及构成群体的个体的生命调节。"①第三,感受是生物体开创的文化工具和文化实践之成败的衡量者和监控者。在感受的推动和衡量下,文化发展以各种形式对生命进程中探测到的不平衡做出反应,并在人类的生物限制、物理环境以及社会环境限制内对不平衡进行修正。

9.9　结　语

达马西奥关于心智生物学研究的基本观点和主题——生命的心智观、层级演化观、情绪、感受、意象、心智、意识、自我等——在《笛卡尔的错误》中都可以找到最初的论述,甚至社会文化自体平衡的观念也出现在这本书中。但在随后一系列的著作中,达马西奥极大地丰富和发展了这些研究,并在《事物的奇怪顺序》中扩展了对文化的生物根源的研究。

在开展心智乃至文化的生物学研究的同时,他也始终不忘去纾解人们的一种担心甚至忧虑。"人们常常担心,日益丰富的生物学知识会将复杂的、富有心智和意志的文化生活还原为心智出现之前的自动化的生活。"②事实上,这个忧虑在两种文化——科学文化与人文文化——的分野和分裂中就已经普遍存在,只是随着认知科学的发展被进一步加深了。这个忧虑来源于人性的一种或明或暗的心理——人自认为是神圣的,并且希望被看作是神圣的。但在这种心理中还隐含了另外一种观念,那就是——物质以至肉体是低贱的,没有任何高贵和神圣可言。如果笛卡尔的二元论成立了,那么人类的高贵和神圣就有了形而上学的庇护之地,即心智的"月上世界"。但很遗憾,科学否定了这种可能性,尤其是医学、生命科学、神经科学、认知科学都在否定这种可能性。人,事实上就是一团物质之肉,在根本上,它与构成稊稗、瓦甓、屎溺的成分别无二致。物质为什么会被鄙视?为什么像人类机体这样如此精妙复杂的系统,如果它的成分最终不过是物质,它的神圣

---

① Damasio, A. 2010. *Self Comes to Mind: Constructing the Conscious Brain*. Vitage Books. p. 220.

② Damasio, A. 2018. *The Strange Order of Things: Life, Feeling, and the Making of Cultures*. Pantheon Books. p. 175.

性和尊严就必须完全消失呢?面对这种分裂和这种心理,我们该修正什么呢?我们有比科学更充分、更系统的证据来修正科学吗?如果没有,我们就必须诚实地、不失理智地、开放性地接受科学的结论——人是一团精妙复杂的物质之肉。在我们接受科学的结论之时,我们也必须接受物质是纯粹惰性的、只有外在性而没有任何内在性的——或者更神圣一点地说,没有主体性,没有心智,没有灵魂——因此是卑贱的观念吗?或者为了保留人性的神圣性,我们必须承诺一个二元论的世界观吗?

对这个忧虑,达马西奥一贯的回答是:"我认为这种情况[即心智的生物学研究会将充满丰富感受和具有选择自由的意识世界还原为纯粹的物质和物质的运动]不会发生。首先,日益丰富的生物学知识实际上取得了一些特别不同的东西,即它们实际上加深了文化与生命过程之间的关联。其次,文化诸方面的丰富性和原创性并没有被还原掉。第三,关于生命以及关于我们与其他生物共有的基质和过程的日益丰富的知识并不会降低人类的生物独特性。值得再说一次的是,人类的独特地位——它远远超出与其他生物共有的那些东西——毋庸置疑,因为通过对过去的个体和集体的记忆以及通过对未来的想象,人类以一种独一无二的方式放大了他们的痛苦和快乐。逐渐增加的从分子层面到系统层面的生物学知识实际上加强了人道主义的事业。"①

达马西奥的回答显然是明智的、诚实的、"中规中矩"的,但我认为应该有更简洁的回答,这种回答是庄子式的——"道在屎溺"②。也就是说,人性的独特性和神圣性是相对的,人有丰富的现象世界,细胞有简朴的现象世界,原子有更暗昧不明的现象世界,但就现象世界之"道通为一"的绝对性而言,所有的物质之肉也是现象之肉,因此都是神圣的。人类不会因为对构成自身的物质的知识有更多的理解,就瓦解了其现象世界的尊严,因为现象性与物质性不是对立的、排他的,世界既是物理学的也是现象学的。人类需要

① Damasio, A. 2018. *The Strange Order of Things: Life, Feeling, and the Making of Cultures*. Pantheon Books. p. 175.

② 庄子:《庄子·知北游》,方勇译注,中华书局,2010年,第369页。

修正的是对世界的观念,特别是对物质的观念。也许我们需要一点浪漫的想象力,去理解物质深处那点微末的主体性和现象性之光。

"认识到某种感受依赖于某些特定的脑系统与某些身体器官的互相作用,并不会削弱将这种感受作为一种人类现象的地位。爱情或艺术会令我们感到苦恼或愉悦,如果我们了解到苦恼或愉悦背后的各种生物过程,就不会贬低这些感受。恰恰相反,在具有如此神奇魔力的复杂机制面前,我们的好奇和敬畏感应该增加才对。"①

---

① Damasio, A. 1994. *Descartes' Error: Emotion, Reason, and the Human Brain*. G. P. Putnam's Son. p. xvi.

10 视觉双流理论^①

10.1 引　言

越来越多的科学证据强有力地表明,人的心智生活既包括有意识体验也包括各种类型的无意识过程。有意识体验的基本特征在于主体对环境和自身机体状况的觉知(being aware of)。觉知是一种第一人称现象,在言语思维正常的人身上,它往往是可报告的;相应地,如果一个心智过程没有可报告的觉知,那么这个心智过程就是无意识的,这个定义涵盖所有可能类型和层次的无意识过程。詹姆斯在《心理学原理》曾提出,研究意识的方法就是将具有可比性的意识事件与无意识事件进行对比。巴尔斯在《意识的认知理论》(*A Cognitive Theory of Consciousness*)^②中更加系统地阐述了意识研究中"对比分析"方法的基本价值。这种方法在意识科学中是探测意识神经机制的一个重要窗口。

由于敏锐地观察到视觉皮层受损患者 DF(Dee Fletcher)身上有意识与无意识的表现之间令人惊异的对比的重要价值,古德尔(Goodale)和米尔纳(Milner)随后对 DF 进行了系统而严格的跟踪研究。通过这些研究,古德尔和米尔纳在传统视觉神经理论基础上提出了视觉系统中存在两个视觉信息

---

　　①　本章内容最初发表在《浙江师范大学学报(社会科学版)》2015 年 3 期,第 10-21 页。有改动。

　　②　Baars,B. J. 1988. *A Cognitive Theory of Consciousness*. Cambridge University Press.

的加工和利用的通道:一个是知觉视觉(vision for perception),一个是行动视觉(vision for action),前者通常会造成有意识的视觉体验,而后者能引导行为但通常是无意识的——这就是所谓的"双流理论"(Two Stream Theory)。古德尔和米尔纳在两本重要的著作——《行动中的视觉脑》(*The Visual Brain in Action*)①和《看不见的视力》(*Sight Unseen:An Exploration of Conscious and Unconscious Visio*)②——中,详细阐述了支持他们的理论的证据。这个理论为我们在现象学、行为和神经层面理解视觉的意识与无意识的根本差异,以及它们各自的活动特点和它们如何分工合作提供了一个极为有益的理论参考。

10.2 患者 DF 的奇特表现

古德尔和米尔纳的视觉系统的双流理论是从观察和研究一位视觉皮层受损的患者 DF 开始的。因为一次一氧化碳中毒,DF 的视觉皮层受到损伤从而导致视觉受损。DF 的视觉受损后,我们可以在她身上看见一系列奇特的表现,既有体验报告层面的,也有行为层面的。

最初,医生诊断她是"皮层失明"③,因为她既能说话也能明白别人说话的意思,但却什么也看不见。但之后几天,她渐渐恢复了一些有意识的视觉,如对颜色的视觉体验,她可以分辨出病床旁花瓶里花的颜色、窗外天空的颜色、人们着装的颜色。这表明,她不是完全的皮层失明。

接着,在与她有过接触的人的叙述中,她有这样一些表现:(1)当她母亲走进病房时,尽管她认不出她母亲,却能立刻听出她母亲的声音;(2)在谈话过程中,她可以记起所有过往的事情,并能如往常一样谈论自如;(3)当她拿起一样东西并用手去摸索它时,她可以毫不迟疑地说出那是什么东西;

---

① Goodale,M. A. & Milner,D. 1995. *The Visual Brain in Action*. Oxford University Press.

② Goodale,M. A. & Milner,D. 2013. *Sight Unseen:An Exploration of Conscious and Unconscious Vision*. Oxford University Press.

③ 这种情况是由于患者脑背部的主要视觉区受损,从而丧失了部分或全部的视觉体验。

(4)她能看清她母亲手背上细细的绒毛,但她却辨认不出她母亲的作为整体的手的形状。

除了在日常生活中人们在 DF 身上观察到的这些奇特表现外,古德尔和米尔纳还对 DF 进行了一系列的实验观察。这些严格设计的实验揭示出 DF 具有如下表现:

她可以看到物体的颜色、材质、某些精细的细节,但她辨认不出物体的形状和轮廓,也就是说她无法仅仅通过形状来识别物体以及判定物体的功能,参见图 10.1 的实验测试。DF 甚至在把物体从其背景里区分出来一事上也有问题,例如,她会说各个物体好像"彼此跑进了对方里面",颜色近似的相邻物体在她看来就好像是一个东西,相反地,有时候她却会把一个物体不同颜色的两部分看成是两个物体。此外,她也看不出"运动着的形状"——背景的点是静止的,而构成这个形状的点则是运动的。

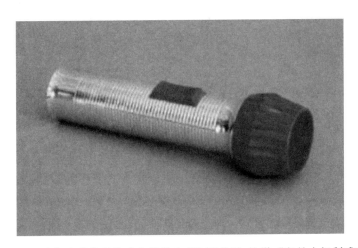

图 10.1 当把这种常见的手电筒放在 DF 面前时,她说:"它是由铝制成的。它上面有红色塑料。它是某种餐具吗?"她猜测它是某种餐具,这可能是因为许多铝制工具是由金属和塑料制成的。只要把这个手电筒放在她手上,DF 马上能确切地知道它是什么。"哦,它是一个电筒啊!"她说。①

---

① Goodale, M. A. & Milner, D. 2013. *Sight Unseen:An Exploration of Conscious and Unconscious Vision*. Oxford University Press. p. 14.

　　她无法临摹日常物品的几何形状,但却能凭着记忆画出来。参见图10.2。在 DF 的想象的和梦的世界中,DF 能够形成并恰当地操作心智意象,也就是说她的视觉想象力几乎是完好的。例如,现在让你在想象中将大写字母 D 旋转成平面朝下,并将它放到大写字母 V 上面,然后问你这看起来像什么。你会说像蛋筒冰激凌。对此,DF 也能做出恰当的回答。此外,DF 经常报告说,在梦里她的视觉世界与出事之前梦里的内容一样丰富。

图例　　　　临摹　　　　凭记忆画

　　图10.2　上面左列三个图形 DF 全都认不出。实际上,正如中间那列表明的,她临摹的图形甚至无法辨别。当她试图临摹那本书时,DF 倒是从原图片中提取了一些元素,例如那些代表文本的小点点,但就整体而言她的摹本画得很差。毕竟她对于自己在临摹什么一无所知。DF 之所以不能临摹图形不是由于她不能控制自己的手指,也不是因为当她在纸上移动铅笔时不能控制手的运动。因为有一次,当我们让她凭记忆画一个(譬如)苹果时,她画出的东西应该还过得去,如右列所示。DF 能做到这点是因为她还有对诸如苹果这些物品看起来像什么的记忆。可是稍后把她自己凭着记忆画的图片拿给她看时,她并不知道那是些什么。①

　　她看不出物体的形状和朝向,例如,她不知道我们手上拿着的黄色铅笔是水平的还是竖直的,但她可以准确地拿到面前的铅笔。② 她不知道信箱插

---

　　①　Goodale, M. A. & Milner, D. 2013. *Sight Unseen: An Exploration of Conscious and Unconscious Vision*. Oxford University Press. p. 15.

　　②　Goodale, M. A. & Milner, D. 2013. *Sight Unseen: An Exploration of Conscious and Unconscious Vision*. Oxford University Press. pp. 27-28.

槽的方向,却可以准确地将卡片从插槽投进去,参见图10.3。

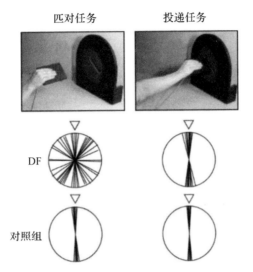

图 10.3　配对和投递任务。DF 面前是一个垂直放置的展示牌,中间有一道可以向不同方向转动的插槽。在"配对"任务中,要求她转动手上拿的卡片,以便它的方向与插槽的方向匹配,但手不要伸向展示牌。在"投递"任务中,要求她将手伸出去并把卡片投进插槽里。正如图片下的图解所表明的,DF 在完成投递任务时没有任何问题,但在配对任务中的表现似乎是随机的。当然,对照组中的健康被试在两个任务中都没有任何问题。[①]

　　她认不出形状,仍然可以根据物体大小调节握径。[②] 对于规则的和不规则形状的物体,说不出形状的 DF 也仍然可以准确地选取正确的握点,参见图 10.4。"当她伸出手去捡起每个布莱克(Blake)形状时,在这个过程中她会精细地调节食指和拇指的位置,以便在物体边缘的稳定握点处抓取这个物体。就像视觉正常的人一样,她会在每个物体呈现给她的第一次中就选择出稳定的握点。可是毋庸置疑的是,当让她说出这些成对的平滑物体是

　　① Goodale,M. A. & Milner,D. 2013. *Sight Unseen:An Exploration of Conscious and Unconscious Vision*. Oxford University Press. p. 30.

　　② Goodale,M. A. & Milner,D. 2013. *Sight Unseen:An Exploration of Conscious and Unconscious Vision*. Oxford University Press. pp. 32-33.

相似的还是不同的时候,她就会完全不知所措。"①在跨越障碍的测试中,尽管她完全说不出每个障碍物的高度和宽度,但她能与健康被试一样灵巧地越过每个高度不同的障碍物。②

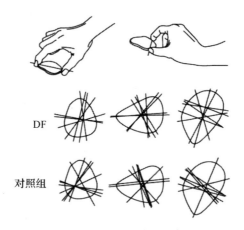

图 10.4　布莱克形状。上图的顶部表示对不规则形状的一个稳定抓取和一个不稳定抓取。对这种形状而言,当正确抓取时,食指与拇指的连线应该穿过该形状的中心,并且食指和拇指要置于该形状边沿的两个稳定点上。DF 能像对照组的被试一样很好地抓取布莱克形状。③

　　根据上面的日常观察和实验检验,古德尔和米尔纳得出这样两个结论:
(1)DF 患有严重的"视觉形状失认症",即 DF 可以识别物体的颜色、纹理,但是说不出其形状和朝向,无法依据形状来有意识地报告对物体的识别;
(2)DF虽然没有相关形状和朝向的有意识的视觉体验,但她能运用形状和朝向的视觉信息完成相关的动作,她似乎有着良好的无意识视觉能力。古德尔和米尔纳写道:"在 DF 身上发生的最令人惊异的事情是,她能够使用物体的诸如朝向、大小和形状的视觉属性来引导一系列娴熟的动作——尽管她

　　① Goodale, M. A. & Milner, D. 2013. *Sight Unseen: An Exploration of Conscious and Unconscious Vision*. Oxford University Press. p. 40.

　　② Goodale, M. A. & Milner, D. 2013. *Sight Unseen: An Exploration of Conscious and Unconscious Vision*. Oxford University Press. pp. 39-41.

　　③ Goodale, M. A. & Milner, D. 2013. *Sight Unseen: An Exploration of Conscious and Unconscious Vision*. Oxford University Press. p. 40.

没有有意识地觉知到这些完全一样的视觉属性。"[1]

　　根据对 DF 的研究,古德尔和米尔纳推断,存在两类视觉过程或视觉系统:一类是建构有意识的视觉知觉,他们称为"知觉视觉";另一类是对行动进行无意识的引导和控制,他们称之为"行动视觉"。因此,古德尔和米尔纳认为,一氧化碳中毒事件肯定"深刻地影响了她[DF]的知觉视觉,但行动视觉基本没有受损"[2]。

10.3　双流理论

　　如果说古德尔和米尔纳推断的双视觉系统是正确的,那么就有可能存在与 DF 状况相反的患者,即患者的知觉视觉系统是好的,但行动视觉系统却受到了损害。古德尔和米尔纳发现确实存在这样的患者——这类患者的状况被称为"视觉共济失调"(optic ataxia)。1909 年,匈牙利神经学家巴林特(R. Bálint)首次记录了一个有此类问题的患者。脑解剖和脑成像表明这类患者的脑受损部位与 DF 的正好相反,他们是大脑两侧的顶叶区受损;他们的体验报告和行为表现也与 DF 正好相反。视觉共济失调患者在引导行动朝空间中的视觉目标时存在问题,他们在以物体尺寸和方向为重要因素的视觉运动任务中也有麻烦,但是当要求他们根据物体的尺寸、方向和相对位置来有意识地报告他们分辨出的物体时,他们完成得相当好。显然,视觉共济失调患者没有视觉失认症,可以识别物体和人,也可以阅读,他们的问题出在动作上。例如,一个叫安妮(Anne)的患者,在抓取测试中她的抓握比例很差,但能够用食指和拇指示意这些物体的大小;另一个叫露丝(Ruth)的患者也能识别物体,但临摹时动作很不协调(参见图 10.5),而且在抓取不规则形状时的表现很差。这些病人的表现都与 DF 刚好相反,也就是说他们能建构关于目标物体的完整视觉体验,但却无法基于相应的视觉信息和视觉

---

① Goodale, M. A. & Milner, D. 2013. *Sight Unseen: An Exploration of Conscious and Unconscious Vision*. Oxford University Press. p. 43.

② Goodale, M. A. & Milner, D. 2013. *Sight Unseen: An Exploration of Conscious and Unconscious Vision*. Oxford University Press. p. 28.

体验来控制其行动。

　　视觉形状失认症和视觉共济失调症表明，存在两种加工和利用视觉信息的方式，它们是相对分离的。根据这个相对分离性，古德尔和米尔纳推断，在脑中存在两个不同的、准独立的系统，也称之为"模块"。它们形成两个视觉信息的加工和利用通道，从而在体验报告和行为层面也存在两个相对分离的表现——知觉视觉和行动视觉。古德尔和米尔纳认为，人类在演化中形成的不是一个可以同时完成视觉体验和视觉行动的通用目的的视觉系统，而是选择了两个分离的视觉系统，因为一个单一的通用目的的视觉系统根本无法解释出现在 DF 和露丝身上的这两种相反的状况。[①] 古德尔和米尔纳将他们的主张称为视觉的"双流理论"。

图例　　　　　临摹

　　图 10.5　与 DF 不同，露丝·威克斯（Ruth Vickers）可以毫无困难地识别和命名上面的图样。即使要求她临摹它们（上图右列），她也能捕捉到这些图样的许多特征。但是当她临摹时，她在运动协调方面却存在困难。[②]

　　① Goodale, M. A. & Milner, D. 2013. *Sight Unseen: An Exploration of Conscious and Unconscious Vision*. Oxford University Press. p. 59.

　　② Goodale, M. A. & Milner, D. 2013. *Sight Unseen: An Exploration of Conscious and Unconscious Vision*. Oxford University Press. p. 56.

我们现在来看看这个理论来自演化生物学的假定和证据,以及和神经科学的证据。

演化生物学的假定和证据　在解释生物的行为或智力的模式时,一个最根本的考虑是它们如何有助于生物的生存和繁殖——这是演化生物学的基本假定,也是演化生物学分析生物演化的基础。"对于绝大多数人来说,视觉是我们最显著的感官。我们不仅对视网膜上的光刺激模式**做出反应**,我们还**体验它们**。"① 尽管有意识的视觉体验让我们获得了关于外部实在的丰富知识,但在演化的整个进程中相对于基于视觉刺激的**反应**方面而言,基于视觉刺激的**体验**方面是一个后来者。为什么基于视觉刺激的**体验**(即知觉视觉)在演化上要晚于基于视觉刺激的**反应**(即行动视觉)呢?古德尔和米尔纳认为要回答这个问题,我们必须转向演化生物学。演化生物学的观点直截了当:视觉的演化最终必须服务于生物的适应性——改善它们的生存和繁殖。自然选择(即群体中个体的生存率差别)最终取决于动物用它们的视觉做了什么,而不是它们体验到什么。因此,情况肯定始终是这样的:在演化进程的史前时代,视觉最初是作为一种引导有机体行为的方式出现的。正是我们祖先的行为的实际效力塑造了我们的眼睛和脑的演化方式。选择压力从来不是针对内部"电影"(picture shows),它只针对在服务外部行动时视觉能够做什么。这并不是说视觉思维、视觉知识以及视觉体验不会通过自然选择而出现。但是视觉体验可能发生的唯一原因就是,这些心智过程能为行为带来利益。② 像眼虫(Euglena)这样以光作为能源的单细胞生物,它会根据在水底世界遇到的光亮程度的不同来改变游泳方式。这种行为使眼虫会待在光线充足的环境中。然而,尽管眼虫这种行为由光线来控制,但没有人会真的认为眼虫"看见"光线或者它有某种关于外部世界的内在模型。理解这种行为的简明方式是,它是一种简单的反射,这个反射将光照强度转译为游动速率和方向的变化。当然,这种机制尽管是由光线激活

① Goodale, M. A. & Milner, D. 2013. *Sight Unseen: An Exploration of Conscious and Unconscious Vision*. Oxford University Press. p. 62.

② Goodale, M. A. & Milner, D. 2013. *Sight Unseen: An Exploration of Conscious and Unconscious Vision*. Oxford University Press. p. 63.

的,但它远没有多细胞生物的视觉系统复杂。但是即使在像脊椎动物那样复杂的生物中,视觉的许多方面也完全可以被理解为运动控制系统,而与知觉体验或外部世界的任何通用目的的表征无关。[①] 神经科学家英格尔(Ingle)的研究表明在青蛙和蟾蜍的脑中至少存在五套不同的视觉运动模块,它们各自负责不同类型的视觉引导的行为,并且每个模块都有独立的输入和输出路径。尽管这些不同模块的输出必须协调,但它们绝不是因为青蛙脑内某处存在一个统一引导行为的单一视觉表征。古德尔和米尔纳认为,对青蛙以及其他动物视觉系统的研究驳倒了一个长久存在的普遍假设:所有行为都是由一个单一的通用目的的表征来引导和控制的;相反,在表征视觉(知觉视觉)之外,视觉系统包含了由一些相对独立的视觉运动模块共同构成的集群。

神经科学证据 1982 年,昂格莱德(Ungerleider)和米什金(Mishkin)在其合著的《两个皮层视觉系统》("Two cortical visual systems")[②]一文中,总结了来自猴子的大量实验研究的证据。猴子的视觉大脑和视觉能力与人类非常相似。来自眼睛的刺激信号首先到达大脑皮层上的初级视觉皮层(V1),随后信号沿着皮层内两个完全分离的通道——背侧视觉通道和腹侧视觉通道——向前继续传递,前者终结于后顶叶皮层,后者终结于下颞叶皮层(见图 10.6)。这两条通道现在被称为视觉处理过程的背侧流(dorsal stream)和腹侧流(ventral stream)。在他们的实验中,背侧流遭到破坏的猴子可以区分不同的视觉图案和方向不同的线条,但不能从狭槽中弄出食物。这些问题与露丝和安妮身上的问题很相似。即背侧流受损的猴子表现出的问题主要体现在行动视觉上,而不是在知觉视觉上。腹侧流受损的猴子完全没有任何视觉运动问题,却无法识别熟悉的物体,在学习分辨新物体方面也有困难,这与 DF 很相似。此外,20 世纪 60—70 年代早期的神经元的微电极研究表明,两个侧流上的神经元以非常不同的方式对视觉世界进行编码。V1 区的神经元对简单的线条和方向就会有反应;腹侧流上的神经元对特定

---

① Goodale, M. A. & Milner, D. 2013. *Sight Unseen: An Exploration of Conscious and Unconscious Vision*. Oxford University Press. p. 62.

② Ungerleider, L. G. 1982. Two cortical visual systems. *Analysis of Visual Behavior*, pp. 549-586.

的图案才有激活反应;而背侧流上的神经元则只在主体确实做出某个动作时才激活。"腹侧流的绝大多数神经元有一个共同点,即除非猴子不仅看见一个物体而且还以某种方式对它做出反应时,它们才激活。"[①]可见背侧流和腹侧流在我们的视觉生活中执行着不同的功能。在视觉处理过程中,腹侧流会把视觉信号转化为相应的知觉体验,而背侧流则把视觉信号转译为行动反应。

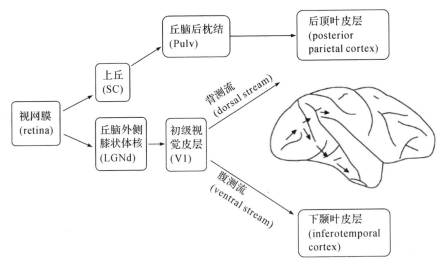

图 10.6 昂格莱德和米什金最初提出的灵长类动物大脑皮层中的两个视觉加工流的模型示意图。图示为恒河猴的脑。腹侧流从初级视觉皮层 V1 处接收它的大部分视觉输入,而 V1 则从丘脑的外侧膝状体核(LGNd)处接收它的输入。背侧流也从 V1 处接收输入,但是它通过丘脑后枕结(Pulv)又额外从上丘(SC)处获得大量的输入。[②]

10.4 背侧流与腹侧流的区别

从演化生物学的角度看,(在动物界普遍存在的)行动视觉和(在人类身

---

① Goodale, M. A. & Milner, D. 2013. *Sight Unseen: An Exploration of Conscious and Unconscious Vision*. Oxford University Press. p. 80.

② Goodale, M. A. & Milner, D. 2013. *Sight Unseen: An Exploration of Conscious and Unconscious Vision*. Oxford University Press. p. 73.

上获得显著发展的)知觉视觉在有机体的适应性生活中一定服务于不同的目的,满足不同的要求,因此作为其实现的相应的背侧流和腹侧流的工作方式也肯定不同。我们先来看知觉视觉与行动视觉的最一般区别。

视知觉是让我们理解外部世界,并且以某种形式创造出外部世界的表征,而这些表征可"存档"以备未来之用。与此相反,运动动作的控制——从捡起一小片食物到向逃逸的羚羊投掷矛枪——要求掌握关于目标物体的实际尺寸、位置和运动的精确信息。这些信息必须以真实世界的绝对度量来编码。换言之,它必须根据物体的实际距离和尺寸进行编码。此外,这些信息必须能在行动做出的那一瞬间就获得。[①]

我们根据古德尔和米尔纳的实验研究和分析,概括出背侧流(行动视觉)和腹侧流(知觉视觉)的更一般特点,参见表 10.1。

表 10.1　背侧流与腹侧流的工作机制及特点

比较　　　　侧流	背侧流(行动视觉)	腹侧流(知觉视觉)
参照系	自我中心的	基于场景的
加工过程	自下而上	自上而下
物体尺寸信息	绝对尺寸	相对尺寸
时效	即时的、在线的	长效的、离线的
错觉	不受错觉影响	背侧流信息失效后,影响动作控制

当我们感知某一物体的尺寸、位置、方向和几何结构时,我们总是相对于我们正在注视的场景中的其他物体来建构这个物体的表征。毕竟,知觉视觉的目的是建构真实外部世界的一个有用的内部模型或表征,因此知觉视觉采取的是一个基于场景的参照系(scene-based frame of reference)。与知觉视觉相反,当我们伸出手去抓取这个物体时,我们的脑必须在视觉信息上关注物体相对于我们的绝对度量——物体的实际尺寸、方向、位置、速度

---

① Goodale, M. A. & Milner, D. 2013. *Sight Unseen: An Exploration of Conscious and Unconscious Vision*. Oxford University Press. p. 131.

等。因此行动视觉采取的是一个基于自我或自我中心的参照系(egocentric frames of reference)。知觉视觉的度量是相对的,行动视觉的度量是绝对的。知觉视觉的度量是相对的——"这个事实解释了为什么我们能够毫无困难地观看电视,因为在电视这个媒体中根本没有绝对度量"。[①]

针对背侧流和腹侧流的一系列时间尺度的实验表明,"背侧流(行动视觉)以实时的方式运作,并且它存储所需的视觉运动坐标的时间非常短暂——最多几百毫秒。这种做法似乎是'要么利用它,要么丢掉它'。另一方面,腹侧流(知觉视觉)则被设计成在更长的时间尺度上运作。例如,当我们遇到某个人时,我们能记住他或她的脸(尽管并不总能记住他或她的名字)几天,几个月,甚至几年。这个时间尺度上的差别反映了这两个视觉流被设计用于完成不同的工作"[②]。例如,在一个抓取实验中,抓取一个我们实际看到的物体要利用背侧流上的自动视觉运动系统,然而无实物抓取要求我们提取对刚才所见之物的有意识的视觉记忆——一个由腹侧流所建构的记忆。当 DF 不能及时地使用物体的视觉信息时,她根本无法完成无实物抓取动作,因为她对目标物体没有相关的知觉体验,也就没有可供储存于记忆中的信息。相反,在无实物抓取中,如果在那些背侧流受损的病人发起抓取动作前插入一个延迟,他们的表现就有明显改善,因为,他们对于这个世界的知觉是相对完好的,延迟可以唤起他们对于目标物的知觉记忆从而规划动作。

关于背侧流(行动视觉)与腹侧流(知觉视觉)工作方式的一个非常有趣的差别是它们在视觉错觉中的不同表现。当看到一个人比一栋房子还高出许多时,我们会认为这个人一定是一个巨人,因为基于早前人与房子的知觉表征的典型对比,脑"知道"房子总是比人大。因此尺寸对比本质上反映了知觉视觉的基于场景的参照系。在一个视觉错觉试验中(参见图10.7),实验者首先诱发被试产生一个"尺寸对比错觉",然后再让被试伸手抓取此木块,他们发现无论哪个伴随木块与之成对出现,被试都把手

① Goodale, M. A. & Milner, D. 2013. *Sight Unseen: An Exploration of Conscious and Unconscious Vision*. Oxford University Press. p.131.

② Goodale, M. A. & Milner, D. 2013. *Sight Unseen: An Exploration of Conscious and Unconscious Vision*. Oxford University Press. p.141.

张到相同的程度。也就是说,动作不会受到视觉错觉的影响;在抓取物体时,被试只使用以自我为中心的参照系。然而如果在抓取动作之前插入一个延迟,那么被试的抓取表现就会受到显著影响,因为我们知道背侧流的行动视觉是实时运作的,当插入延迟后,延迟中断了实时的行动视觉,被试的抓取调节只能转而依靠腹侧流的知觉记忆,因此受到了视觉错觉的影响。

图 10.7　当你注视一个伴随了更大木块的"目标"木块时,它看起来要比伴随了更小木块的"目标"木块要小一点。然而,当你伸手去抓取这个木块时,你的手在抓取过程中张开的尺度会与目标木块的实际尺寸比配,而不管伴随木块的尺寸是多大。简言之,知觉受对比尺寸的影响,但行动的视觉控制则不会受这种视觉错觉的影响。[①]

背侧流利用我们有两只眼睛这一优势进行计算,因为物体在视网膜上的成像有一个确定的尺寸,大脑利用简单的三角法就能计算出它的实际尺寸。这种计算不依赖于任何具体场景的细节,也无须腹侧流的介入,其结果精确可靠。而腹侧流在建构视觉世界时,为了能在不同场景中识别物体,则只储存它们的同一性模式,这也被称为知觉的恒常性。在知觉体验里,我们"见到什么"是由我们"已经知道什么"来决定的——这反映了知觉视觉的"自上而下"的加工方面。本质上,在日常生活中,我们丰富的视觉体验和视

[①]　Goodale, M. A. & Milner, D. 2013. *Sight Unseen: An Exploration of Conscious and Unconscious Vision*. Oxford University Press. p. 146.

觉运动既依赖于已经存储的物体的表征(自上而下),也依赖于该物体作为
当下刺激物提供的视觉输入(自下而上)。

10.5 背侧流与腹侧流的协作

我们已经知道背侧流和腹侧流的运作方式不同,服务的目的也不同,但
是这两个系统之间存在复杂而无缝的互动和协作。这两个迥异的视觉信息
加工和利用系统是如何协同工作的呢?古德尔和米尔纳用"远程协助系统"
(见图 10.8)为它们之间的关系提供了一个类比。人类操作员可以在恶劣环
境中控制行进中的机器人,操作员先确定并标注出感兴趣的目标物体,再用

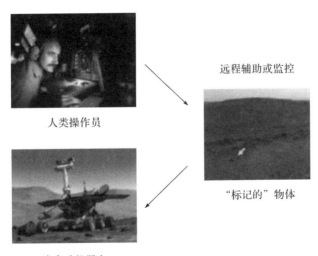

图 10.8　在远程协助中,一个人类操作员通过视频监视器看着远处的场景。一
个半自动机器人身处那个场景之中,它身上安装的照相机向人类操作员提供视频信
号。如果操作员注意到那场景里的一个有趣的物体,他即将其标注出,而机器人则对
其定位并取回它。操作员不需要知道物体尺寸的实际大小及其距离的实际远近;机
器人可以用它的车载光学传感器和测距仪计算出它们。同样,机器人也不需要知道
它取回的物体的意义。在我们的视觉系统模型中,腹侧流起着一个类似于人类操作
员的作用,而背侧流则表现得更像那个机器人。[①]

① Goodale, M. A. & Milner, D. 2013. *Sight Unseen：An Exploration of Conscious and Unconscious Vision*. Oxford University Press. p. 178.

一种符号语言来让半自动化机器人拿起它。操作员不需要知道真实距离和这个物体的尺寸,机器人可以计算出这些;同样,机器人也不需要知道这个物体的意义。在我们的视觉系统模型中,腹侧流起着一个类似于人类操作员的作用,而背侧流表现得像那个机器人。然而对于腹侧流和背侧流是如何完成信息交流的这个问题,目前尚无解答。我们只知道,脑解剖学的证据显示两侧流是相互连接的,而且传到这两个系统的信息都来自视网膜和早期视觉部位(如初级视觉皮层 V1)。目前我们还不能确切地回答这个问题,我们希望未来研究能详细地解释"看"与"做"是如何协同工作的。

10.6 腹侧流上的无意识知觉

我们知道腹侧流上的活动会引起相应的意识体验,但并不是腹侧流上的所有活动的结果都可能进入意识。当我们看著名的脸/花瓶这幅两可图(参见图 10.9)时,我们对这个两可图形的知觉总是变来变去。花瓶会激活侧枕叶区(LO),而人脸则激活 FFA 区域(fusiform face area)。被试在每次看到人脸变成花瓶(或花瓶变成人脸)时摁下一个键,实验者通过 fMRI 来比对 LO 和 FFA 的神经活动情况,结果发现尽管这些观察者正看着一个没有变化的屏幕,但他们的大脑活动却在 FFA 与 LO 之间不断地转换。腹侧流上的神经活动与视觉意识体验紧密相关,但为什么腹侧流活动有时是有意识的,有时却是无意识的呢? 对此有很多推测,但是至今也缺乏有说服力的实验性证据来支持任何一个假设。我们并不知道通达意识体验的神经元活动与没有通达意识体验的神经元活动之间的关键区别是什么,但是即便是没有通达意识体验的视觉信息,也在腹侧流上被处理到一个非常高的水平。这可以很好地解释所谓的无意识知觉——没有造成主观视觉体验的阈下刺激可以影响后续的行为——是怎么回事。例如,在要求你通过快速按键来分类时,看着一个猫的无意识图像可以加快你对相关语义图像(比如狗)的反应,又如电影中的植入广告会促进购买行为。[①] 但是这里需要强调的是,

---

① 弗里斯:《心智的构建》,杨南昌等译,华东师范大学出版社,2012 年,第 75 页。

尽管无意识知觉看似的确发生,但它产生于腹侧流中的活动,而非背侧流。
事实上,在腹侧流上,基于无意识知觉的视觉计算似乎与基于有意识知觉的
视觉计算是完全一样的,它们只是没有被带入意识中去。

图 10.9　著名的脸/花瓶图,由丹麦心理学家埃德加·罗宾(Edgar Rubin)设计,
这是一个两可图。我们有时看到在白色背景上有两张黑色的人脸,有时又在黑色的
背景上看到一个白色花瓶。我们不能同时看到二者。像双眼竞争的呈现一样,这种
两可图被用于研究视觉意识的神经基础。①

　　我们明确地看到通常所说的无意识有两个不同的来源,一个是背侧流
上的活动,一个是腹侧流上加工水平较低的活动。而这两个来源的性质是
不同的,皆用无意识来指称它们并不妥当。我们认为如下指称可作为一个
参考,即在行动视觉领域(背侧流)不能通达(产生)意识却能指导我们行动
的神经活动可以被称为非意识的(non-conscious),它属于自动的僵尸系统,
低等生物也有;在知觉视觉领域(腹侧流)不能通达意识但却有语义效应的
神经活动可以被称为无意识的(unconscious),它是一种无意识表征或知觉,
因此可视为是心智的(mental)。

---

　　①　Goodale,M. A. & Milner,D. 2013. *Sight Unseen : An Exploration of Conscious and
Unconscious Vision*. Oxford University Press. p. 193.

古德尔和米尔纳认为,尽管背侧流(无意识的行动视觉)与腹侧流(有意识的知觉视觉)在结构和功能上是相对分离的,但当它们服务于有机体与环境的复杂多样的交流活动时,它们总是进行着无缝的协调合作。雅普·狄克斯特霍伊斯(Ap Dijksterhuis)的实验充分说明了无意识与有意识力量的组合协调——只有当无意识的隐蔽过程与有意识的显明过程进行了恰当的协调,心智才能对各种事情应付自如①。达马西奥认为,无意识过程能做大量工作,但它们也一直受益于人多年来有意识的慎思,正是在有意识的慎思期间,无意识过程才得到不断的训练。在日常生活中,我们要不断地依靠认知无意识,并且谨慎地将许多工作(包括执行反应)外包给无意识的专门技能:"把专门技能外包给非意识空间——这就是当我们将技能打磨得如此娴熟以至于不再需要觉知到那些技术步骤时我们所做的。我们在清晰的意识之光下发展技能,但是接着我们让它们在底下进行,让它们进入心智的宽敞的地下室,在那里它们不需要挤在有意识反思空间的狭小的建筑面积中。"②

10.7 结 语

因为视觉系统是目前为止被理解得最透彻的脑系统,因此,克里克和科赫认为解决意识问题的最好办法是研究"视觉脑"。③ 正是通过对视觉系统的广泛考察和研究,古德尔和米尔纳提出了一个强有力的主张:视觉不是单一的整体,我们的视觉现象学只反映了视觉脑所做的一个方面;视觉为我们所做的很大一部分位于我们的视觉体验之外,事实上,我们的绝大部分行动本质上是由使用视觉计算的机器人系统(或僵尸系统)控制的,而这些视觉计算是有意识的监测完全接触不到的。古德尔和米尔纳认为,一方面,我们需要视觉对日常行动进行在线控制——特别是对那些速度要求高而我们又

---

① Dijksterhuis, A. 2006. On Making the Right Choice: The Deliberation-without-Attention Effect. *Science*, 311, 1005.

② Damasio, A. 2010. *Self Comes to Mind: Constructing the Conscious Brain*. Vitage Books. p. 210.

③ Koch, C. 2012. *Consciousness: Confessions of A romantic Reductionist*. MIT press.

没有时间来思考的动作;但是另一方面,当我们有时间来思考时,我们也需要视觉来理解周围的世界,事实上,对大多数人来说,世界的知觉体验是视觉最重要的方面。知觉视觉为我们所做的就是将刺激物投射在视网膜上的光模式转译成一个独立于我们而存在的稳定的知觉世界,从而建构出一个外部世界的内部模型,这个内部模型使我们将意义和重要性系缚在物体和事件上,使我们理解它们之间的种种关系,并且将它们深深地存储在记忆中;借助记忆中的素材(即心智意象),我们不仅仅可以与他人交流我们看见的东西,而且可以对未来行动做出选择和规划。尽管腹侧流与我们的有意识的思维活动相关,但是这并不意味着在某种意义上有意识的视觉知觉印象的建构就是目标本身,因为视觉现象学必须赋予拥有它的有机体以某种作用于现实世界的生存优势,因此知觉系统最终必须影响行为,否则,它就永远不可能演化。不同于背侧流,腹侧流与产生行为的运动系统的连接要间接得多,事实上,这些连接永远不可能完全规定好,因为知觉能够影响的行为范围本质上是无穷的。

克里克和科赫也认为在人脑中存在两类系统:一类是无意识的僵尸系统,它负责处理迅速的、短暂的、程式化的动作反应;另一类是有意识的系统,它负责处理感官输入中的那些不太程式化的方面,并且它对行动的选择和规划而言似乎是不可或缺的。[①] 无怪乎,克里克在米尔纳和古德尔提出他们的模型后不久就对他们的工作做了高度评价:

> 米尔纳和古德尔于 1995 年出版了一本重要著作,名为《行动中的视觉脑》。在书中,他们提出在脑中或许存在着快速的"在线"系统,它对简单的视觉输入可以做出适当的但稍显刻板的行为反应,就像伸手去抓个杯子那样。这些系统是快速且无意识的。相反地,米尔纳和古德尔还提出存在着一个与此相并行的、较慢的意识系统,而它可以处理更复杂的视觉情况,并且能够影响到许多不

---

① Crick,F. & Koch,C. 2003. A Framework for Consciousness. *Nature Neuroscience*,6, 2,pp. 119-126.

同的运动输出(包括语言)的选择。这种有意识与无意识的两个系统并存的思想是一个令人振奋的假说,但是这些假定的通路究竟怎样工作,它们又是如何相互作用的,还远远没有搞清楚。[①]

我们知道,关于意识的本性,一直被一个所谓的"难问题"[②]困扰。古德尔和米尔纳并没有专题地思考过这个形而上学的问题,但他们并不认同功能主义和计算主义,他们对这个问题似乎仍然保持着一种开放的惊异:

> 视觉不只是提供世界中的物体和事件的信息;至少在人类这里,视觉还提供了世界的有意识的知觉印象,这些知觉印象是如此引人入胜,以至于我有时很难理解这样的体验居然完全出自中枢神经系统中的神经元的集体活动。[③]

---

① 克里克:《惊人的假说——灵魂的科学探索》,汪云九等译,湖南科学技术出版社,1998年,第2页。

② Chalmers, D. J. 1996. *The Conscious Mind: In Search of a Fundamental Theory*. Oxford University Press.

③ Goodale, M. A. 2007. Duplex Vision: Separate Cortical Pathways for Conscious Perception and the Control of Action. *The Blackwell Companion to Consciousness*. pp. 616-627.

附　录

附录 1   纯粹意识状态及其问题^①

很大程度上,詹姆斯是将神秘主义者的宗教体验引入对心智和意识的科学理解的一个重要的早期开拓者。在《宗教体验种种》这部经典著作中,詹姆斯明确提出了宗教体验与神经病学之关系这个极具当代意义的研究主题。通过对大量的神秘主义者的第一人称宗教体验的探赜和辨析,詹姆斯提出,宗教神秘体验有四个显著的特性:(1)难以言传性(ineffability)。对未曾经历某种感受的人而言,没有人能够让他明白那种感受的品质和价值是什么样的。(2)知性(noetic quality)。尽管神秘状态更像感受而不像理智,但对神秘状态的体验者而言,它们也是一种知识状态,因为这种状态让他们洞察到一种由寻常散漫的(discursive)理智所无法达及的深刻真理。(3)短暂性(transiency)。神秘状态通常持续不久,除了罕见的几个特例,通常的极限是半个小时,再长也不过一或两个小时。(4)被动性(passivity)。当处于神秘状态时,神秘主义者感到自己的意志似乎被悬空了,就像被一个更高的力量所把握。詹姆斯认为这四个特性(特别是前两个特性)足以标志一类特定的意识状态,值得对它们进行谨慎深入的研究。

1998 年,福尔曼在《意识研究期刊》(*Journal of Consciousness Studies*)上发表了一篇"关于意识,神秘主义给我们的教益是什么?"的文章。在文章中,福尔曼介绍了三种神秘体验状态:纯粹意识状态、二元的神秘状态和合一的神秘状态,并引证了相应状态的第一人称的体验报告。其中,纯粹意识状态对理解意识的本性和意识的神经机制研究有着尤为重要的理

---

① 本附录内容最初发表在《中国社会科学报》2012 年 12 月 31 日 A04 版。

论价值。纯粹意识状态通常被描述为一种清醒的、无任何心智内容的、非意向的心智状态,或一个内在清醒的、无知觉对象的、无思想的寂止的心智状态。

通常,我们日常的心智状态是一个充满了知觉对象、观念、思想、评判、想象、回忆、情绪感受、欲望、企图、展望、计划、内心冲突、意志决定等各种各样内容的"大杂烩",即使是安静的时候,我们也不时地滑进白日梦。在日常生活中,我们的心沉浸在这些心智内容的意象流中,并随它们迁流。在随意象流的迁流中,我们把意识视为理所当然的:正如鱼与水似乎不可分离地交融在一起一样,我们因此本能地认为意识与所意识到的内容是不可分离的,以至于人们往往像忽视水那样忽视了意识。这种忽视使得人们从没有试图去理解意识本身是什么,而是将它与心智内容或其他心智功能混同在一起。然而,在许多宗教修行中(尽管方式不同),修行者可以将在日常生活中总是与心智内容和其他心智功能黏结在一起的**意识本身**分离出来。例如在奢摩他(止)(samatha)的修习过程中,一个人能够系统地放缓和降低他的心智活动,使其念头越来越少,情绪感受的强度越来越弱,通过调控向外的知觉和向内的思想、感受,他的心慢慢安静下来;最终他的内心可能完全寂止,就好像处在知觉、思想或感受的片段之间的一个空隙,此时他既未知觉任何感官内容,也未有任何念头在心中起伏,但他是清醒的——他达到了纯粹意识状态。从日常状态来看,纯粹意识状态似乎是悖谬的:他空掉了所有心智内容(不论是感官的知觉和感受,还是内在的思想和感受),但是却保持清醒的觉知。在《奥义书》(*Upanishads*)的《蛙氏奥义书》和《弥勒奥义书》中,纯粹意识状态被称为一个有别于日常清醒状态、睡梦状态和无梦深睡状态的"第四状态"或"第四境",即图利亚(*Turiya*)。《蛙氏奥义书》将图利亚描述为:图利亚既不是意识到内在(主观)世界的状态,也不是意识到外在(客观)世界的状态,也不是意识到这两者的状态,也不是许多意识的状态。它不可(被任何感官)感知,是(心智)不可理解的,(与任何对象)无关,是不可推知的,是不可想象的,也是不可描述的。它本质上是至上意识(Consciousness)的本性,它独自构成自我(Self),它是对所有现象的否定;它是平和、喜乐和不二。此外,福尔曼指出,在佛教中关于纯粹意识事件有好几个名字:灭尽定(*nirodhasamapatti*)、灭受想定(*samjnavedayitanirodha*)、空(*sunyata*)或者最为人知的三摩地(*samadhi*)。《百法纂解》则谓:"言灭尽定者,六识王所已灭,及七识染分心聚皆悉灭尽,乃此定相。"

纯粹意识状态超越了一般人的日常体验,为了更直观地理解它,有一些隐喻被提出来用以形容它。《奥义书》提供了一个关于纯粹意识的"空间"类比,即所有的"云"(即心智内容)都消失了,但"空间"(即觉知)仍然在;斯瓦米·阿迪斯瓦阿南达(Swami Adiswarananda)将处于三摩地状态的心智比作一个清场了的"舞台",所有"演员"(即心智内容)都已经退出,但"灯光"(即觉知)依然亮着。

当代意识研究之所以关注纯粹意识状态,在于它在意识的科学研究中发挥了一些独一无二的作用。首先,纯粹意识这个被纯化状态在现象学或第一人称的体验上揭示出意识的本性,即觉知,它展示出意识的觉性与所觉知到的内容是可以分离的。其次,如福尔曼提出的,与日常复杂的心智状态相比,纯粹意识代表了人类诸多可能意识状态的最简形式,因此它有特定的方法论价值,即通过意识的最简形式来理解复杂意识及意识状态背后的本质。正如当一个生物学家试图去理解一个复杂现象时,一个关键策略就是关注它的最简形式,其中最著名的案例可能就是毫不起眼的大肠杆菌,它简单的基因结构使得我们对复杂物种的基因功能有了很深的理解;类似地,许多生物学家通过转向简单的海参(sea slug)的"记忆"来理解我们自己的更加千变万化的记忆;而西格蒙德·弗洛伊德(Sigmund Freud)和埃米尔·杜尔凯姆(Émile Durkheim)则借图腾来理解宗教生活的复杂性,他们把它解释为宗教的最简形式。再次,纯粹意识状态为认知神经科学研究意识的神经相关物(NCC)或神经机制提供了一个现象学的可能性。神经科学家里贝特表达过极为相似的看法。他在《心智时间——意识中的时间因素》中明确地提出:"我认为无需将意识或有意识的体验归入不同的种类或范畴来处理各种体验,所有情形的共同特征是觉知,差异只在于觉知的内容是不同的。正如我将通过实验证据来表明的,就其本质而论,觉知是一个独特的现象,而且它与意识体验所不可或缺的独特的神经活动存在着关联。"①最后,纯粹意识具有重要的哲学蕴含。对许多东方传统而言,纯粹意识状态的体验是基础性的东西,它对许多哲学主题具有深刻的意义。它似乎证伪了一个在西方思想家中被广为接受的主张,即认为意识始终且必须有一个现象对象。它提出了一个简单但在现象学和第一人称体验上具有重要意义的关于意识本性的解说,它表明如此的心智状态——当所有的现象内容都空掉后,一个人仍然保持着觉知,即一种纯粹的、无内容的意识状态——是存在的。这种解说以及与之相关的历史悠久的东方意识观提示人们,这类进一步的相关研究对心理学、哲学和意识研究的潜在价值,以及东方传统与现代科学进路彼此互惠乃至整合的可能性。

---

① Libet, B. 2004. *Mind Time*: *The Temporal Factors in Consciousness*. Harvard University. p. 14.

附录 2　埃德尔曼及其意识研究思想简论[①]

　　杰拉尔德·埃德尔曼(Gerald Edelman,1929—2014)是美国免疫生物学家和神经生物学家,意识科学研究领域的主要开拓者之一。1972 年,埃德尔曼因发现免疫系统中抗体的分子结构和功能而与英国生物学家罗德尼·波特(Rodney Porter)分享了诺贝尔生理学或医学奖。自 20 世纪 70 年代后期起,埃德尔曼的研究工作主要集中在脑神经科学和意识领域,并相继发表了一系列关于意识的神经科学研究的著作。这些著作包括: *Neural Darwinism:The Theory of Neuronal Group Selection* (1987)、*The Remembered Present:A Biological Theory of Consciousness* (1990)、*Bright Air, Brilliant Fire:On the Matter of the Mind* (1993)、*A Universe of Consciousness:How Matter Becomes Imagination* (2000)、*Wider Than the Sky:The Phenomenal Gift of Consciousness* (2004)和 *Second Nature:Brain Science and Human Knowledge* (2006)。其中最后三本著作已有中文译本。

　　像许多同时代研究意识现象的自然科学家一样,埃德尔曼的意识研究充满了哲学—科学混合的特点——意识是拖着一条厚重的形而上学尾巴进入科学领域的。这里,通过对一些关键词的连贯,我们只是极为简单地勾勒一下埃德尔曼意识研究的基本思想和成就。

　　三条工作假设　埃德尔曼认为,尽管意识现象也是自然现象,但它又不同于一般的物理、化学和生物现象,在开始科学的实证研究之前,他将自己的立场确定为三条工作假设:物理假设、演化假设和感受质假设。物理假设

---

① 本附录内容最初发表在《洛阳师范学院学报》2018 年 9 期,第 1-4 页。有改动。

是说,解释意识不需要引入任何非物理的超自然概念,譬如意识科学不需要灵魂概念,"无论人脑有怎样的特殊性,都不需要求助于超自然前的力量来解释它的功能"。① 他认为意识是由脑的结构动力学产生的一类特殊的物理过程。演化假设是说,意识是生物演化的结果,它与特定水平的神经结构和复杂性有关,而这种神经结构和复杂性是由施加于生物体上的自然选择造就的。感受质假设是说,感受质是被主体感受到的各种分辨,但这种分辨具有第一人称的存在性和主体性,因此我们对意识做出的任何类型和任何水平的第三人称描述都无法赋予我们以第一人称的体验。关于感受质假设,可以用埃德尔曼自己的话说得更详细一点:"我们能够构造出一种有关意识的合理科学理论,用这种理论可以解释物质如何变成想象,而与此同时这种理论并不能取代体验:存在并不是描述。一种科学的表述可以作出预言和解释,但是它并不能直接传递现象体验(phenomenal experience),后者依赖具体的脑和身体。……即使是假定在遥远的未来我们最终能够造出一种有意识的装置,这种装置居然也有语言能力,即使这样,我们还是不能直接知道这个人造个体的真正现象体验;我们中的每一个人,不管是人还是人造装置,所体验的感受质都取决于我们自己的具身性,我们自己的表现型(phenotype)。"②

神经达尔文主义 埃德尔曼认为脑是自然选择的产物而不是逻辑设计的产物,也就是说,脑是选择系统而不是指令系统。生物体为适应外部世界,其一生都在不断地重构自己的脑。埃德尔曼提出了一个阐释脑工作方式的理论,他称之为"神经达尔文主义"(neural darwinism)或"神经元群选择理论"(theory of neuronal group selection, TNGS)。这个理论有三条原则:第一,发育选择,即脑神经回路的遗传发育导致大量微观生理变化,这是不断的选择过程的产物;这种发育选择的主要驱动力是同时激发的神经元连接到一起,即使胎儿时期也是如此,例如,如果激发模式在时间上相关,两个

---

① 埃德尔曼、托诺尼:《意识的宇宙——物质如何转变为精神》,顾凡及译,上海科学技术出版社,2004 年,第 92 页。

② 埃德尔曼、托诺尼:《意识的宇宙——物质如何转变为精神》,顾凡及译,上海科学技术出版社,2004 年,第 268 页。(根据英文有改动)

分开的神经元就会形成突触连接。第二,经验选择,即当已形成的生理回路由于动物的行为和经历接收到新的信号时,又会发生一系列新的选择事件;这种经验选择通过脑内已有的生理结构中的突触强度的变化来实现,一些突触被加强,一些被减弱,就好像警察站在一些突触旁,帮助信号从轴突向树突传递,而对其他突触,警察则抑制信号传递;神经元群构成了被选择的对象,这样脑中可能的回路组合的数量会极其巨大。第三,再入(reentry)连接,即在发育过程中,脑建立起了局部和长程的相互连接,脑区之间通过这些神经纤维相互传递信号,这种递归的信号交换可以让不同脑区的活动实现时间和空间上的协调;与反馈不同,再入的递归过程不是误差信号在一个简单循环中的序列传递,事实上,它同时涉及多路并行互惠通路,而且也没有预先设定的误差函数;"最后,再入保证了神经发放的时空相关性,从而成为神经整合的重要机制"①。此外神经元群选择理论还需要为适应性反应的问题提供答案,也就是说,要成功地适应,生物体还要有某些偏好来调节通过再入加以协调的发育选择和经验选择,最后,这些偏好作为自然选择的产物通过价值系统的形式在生物体中遗传下来,并表现在脑的活动方式中。

　　埃德尔曼认为,作为选择系统的脑所实现的心智要早于指令系统(或基于逻辑的图灵机)所模拟的智能。"不管是有机体还是将来某一天我们造出的人造物,我们猜想一共只有两种基本类型——图灵机和选择性系统。因为后者比前者在演化上先发生,我们得出结论,选择从生物学上来讲是一种更基本的过程。不管怎么说,一个有意思的猜想是,看来只有两种基本的模式思维方式:选择主义和逻辑。如果能发现或者显示出有第三种方式的话,那将会是哲学史上的一件大事。"②当代的发展似乎在预示,即使没有一种独立的第三种方式,也出现了一种将选择主义和图灵机混合起来的强劲趋势,它将造就一种人机混合的智能。

　　动态核心　埃德尔曼同时提出了解释意识机制的动态核心假说。所谓

---

　　①　埃德尔曼、托诺尼:《意识的宇宙——物质如何转变为精神》,顾凡及译,上海科学技术出版社,2004 年,第 92 页。

　　②　埃德尔曼、托诺尼:《意识的宇宙——物质如何转变为想象》,顾凡及译,上海科学技术出版社,2004 年,第 260 页。

的"动态核心"就是一种神经元群功能簇（functional cluster），在几分之一秒的时间里彼此间有很强的相互作用，而与脑的其余部分又有明显的功能性边界。动态核心主要与其自身进行交互，通过再入式网络传递大量不断波动的复杂信号，但不会完全与脑其余部分的活动绝缘。动态核心有着极其复杂的神经回路，它的再入式结构能整合或绑定各种丘脑核和功能区隔的皮质区的活动，进而产生出统一的场景。通过这种交互，动态核心将价值范畴记忆与知觉分类联系起来。同时，动态核心由于再入活动而具有极强的可变性，这种可变性也使意识呈现出复杂多样性。这也为解释统一而又分化的意识过程提供了基础。由于其组成回路和神经元群的简并性（degeneracy），核心的活动使得具有意识的动物能执行高级分辨功能。

初级意识和高级意识　既然对意识的研究采取了演化的立场或视角，那么意识在生物界就非一开始就处于正常的成年人类的水平，也就是说意识应该有不同水平。埃德尔曼将意识的演化和发展分为两个水平：首先是初级意识（primary consciousness），之后是高级意识（higher-order consciousness）。初级意识，是建构各种各样的可分辨的场景的能力——它构建出各种心智意象，埃德尔曼也把心智意象称为"记忆的当下"；在主观上，这种分辨就是作为感受质的体验。如果说在生物的演化和发展史上有一个从无意识向意识的过渡，那么这种过渡带来的差别可以用"光"这个隐喻来传达，即意识的诞生有点像在无意识的黑暗的房间里引入了一束光照。不仅人类具有初级意识，而且脑组织与我们相似但缺乏语义或语言能力的动物也具备初级意识。我们知道，人类水平的意识还有一个显著的特性，即意识到自己处于意识状态的能力。而要这个能力出现，还要等另一次演化事件发生，即高级意识的出现。高级意识使得生物体能对其本身的行为、思想和感受进行认识。只有初级意识的动物还缺少任何清晰明确的社会性自我感，不具有可称谓的社会自我，对已发生事件也缺乏清晰的叙述性概念，无法对未来情形进行深入的计划。相比之下，高级意识具有在清醒状态下重构以往情景和形成未来意图的能力。在其充分发展的形式中，它需要有语言能力，即具有完整的符号和语法系统。广泛的证据表明，一般动物并不清晰地具备这种能力，只有高级灵长类动物表现出这种迹象。但具有初级意识的动物即使拥有对过去事件的长程记忆,它也不会有一般化的能力来清晰地处理过去或未来的概念。只有基于语义能力的高级意识演化出来之后,清晰的自我、过去和未来的概念才涌现出来。即便初级意识缺乏高级意识明确具有的反思能力,它使生物体体验感受质的能力却是清晰的。埃德尔曼在这段话中揭示了这两个意识水平的差别和关联:"作为一个人,我们不仅能够记得我们经历过的种种感觉,并对它们进行分类,而且与黑猩猩不同,我们还能思考我们的感觉,并且和其他人谈论这些感觉。……描写各种感受质的能力需要同时有高级意识和初级意识。猫和蝙蝠不能做这样的详细描写,这决不意味着它们就体验不到譬如疼痛之类的感觉。但是不大可能说,它们也能像人一样有增强分辨感受质的能力,所差的只是不能报告而已。虽然它们也有丰富的现象体验,但是它们没有记忆和细化这种体验的自我意识的自我。"①

埃德尔曼认为,基于他的神经元群选择理论可以提出一个扩展的理论来解释意识的神经起源,其中再入始终是关键机制。初级意识是调控价值范畴记忆与那些调控感知分类的脑区之间再入式互动的产物,这种互动的结果就是一个被体验为感受质的场景的建构。这些再入活动形成了动态核心,动态核心主要基于丘脑皮层系统。动态核心极为复杂,但是动态再入使得动态核心的某些亚稳态简并状态能产生一致的输出,并具有在高维感受质空间分辨各种模态组合的能力,这种统一场景中的辨别能力正是初级意识背后的过程所具有的,感受质就是这种过程所蕴含的分辨。意识具有个体性、主观性和特许性(privileged property),这部分是因为身体不仅是感知分类和记忆系统的最早来源,而且是贯穿其一生的主要来源。② 在演化后期,再入回路将语义与范畴记忆系统和概念记忆系统联系起来,从而形成了高级意识。

心脑的蕴含关系　对于心—身或心—物关系,埃德尔曼提出了一个与两

---

① 埃德尔曼、托诺尼:《意识的宇宙——物质如何转变为精神》,顾凡及译,上海科学技术出版社,2004 年,第 240 页。(根据英文版有改动)

② Edelman, G. M. 2004. *Wider than the Sky: The Phenomenal Gift of Consciousness*. Yale University Press. p. 114.

面一元论(dual-aspect monism)非常类似的"蕴含关系"(relationship of entailment)的学说。对于心—身问题,埃德尔曼的根本哲学立场是自然主义,他认为世界的科学研究首先要承认世界是因果作用封闭的,但他并不因此是一个强硬的物理主义者。他的感受质假设以及有关存在与描述区分的观念,使得他赋予意识以应有的存在论地位。如何协调世界的因果作用封闭性与意识的存在论地位,是他提出心—脑蕴含关系学说的内在动因。埃德尔曼提出,再入式动态核心的神经活动构建的场景与作为分辨的感受质之间有一个"现象变换"(phenomenal transform),其中他将意识的现象学分辨,即感受质,称为 C,而将相应的底层神经过程称为 C′;C′活动蕴含相应的 C 状态,意识 C 作为 C′的属性,反映的是在多维感质空间进行精细分辨的能力。当谈到心智事件或现象体验时,人们通常认为 C 本身就具有因果作用,但是因为意识是一个被再入动态核心中的神经活动的整合所蕴含的过程,因此,它本身不可能是因果作用的。只有在物质或能量层次上的交易才是因果作用的,所以正是丘脑皮层核心的活动是因果作用的,而不是它所蕴含的现象体验。C′不仅蕴含 C,而且对随后的 C′状态以及身体活动有因果作用。由于 C′与 C 之间存在忠实的对应性,C 状态通报了(informative of)C′状态,并且在现象学上唯一可通达 C′状态的是 C 状态,因此,在大多数情况下,为了方便,我们可以谈论 C 好像具有因果作用。[①] 依照这个蕴含关系的学说,埃德尔曼认为,"我们有关意识导致事情发生的信念是许多有用的错觉之一。当考虑到我们以 C 语言彼此交流时,我们就能领会这个特定错觉的益处。但底层的神经活动导致了个体的和心智的反应。哲学已经发现,这组结论表达的是一种副现象——意识不起任何作用。事实上,它的作用是向我们通报我们的脑状态,因此对我们的理解至关重要。一旦我们理解了再入核心状态的忠实的蕴含机制,那么哲学家对副现象论的那种传统嫌恶就能减轻。"[②]

---

① Edelman,G. M. 2007. *Second Nature : Brain Science and Human Knowledge*. Yale University Press. p. 92.

② Edelman,G. M. 2007. *Second Nature : Brain Science and Human Knowledge*. Yale University Press. p. 92.

基于脑的认识论　尽管"认识论,或者说知识理论,在传统意义上是哲学家的领地,是一片高楼林立的住宅区"①,但自 19 世纪以来,科学地——从生物和生物演化的角度——研究传统哲学认识论提出的问题就逐渐成了一个基本趋势。但我始终认为,当代认知科学是传统哲学认识论的延续——不是否定和取代,而是扩展。当科学对智能、心智和意识的脑过程本身有更深更全面的认识时,这必然会促进对认识活动和知识本质的理解。作为一个专注于意识的神经基础的科学家,埃德尔曼认为传统的、思辨的和现象学的认识论需要在新的神经科学成就的基础上来理解,来深化,为此,他还提出了"基于脑的认识论"(brain-based epistemology),试图将认识活动和知识的理论建立在理解脑如何运作的基础之上。埃德尔曼在《习性:脑科学和人类知识》中写道:"这本书是一系列思想的产物,致使我称其为基于脑的认识论。这个术语指的是把知识理论建立在理解脑如何运作的基础上的尝试。它是哲学家蒯因提出的自然化认识论(naturalized epistemology)概念的扩展。"②埃德尔曼认为,蒯因从因果的角度来研究认识论是有价值的,但蒯因的关注范围还过于局限,只触及皮肤和各种感知器官,还未深入复杂的脑活动以及脑与世界的互动。埃德尔曼认为脑和身体嵌入环境,同时选择性的脑必须在价值系统的约束下运作。基于脑的认识论是在脑—身体与环境的活动中来理解知觉范畴、概念和思维的起源;它利用神经元群理论说明感官和运动系统对感知分类的必要性,同时对情绪、动机以及想象和记忆等对知识获取的关键过程也提供了深入见解。在某种程度上说,基于脑的认识论思考范围超出了传统认识论,不仅将研究范围扩大到与意识相关的诸多内容,同时也对错觉、记忆虚构和神经心理障碍等导致知识失真的问题进行了生物学上的回应。不过,哲学家大卫·帕皮诺(David Papineau)对埃德尔曼的基于脑的认识论给出了极为负面的评价,例如他写道:"当埃德尔曼转向知识本身时,他却仍然语焉不详。起初他承诺'在人类知识的分析中将

①　Papineau,D. 2007. Neurons and Knowledge. *Nature*. vol 446. p. 614.

②　Edelman,G. M. 2006. *Second Nature*:*Brain Science and Human Knowledge*. Yale University Press. p. 1.

基于脑的主体性包括进来,以便解释将意见和信念与真理以及将思想与情绪联系起来的知识'。但仅止于此,后续就再没有更为明确的阐述了。埃德尔曼提供了有关神经发育、模式识别和语言演化的一般观察,但他并未确切地解释这些观察应该用以回答哪些认识论问题。"①坦率地说,帕皮诺的评价也并非不公允,但从一个开拓的角度来说,基于脑的认识论仍然是一个有价值的尝试,并且有望获得更充实的发展。

塞尔 1997 年在其编著的《意识之谜》(*The Mystery of Consciousness*)一书中的第 3 章集中阐释了埃德尔曼的理论,他认为在其所见过的关于意识的神经生物学理论中,埃德尔曼理论之精严令人难忘。塞尔将埃德尔曼和克里克两者的假说进行比较,指出埃德尔曼以知觉范畴作为切入点对意识进行一般性定义,这一点尤为重要。② 著名的心智哲学家吉尔伯特·赖尔(Gilbert Ryle)评价说,埃德尔曼把一个谜团转化为一个问题,并且朝解决问题的方向走出了很长的一段路,肯定了埃德尔曼在意识问题上做出的开拓性贡献。③

埃德尔曼 2003 年在《美国国家科学院院刊》(PNAS)上发表了一篇研究意识的纲领性主张的文章——《自然化意识:一个理论框架》。他试图概括地阐述一个既能解释意识的主观方面(即感受质)和客观方面(感受质的神经基质)又能解释这两者之间关系的统一的框架。在文中,他对研究意识的基本哲学立场、意识的属性、神经元群选择理论、再入式动态核心机制、蕴含等我们上面提到的关键概念进行了简要论述,可以说这是他一生意识研究主张的浓缩之作,也堪称一篇意识研究的经典之作。

---

① Papineau,D. 2007. Neurons and knowledge. *Nature*. vol 446. p. 614.

② Searle,J. 1997. The Mystery of Consciousness. *The New York Review of Books*. pp. 39-40.

③ 埃德尔曼、托诺尼:《意识的宇宙——物质如何转变为精神》,顾凡及译,上海科学技术出版社,2004 年,封底。

跋

  当代意识研究的状况极为驳杂——不同的传统、学派、学科、方法、立场、视角乃至个人气质,皆交织其中。熊十力在《佛家名相通释》中曾谈到读佛家经籍的印象:"凡佛家书,皆文如钩琐,义若连环。"而他的体会之一是"名相纷繁,必分析求之,而不惮烦琐。又必于千条万绪中,综会而寻其统系,得其通理"。对当代意识研究而言,我们也要做一番"析其条理,综其统系"的工作,从而寻得登堂入室的门径。其结果就是,我认为当代意识研究皆可归入四个维度:现象学、形而上学、实证科学和方法论。我既用这个分析框架判定他者的研究,也以此来衡定自己的工作。

  经过多年的思考,不断地"返在自家经验上仔细理会"(熊十力语),最终不论是因袭、糅合还是若有所悟,我确实沉淀了一些关于意识的主张或"结论"。

  ■ 意识是什么?在现象学上,意识就是纯粹意识,就是觉知,就是知道(knowing),就是那份纯然的观照(witness)。这是一个深深根植于东方传统中的观点。我认为,这是一个关于意识的现象本性最明睿的观点。我们可以在关于禅修的论籍中一再读到这样的说法:"如果你静静坐着,试图把注意力转向自己的意识,那会很难瞄准或描述。你会体验到觉知存在,但它没有颜色或位置。起初,会让人感到灰心和难以把握。但是,正是这个透明的、不定的而且活泼的品质,是意识的本性,它就像我们周围的空气。如果你放松,让这个不定的'知道'任运而作,你会发现如佛教论师所称的朗空(the clear open sky)般的觉知。它像空间一样是空的,但不同于空间,它是有感知能力的,它知道体验。在它的真实状态,意识很简单,就是这个'知道'——明晰、敞开、清楚、无色无形,包罗万象而不被万象所拘。意识的这种开放品质被描述为无条件的。正如天空,云和各种天气状况可以出现在空中,但是它们对天空本身没有影响。风暴可能会出现或消失,但天空仍然是敞开的、无限的,不受任何影响。意识不会受体验的影响,就像天空那样。意识还可比喻为镜子。镜子反映了所有的东西,依然明亮光辉,任何出现在其中的映像,无论美好的还是可怕的,都不会改变它。短暂的静坐可以帮助你理解这一点,在你阅读后面的话后,抬起头,静静地坐着,尝试停止觉知。不要注意任何声音、境景、感觉或思想。试试吧。你立刻就会发现,你无法做到这一点。声音、境景、感受和思想继续由意识'知道'。感受一下你为什么不能停止这种有意识的觉知。请注意,意识是如何知道所有体验而不做好恶选择的。这就是意识如明镜般的本性:反射、光明、无垢和平静。"[1]"我们能够注意到,意识与它里面的所有迁流境(transient states)及生灭体验有区别。但如果不明白这一点,我们就会把每一个流逝的心境当成是真实的。但是,我们若是能看到乐受与苦受变动背后的原状,就找到了通往宁静之路。如果我们能安住于知道,即纯粹意识,就没有多少事要做。"[2]

"意识与它里面的所有迁流境及生灭体验有区别",这个现象学的体察不仅如实,也很美,正像唐代诗僧寒山写过的一首诗:"吾心似秋月,碧潭清皎洁。无物堪比伦,教我如何说。"事实上,这个区分也在意识的神经科学中被提出。"一开始就要记住,做出如下区分是非常必要的:支持产生意识的结构(也就是对任何东西产生意识都需要的结构),与对这个或那个具体事物产生意识所需要的结构(也就是所谓的意识的内容)。例如,要是你陷入昏迷,通常情况是你不会觉知——看到或听到或闻到——任何东西。当你醒过来,你会看到狗,听到狗吠,闻到狗的气味——这些就是所谓意识的内容,即对特定事物的觉知。"[3]"意识关乎超越其自身的客体。一方面,有一个客体;另一方面,有一个关于该客体的意识,客体与意识是可分离的,尽管与

---

① 康菲尔德:《慧心自在》,维民译,海南出版社,2011年。第28页。
② 康菲尔德:《慧心自在》,维民译,海南出版社,2011年。第30页。
③ 丘奇兰德:《触碰神经:我即我脑》,李恒熙译,机械工业出版社,2015年,第190页。

它有明显的联系。意识是另外一个'东西'而不是它所关于的客体,在当代对意识的解释中,这个关键分离却常常被人们所忽略。"①

意识总是"我"这个主体的意识,因此"感受"——这个揭示"我"在场及其在场状态的概念——是对意识的完整"折射"。按照达马西奥的观点,感受是主体对自身机体状态的知觉;而这份对自身机体的知觉就是自我感。因此,"自我感"也是一个完整折射意识的概念。可以说,"纯粹意识""觉知""知道"或"观照"是直接反映或理解意识的概念,而"感受"或"自我感"则是曲折反映(即折射)意识的概念。正因为如此,哲学家总是那么根深蒂固地要以"感受质"或"现象意识"这样的概念来捕捉意识的"魅影"。

■ 意识与呈现于其中的物质自然究竟是什么关系? 在形而上学上,迄今为止,我赞同过程哲学对朴素泛心论的决定性深化,即泛体验论。我给自己的形而上学方案冠以的名称则是"两视一元论"。两视一元论内核是泛体验论,它是自然主义的,但却不是机械物质主义的。泛体验论不是完全颠覆近代科学的物质主义,而是要修正机械物质主义关于物质的狭隘观点。斯特劳逊在"意识神话"("Consciousness Myth")一文中这样写道:"混乱的根源在于无法克服亚瑟·爱丁顿(Arthur Eddington)和其他人在 20 世纪 20 年代——更不用说可爱的爱尔兰人约翰·托兰(John Toland)在 1704 年,安东尼·柯林斯(Anthony Collins)在 1707 年,休谟(Hume)在 1739 年,约瑟夫·普利斯特利(Joseph Priestley)在 1777—1778 年以及其他许多人——明确指出的那个'巨大错误'(very large mistake)。那个错误在于,认为我们对物质实在的本质已认识得足够清楚了,因此有充分的理由认为意识不可能是物质的。在我们的日常体验中,物质就是粗陋的质料(lumpen stuff),这种看法似乎深深地印刻在我们的头脑中,因此,即使是对当前物理学非凡事实的欣赏也无法削弱这种印象。[然而]洞穿这一点将是一种真正革命性的体验。"当我们修正了对物质本性的认识,我们也就同时完结了那些"当前关

---

① Damasio, A. R. 1999. *The Feeling of What Happens: Body and Emotion in the Making of Consciousness*. Harcourt Brace and Company. p. 346.

于心—身问题的相互矛盾、不可接受的解决方案"。① 泛体验论采取的是修正科学物质主义关于物质概念的基础,而不是固守在科学物质主义的物质概念的基础上修修补补。因此,泛体验论是革命性的,它带来一个理解和看待世界的新范式——物质与心智的对立消失了。应该说,任何层级的物质单子(monad)都有其内在性,并内蕴自发的创造性,确如怀特海所言,自发的创造性是形而上学的最高范畴。"心智不是一个不同于身体的实体,而是肉体组织的结果……感觉和思想必然是脑组织的结果……在我看来,我们完全可以因相同的理由得出结论:脑进行思考,正如它是白色和柔软的一样……思维[意识、体验]的能力是物质的各部分以一定的方式组织起来的结果……我所谓的我自己(myself)是一个有组织的物质系统。"②

■ 意识的物质机制是什么? 在生物学上,意识是一种高级的生命机能,理解生命既是理解无意识心智也是理解有意识心智的关键。因此,即便是研究意识的神经机制,我们也需要一个生命的视角和演化的视角。

■ 人是主体,它在反思中也成为客体。在方法论上,两面一元论蕴含了要完整地理解"人的现象"必须是第一人称与第三人称两者的结合。尤其需要强调的是,在意识科学中,第一人称方法绝对是不可或缺的。"体验乃是达到自然、揭示自然秘密的一种而且是唯一的一种方法,并且在这种关联中,(由自然科学利用经验方法)以经验方式所揭示的自然又得以深化和丰富,并指导着体验进一步发展,那么这个变化过程也会加速起来。"③"它指出了对于体验的信任,而体验乃是被理智地用来作为揭露自然的真实面目的手段。它发现自然与体验并不是仇敌或外人。体验并不是把人与自然界隔绝开来的帷幕;它是继续不断地深入自然的心脏的一种途径。在人类体验的特性中,没有一个指向不可知论的结论的指针,而相反的,自然本身却是不断地在揭露它自己。哲学的失败在于缺乏对体验所固有的这种指导力量

---

① Strawson,G. 2015. Consciousness Myth. *The Times Literary* Supplement,February 25.

② Strawson,G. 2015. Consciousness Myth. *The Times Literary* Supplement,February 25.

③ Dewey,J. 1929. *Experience and Nature*. George Allen & Unwin,Ltd. p. 1.

的信心,除非人们具有追随体验所固有的指导力量的机智和勇气。"①

意识不是一个客体,我们无法以概念思维的方式抓住它;它是自明的!事实上,我们说意识是一个谜是不恰当的,因为它是任何一种此类言说的前提,它是超越的(tanscendental)。言说就好比禅宗中的指月之"指"。哲学源于理智的惊异和好奇,然而,"伟哉造化,怒者其谁"?《易经》说过,"不测之谓神"。因此,意识不是一个理智最终可彻底解决的谜,它有作为超越者的不测性!

布莱克摩尔在《对话意识》一书中会问受访者一个问题,即"研究意识是否会影响和改变他们的生命和生活?"如果我被问到这个问题,我该如何回答呢?熊十力在《熊十力论学书札》中说:"为学务在以义理悦心,勿夹杂求成之念。求成便有功利心,将妨害身心,不独学无成而已。"

李恒威

2019 年 8 月 7 日

---

① Dewey, J. 1929. *Experience and Nature*. George Allen & Unwin, Ltd. iii.